新工科·普通高等教育机电类系列教材

计算固体力学方法

王书亭　编著

U0240532

机械工业出版社

数值计算方法在机械工程中有着广泛而深入的应用，本书主要介绍当前在机械工程中广泛研究和应用的几种计算固体力学方法，包括加权余量法、有限差分法、有限元法、边界元法、无网格法和等几何分析法，并系统地论述上述几种方法的理论基础和相应的离散方法。希望通过阅读本书，读者能比较全面地了解有关计算固体力学的知识，掌握计算固体力学的基本原理和数值计算方法，理解相关软件的原理及其内在的假设和局限性，在遇到机械工程中的相关问题时能够找到相应的计算方法。

　　本书基于二十大报告中关于"深入实施科教兴国战略、人才强国战略、创新驱动发展战略"的要求，在详细讲授基础理论知识的同时融入探索性实践内容，以增强学生的自信心和创造力，即用学科理论知识促进学生活跃思维、敢于创新，尽可能地将新思路在实践中进行创造性的转化，推动科学技术实现创新性发展。

　　本书是二维码新形态教材，读者可以使用手机微信扫码后，免费观看相关视频。

　　本书适合高等工科院校机械类专业本科生与研究生学习使用，也可供相关工程技术人员参考。

图书在版编目（CIP）数据

计算固体力学方法/王书亭编著. —北京：机械工业出版社，2022.5（2023.6 重印）

新工科·普通高等教育机电类系列教材

ISBN 978-7-111-70356-3

Ⅰ.①计…　Ⅱ.①王…　Ⅲ.①计算固体力学-高等学校-教材　Ⅳ.①O34

中国版本图书馆 CIP 数据核字（2022）第 048160 号

机械工业出版社（北京市百万庄大街 22 号　邮政编码 100037）
策划编辑：余　皞　　　　责任编辑：余　皞
责任校对：肖　琳　张　薇　封面设计：张　静
责任印制：郜　敏
中煤（北京）印务有限公司印刷
2023 年 6 月第 1 版第 2 次印刷
184mm×260mm·12 印张·296 千字
标准书号：ISBN 978-7-111-70356-3
定价：45.00 元

电话服务　　　　　　　　　　网络服务

客服电话：010-88361066　　机 工 官 网：www.cmpbook.com
　　　　　010-88379833　　机 工 官 博：weibo.com/cmp1952
　　　　　010-68326294　　金 书 网：www.golden-book.com
封底无防伪标均为盗版　　机工教育服务网：www.cmpedu.com

设计、制造和运用各类机器及机械设备的工程学科称作机械工程，它在国家经济发展和学科发展布局中具有重要战略地位，机械工程先进与否已经成为衡量一个国家经济和科学技术综合水平、社会文明及现代化程度的主要标志。在各种各样的机械设备的设计、制造和运行控制过程中，会遇到机械结构或零部件的强度、刚度、稳定性以及振动方面的问题，必须借助于力学理论分析、实验测试及数值计算进行解决。

近些年来，随着各种复杂机电装备向大型化（或微型化）、高速化、高效化、精密化、集成化、综合化、模块化、自动化、智能化、数字化、网络化和绿色化方向发展，力学在机械工程中所起的作用和重要性更加凸显，仅仅借助于理论分析和实验测试已经无法满足产品研发的需要。另一方面，随着计算机技术的进步，建立在力学、数学和工程应用经验基础上的各类计算固体力学数值分析方法，无论是在机械工程领域的科学研究还是工程实践中，都得到了广泛的应用，成为与理论分析和试验测试同样重要的第三种手段。

实践表明，各种数值分析方法的贡献显而易见，工程师们可以通过仿真进行快速设计，从而大幅缩短产品投放市场的时间。然而，盲目信赖商业软件的计算结果会带来许多问题，因此有必要理解相关软件的原理及其内在的假设和局限性。另外，随着计算机技术的迅速发展，计算固体力学解决问题的能力也将不断扩大，为了使计算固体力学能够解决机械工程中不断出现的新问题，需要有新的数值计算方法。因此，有必要掌握计算固体力学的基本原理和数值计算方法。

为了适应上述需要，在多年计算固体力学研究生课程教学实践和相关科研工作的基础上，我们编写了本书。本书全面地介绍了计算固体力学中用得较多的六种数值计算方法：加权余量法、有限差分法、有限元法、边界元法、无网格法和等几何分析法。目前，这几类方法在应用上有不同的侧重，所以本书在选材上也有差别。有限差分法主要集中在依赖于时间的问题（双曲型和抛物型方程）的求解，而有限元法则侧重于稳态问题（椭圆型方程）的求解。至于用这几类方法离散化后得到的代数方程组的数值解法，虽然是十分重要且引起人们浓厚兴趣的问题，但鉴于本书篇幅所限，我们没有讨论它，但一般数值分析教科书和有关专著中，对基本的数值代数方法都有所介绍，读者可在学习过程中参考。

本书讨论的几类方法都以基本概念和基本方法为主，同时介绍一些近年来主要研究的方法和技巧。希望本书能够帮助读者理解基本概念，掌握基本方法。

随着计算技术和计算机科学的快速发展，计算固体力学仍在向前迅速发展，新的内容层出不穷。本书的目的不是全面介绍计算固体力学的现状，而是力求深入浅出地介绍清楚计算固体力学的基本内容，着重阐明计算固体力学的基本概念，构造计算方法的基本思想及方法所依据的理论基础，并在一定程度上反映计算固体力学中的最新研究成果。

本书适合高等学校和科研单位的本科生和研究生学习计算固体力学方法时使用，也可作为计算固体力学的教学和研究者的参考书。

本书的目的是使读者通过学习能了解计算固体力学的特点和研究问题的基本方法。学生在完成该课程的学习后，有能力阅读计算固体力学的一些现有文献资料，并且能将其基本方法应用于自己所关心的研究领域。

本书共 10 章。为了突出本课程的特点，书中所涉及的数值方法的理论都略去了数学证明过程，只给出了各种理论的结论。

在本书撰写过程中，得到了相关单位和专家的热情支持和关怀，以及多位博士生的帮助，编者在此一并向他们表示衷心的感谢！书中内容参考了很多相关资料，这些资料均列入了每章的参考文献中，在此对文献作者一并表示感谢。

由于编者水平所限，书中疏漏、不当之处在所难免，望读者批评指正。

编者

于华中科技大学

目 录

第 1 章　绪　　论

随着计算机技术的进步，建立在力学、数学和工程应用经验基础上的各类计算固体力学数值分析方法，无论是在机械工程领域的科学研究中，还是工程实践环节，都得到了广泛的应用，成为与理论研究和试验测试同样重要的第三种手段。

本章将简要介绍机械工程中的各种结构设计问题，描述这些结构设计问题数学模型的特点，以及解决这些结构设计问题的主要计算固体力学方法。

1.1　机械工程中的结构设计问题

1.1.1　机械工程的发展

一般认为，人类文明有四大支柱科学：材料科学、能源科学、信息科学和制造科学。没有制造就没有人类，恩格斯在《自然辩证法》中讲到："直立和劳动创造了人类，而劳动是从制造工具开始的。"

机械工程学科是为机器制造业服务的学科，是连接自然科学与工程行为的桥梁，作为一门技术学科，它以自然科学为基础，研究人造的机械系统与制造过程的结构组成、能量传递与转换、构件及产品的几何与物理演变、系统与过程的调控、功能形成与运行可靠性等，并以此为基础，构造机械与制造工程中共性和核心技术的基本原理和方法。

在短短不到一个世纪的发展时期内，现代机械工程学科大幅改变了人们的生活习惯、思维方式和生产模式，增进了人们对社会经济发展的渴望，从而加速了社会的进步和发展。在人类发展历程中，机械工程学科从未像今天这样重要地影响着人类的生活，加速发展的现代科学技术为人类创造活动提供了良好的基础，各种高速度、高效率、高精度、智能化机电产品为人类创造了精彩的世界[1]。

20 世纪以前，科学与技术着重于认识自然世界，不断提高人类生存能力；21 世纪科技则更多地着眼于认识人类自身，不断提高人的生命质量。

在 20 世纪中，就制造业来讲，发明和发展了汽车、机床、机器人、飞机、火箭、芯片、计算机、电视机等成千上万的机电产品，极大地改变了人类的生产模式和生活方式。

21 世纪刚刚过去的 20 年，制造业更是给我们带来了许多意想不到的奇迹，制造的飞机飞得更快、更安全；高速列车和磁悬浮列车在祖国的原野上飞驰；智能仪器装备和智能机器人按照人们的要求高效率、高质量地制造产品。可以说，数字化、网络化、智能化技术与先进制造技术深度融合形成的智能制造技术，正在引领和推动新一轮工业革命，引发制造业发展理念、制造模式发生重大而深刻的变革[2]。展望未来，制造业将更加伟大、更加辉煌。

未来机械工程科学发展的总趋势将是交叉、综合化；柔性、集成化；智能、数字化；精密、微型化；高效、清洁化[1,2]。

1.1.2 机械工程中的结构设计问题

与机构学纯粹几何意义上的刚体不同，实际工程中的机械装备由于结构材料力学、热力学特性和制造精度的影响，无论是设计制造大型、高参数的机械产品，还是大批量生产常用机械，要做到安全、可靠、经济和耐用，都有必要对其整体或关键部件进行有效的力学分析，在给出所考察结构的变形和应力基础上，分析结构的强度、刚度、稳定性和动力学特性等内容[3,4]。

1. 强度行为

由载荷、温度等因素引起物体内部某点处截面内力的集度，称为应力。运行中的机械结构或零部件不允许产生过大应力，否则就会导致断裂或塑性变形过大形式破坏，这就是强度问题。结构强度是指结构的极限承载能力，它不仅与材料的物理性能有关，还与结构的几何形状、构件配置、外力作用形式等有关。现代机械所受的工况、载荷及环境条件越来越苛刻，所遇到的机械强度问题越来越复杂。高压容器爆裂，机械结构断裂、破坏等事故，多是由于强度不够引起的。机械设计中的常规应力-应变分析、局部应力-应变分析、失效分析、故障诊断、安全监测、寿命评估，以及结构的完整性分析等问题，都可以用数值方法进行模拟仿真。

2. 变形行为

刚度是指受外力作用的材料、构件或结构抵抗变形的能力。结构的刚度除取决于组成材料的刚度之外，还同结构的几何形状、支承条件，以及外力的作用形式有关。在一些高精度装配机械及旋转机械中，为保证安全平稳运行，必须严格限制结构或构件的变形量，这时对机械进行刚度分析的意义绝不亚于强度分析。刚度问题通常还可细分为静力、动力、蠕变等多种类型。

某些机械结构除进行强度和刚度分析之外，还应该校核其结构稳定性。稳定性通常是指因外力作用增加而偏离初始平衡状态的系统，在撤去所增加的外力后能否回复到原平衡状态的性能。气缸、液压缸的活塞杆，起重机伸缩臂的一些弦杆，压力机的丝杠等，若承受过大的轴向压力，会突然发生弯曲。这种当载荷增加到一定限度后，结构或构件无法保持稳定平衡状态的现象，则称其为失稳。

3. 动态行为

机械系统在其平衡位置附近的微小往复运动即为机械结构的振动。绝大部分机械，比如动力机械、旋转机械、脉冲动载荷作用下的机械等，都不可避免地要产生振动。振动对机械系统的影响不可低估，它会降低机械设备的工作精度，加剧构件磨损，甚至引起结构发生疲劳破坏。例如，振动使精密仪器无法正常工作，使军事器械无法瞄准目标，汽轮发电机剧烈振动可能导致发生断轴事故等。因此，机械的设计一定要重视结构的振动问题，特别是结构共振问题的抑制，必须使外加激励的频率尽量错开结构的固有频率，或适当增加结构的阻尼来防止共振现象的产生。

当机械系统发生振动时，不同频率、不同强度的信号规则地混合在一起就形成了噪声。在一般的机械设计和运行控制之中，应同时考虑减振与降噪。

4. 热力学行为

温度对机器设备的零部件的工作性能影响显著，特别是高性能、高精度的机械产品，温度已成为影响机械或仪器性能及精度的主要或关键因素，因此在机械设计中必须考虑温度因素。通常情况下，温度对机械产品的影响主要体现在两个方面：一是热效应引起零部件的物理性能和力学性能出现变化，二是热变形引起零部件的几何形体发生变化，进而致使实际参数和几何形体偏离设计的最佳理想状态，存在热变形误差。由于整个机械系统各构件热变形误差的综合影响，给整个系统或装备的性能带来了负面影响，改变了原有的运行和工作状态，达不到系统或装备的最佳性能。机械系统热效应设计的主要目的是：有效地控制机械系统的温升问题，或使机械系统的温度场均衡，从而消除或降低温度变化所引起的热变形、热应力对机械系统的不利影响。

前述机械产品的结构设计只考虑了单一的力学行为，然而在各种机电设备的工作过程中，多种类型的力学行为往往同时发生，又相互影响，研究时不可分割。当今，以计算固体力学为基础的大规模工程科学计算、数值仿真和优化设计，已成为先进机械结构设计和制造技术的重要支撑。

1.2　机械工程问题的数学描述

1.2.1　典型机械工程问题的数学模型

对机械结构设计过程中比较关心的结构强度、刚度、振动等工程问题进行数值分析时，都需要采用相应的数学模型，对相应工程问题进行抽象化描述。

为了建立工程问题的数学模型，首先需要选定某个作为过程表征的基本物理量 u，例如，在研究某个系统的振动过程时，自然选取系统中各处的位移作为表征振动特性的物理量，当研究某个系统的传热过程时，自然选取系统中各处的温度作为基本物理量等；其次从所研究的系统中任取一小部分，分析邻近部分与这个小部分之间的相互作用，通过基本物理量 u 以数学算式对此相互作用进行表达，并将算式进行适当整理和简化，最终形成数学物理方程，通常是微分形式的方程，又可称其为控制微分方程。由于方程建立了邻近时间和邻近点之间的联系，所以建立方程时完全不必管边界上的物理条件和系统的初始状态。因此，对于同一类物理过程，不论其具体条件是如何的不同，都具有一致的数学物理方程。

对于一个确定的物理过程，仅由表征该过程的基本物理量 u 所满足的方程还是不够的，还要附加一定的条件，这些条件应能说明系统的初始状态以及边界上的物理情况。在数学上，初始条件和边界条件被称为定解条件。微分方程本身表达同一类物理现象的共性，作为解决问题的依据；定解条件则反映出具体问题的个性，描述了问题的具体情况。方程和定解条件合为一体，就形成了定解问题[6]。

下面以结论形式给出三类典型工程问题的数学物理方程及其定解条件，详细的推导过程请读者参阅相关著作。

1. 波动方程与定解条件

设有一根拉紧后长为 l 的柔软均匀弦（图 1-1），其横向振动方程见式（1-1）所示，弦振动方程中只含有两个自变量 x 和 t，其中 t 表示时间，x 表示位置，$f(x,t)$ 为作用在弦上的外力。该方程描述的是弦的振动或波动现象，被称为一维波动方程。

图 1-1　弦的波动

$$\frac{\partial^2 u}{\partial t^2} = a^2 \frac{\partial^2 u}{\partial x^2} + f(x,t) \tag{1-1}$$

弦振动的定解条件包括初始条件和边界条件。由于弦的振动与时间有关，因此弦在初始时刻的位移和速度对弦的振动至关重要。若以 $\phi(x)$ 和 $\psi(x)$ 分别表示弦的初始位移和初始速度，则初始条件可表达为

$$\begin{cases} u\mid_{t=0} = \phi(x) \\ \dfrac{\partial u}{\partial t}\bigg|_{t=0} = \psi(x) \end{cases} \tag{1-2}$$

对于弦的振动而言，弦振动方程只表示弦内部点的力学规律，弦的端点则不满足其振动方程，所以弦的两端必须给出边界条件，也就是考虑研究对象所处的边界上的物理状况。表征物理过程的基本物理量在系统的边界上所满足的物理条件称为边界条件。常见而又比较简单的边界条件有三种基本类型：对于弦振动而言，弦的一端运动规律已知，称为第一类边界条件，见式（1-3），此时弦的一端在垂直于 x 轴的直线上滑动，且不受到垂直作用的外力，可称之为自由边界；若边界张力沿垂直方向的分量是 t 的一个已知函数，则相应的边界条件称为第二类边界条件，见式（1-4）；若弦的一端固定在弹性支撑上，并且弹性支撑的伸缩符合胡克（Hooke）定律，这种弹性支撑边界条件被称为第三类边界条件，见式（1-5），其中 a 是已知正数且为 t 的已知函数。

$$u\mid_{x=0} = \mu_1(t) \tag{1-3}$$

$$\frac{\partial u}{\partial x}\bigg|_{x=0} = \mu_2(t) \tag{1-4}$$

$$\left(\frac{\partial u}{\partial x} + au\right)\bigg|_{x=l} = \mu_3(t) \tag{1-5}$$

类似地，薄膜运动的二维波动方程见式（1-6），电磁波、声波的传播等三维波动方程见式（1-7）。

$$\frac{\partial^2 u}{\partial t^2} = a^2 \left(\frac{\partial^2 u}{\partial x^2} + \frac{\partial^2 u}{\partial y^2}\right) + f(x,y,t) \tag{1-6}$$

$$\frac{\partial^2 u}{\partial t^2} = a^2 \left(\frac{\partial^2 u}{\partial x^2} + \frac{\partial^2 \ddot{u}}{\partial y^2} + \frac{\partial^2 u}{\partial z^2}\right) + f(x,y,z,t) \tag{1-7}$$

式中，$f(x,y,t)$ 和 $f(x,y,z,t)$ 为作用在物体上的已知外力。

2. 热传导方程与定解条件

在对机械工程热问题进行分析时，经常要了解工件内部的温度分布情况，例如，机床主轴工作时内部的温度分布、金属工件在热处理过程中的温度变化、流体温度分布等。

众所周知，如果空间某物体 G 内各点的温度不同，则热量就从温度较高的点向温度较低的点流动，这种物理现象被称为热传导。在导热过程中，物体各部分之间没有宏观的相对位移，也没有能量形式的转换，仅由温度梯度引起内能的交换。一维杆的热传导遵从 Fourier（傅立叶）定律：

$$q = -k \frac{\mathrm{d}u}{\mathrm{d}x} \tag{1-8}$$

式中，q 表示热流密度，为单位时间通过单位面积的热流量（W/m^2）；k 表示材料的热导系数 [W/(m·℃)]。

公式中的负号表示热量总是沿着温度降低的方向传导。热导系数 k 是表征材料导热性能优劣的参数，是材料的一种物理属性，不同材料的热导系数不同。即使是同一种材料，热导系数还与温度等因素有关。金属材料的热导系数最高，液体次之，气体导热性能最差。

物体内部的温度分布取决于物体内部的热量交换，以及物体与外部介质之间的热量交换，一般认为与时间相关。物体内部的热交换采用以下的热传导方程（Fourier 方程）进行描述：

$$\rho c \frac{\partial u}{\partial t} = \frac{\partial}{\partial x}\left(\lambda_x \frac{\partial u}{\partial x}\right) + \frac{\partial}{\partial y}\left(\lambda_y \frac{\partial u}{\partial y}\right) + \frac{\partial}{\partial z}\left(\lambda_z \frac{\partial u}{\partial z}\right) + \overline{Q} \tag{1-9}$$

式中，ρ 为材料密度（kg/m^3）；c 为比热容 [J/(kg·K)]；λ_x，λ_y，λ_z 为导热系数 [W/(m·K)]；u 为温度（℃）；t 为时间（s）；$\overline{Q}$ 为内热源密度（W/m^3）。

对于各向同性材料，不同方向上的导热系数相同，热传导方程可写为以下形式：

$$\rho c \frac{\partial u}{\partial t} = \lambda \frac{\partial^2 u}{\partial x^2} + \lambda \frac{\partial^2 u}{\partial y^2} + \lambda \frac{\partial^2 u}{\partial z^2} + \overline{Q} \tag{1-10}$$

除了热传导方程，计算物体内部的温度分布，还需要指定初始条件和边界条件。初始条件是指物体最初的温度分布情况。

$$u \mid_{t=0} = u_0(x, y, z) \tag{1-11}$$

边界条件是指物体外表面与周围环境的热交换情况。在传热学中，一般把边界条件分为以下三类：

（1）给定物体边界上的温度，称为第一类边界条件 物体表面上的温度或温度函数为已知，即

$$u \mid_s = u_s$$

或

$$u \mid_s = u_s(x, y, z, t) \tag{1-12}$$

（2）给定物体边界上的热量输入或输出，称为第二类边界条件 已知物体表面上热流密度，即

$$\left(\lambda_x \frac{\partial u}{\partial x} n_x + \lambda_y \frac{\partial u}{\partial y} n_y + \lambda_z \frac{\partial u}{\partial z} n_z\right)\bigg|_s = q_s \tag{1-13}$$

或

$$\left(\lambda_x \frac{\partial u}{\partial x} n_x + \lambda_y \frac{\partial u}{\partial y} n_y + \lambda_z \frac{\partial u}{\partial z} n_z \right)\bigg|_s = q_s(x,y,z,t) \tag{1-14}$$

（3）给定对流换热条件，称为第三类边界条件　物体与其相接触的流体介质之间的表面传热系数和介质的温度为已知。

$$\lambda_x \frac{\partial u}{\partial x} n_x + \lambda_y \frac{\partial u}{\partial y} n_y + \lambda_z \frac{\partial u}{\partial z} n_z = h(u_f - u_s) \tag{1-15}$$

式中，h 为传热系数 $[\mathrm{W}/(\mathrm{m}^2 \cdot \mathrm{K})]$；$u_s$ 是物体表面的温度；u_f 是介质温度。

根据物体的实际边界条件和初始条件，求解温度控制方程，理论上可以得到物体温度场的解析解，但这在数学上是个难题，一般无法采用函数进行求解。对于平面热问题，通常采用差分或有限元法进行求解；而对于空间问题，则多采用有限元法进行求解。

3. 拉普拉斯方程与定解条件

在研究工程上的振动、热传导、扩散等现象的稳定过程时，由于表征该过程的物理量 u 不随时间变化，因此 $\partial u/\partial t = 0$。比如，考察一个稳定的温度场，则由式（1-8）即可得到不随着时间变化的温度 $u(x,y,z)$ 所满足的方程。

如果边界上的换热条件不随时间变化，物体内部的热源也不随时间变化，在经过一定时间的热交换后，物体内各点温度也将不随时间变化，即

$$\frac{\partial u}{\partial t} = 0 \tag{1-16}$$

这类问题称为稳态（Steady state）热传导问题。稳态热传导问题并不是温度场不随时间发生变化，而是指温度分布稳定后的状态，一般情况下设计人员并不关心物体内部的温度场如何从初始状态过渡到最后的稳定温度场。随时间变化的瞬态（Transient）热传导方程就退化为稳态热传导方程，三维问题的稳态热传导方程为

$$\frac{\partial}{\partial x}\left(\lambda_x \frac{\partial u}{\partial x}\right) + \frac{\partial}{\partial y}\left(\lambda_y \frac{\partial u}{\partial y}\right) + \frac{\partial}{\partial z}\left(\lambda_z \frac{\partial u}{\partial z}\right) + \overline{Q} = 0 \tag{1-17}$$

对于各向同性材料，可以得到以下的方程，称为泊松（Poisson）方程：

$$\frac{\partial^2 u}{\partial x^2} + \frac{\partial^2 u}{\partial y^2} + \frac{\partial^2 u}{\partial z^2} + \frac{\overline{Q}}{\lambda} = 0 \tag{1-18}$$

考虑物体不包含内热源的情况，则各向同性材料中的温度场满足拉普拉斯（Laplace）方程：

$$\frac{\partial^2 u}{\partial x^2} + \frac{\partial^2 u}{\partial y^2} + \frac{\partial^2 u}{\partial z^2} = 0 \tag{1-19}$$

式（1-19）称为三维拉普拉斯方程或调和方程，通常表示为 $\Delta u = 0$ 或 $\nabla^2 u = 0$。凡具有二阶连续偏导数并满足式（1-19）的连续函数被称为调和函数。如果我们考察的是一个有源的稳定热场，则由式（1-18）可得到下列方程

$$A(u) = a^2\left(\frac{\partial^2 u}{\partial x^2} + \frac{\partial^2 u}{\partial y^2} + \frac{\partial^2 u}{\partial z^2}\right) + f(x,y,z,t) = 0 \tag{1-20}$$

式（1-20）被称为非齐次拉普拉斯方程，情况与式（1-18）类似，同样也称为泊

松（Poisson）方程，记作 $\Delta u = -f(x,y,z)$ 或 $\nabla^2 u = -f(x,y,z)$。

拉普拉斯方程和泊松方程不仅能描述稳定状态下温度的分布规律，而且也能够描述诸如稳定的浓度分布及静电场的电位分布等物理现象。

对于拉普拉斯方程和泊松方程所描述的具体物理现象，自然也应该附加一定的条件。由于所描述的是稳定或平衡现象，则表征该过程的物理量与时间无关，因此定解条件只有边界条件而无初始条件。此时，只需把热传导方程的边界条件所出现的函数看成与时间无关的，就可得到拉普拉斯方程和泊松方程相应的三类边界条件。

1.2.2 二阶线性偏微分方程

1. 数学模型的特征

上述数学模型都是带有相关边界条件和初始条件的控制微分方程组，控制微分方程是通过对系统或控制实体应用相应的基本定律和原理推导出来的。这些控制微分方程代表了质量、力或能量的平衡，如机械工程中机械设备的结构强度和刚度所对应的位移场和应力场分析、结构振动特性和稳定性分析、传热学中的温度场分析、流体力学中的流场分析等，都可以归结为在给定边界条件下求解其控制方程（一般为偏微分方程）的问题。

在结构工程问题中，存在两组影响结构行为的参数。首先是存在着有关表示给定系统自然行为信息的参数，这些参数包括弹性模量和热流速率等；另一方面，系统存在着产生扰动的参数，包括外力、力矩等。在有些情况下，由给定的条件可以得到系统的精确行为。系统的解析解由两部分组成，即一般部分和特殊部分。表 1-1 中所示的系统特性表现了系统的自然行为，它们常出现在控制微分方程的解的一般部分，相比之下，产生扰动的参数常出现在解的特殊部分。

表 1-1 表征机械结构的物理属性及引起扰动的参数

问题类型	表征结构特性的参数	引起系统扰动的参数
板	弹性模量 E	外力和力矩，温度差
梁	弹性模量 E；第二面积矩 I	外力和力矩，温度差
轴	刚性模量 G；面积极性矩 J	外力和力矩，温度差

2. 数学模型的分类

在前述工程问题中，从不同的物理模型推导出弦振动方程、热传导方程和拉普拉斯方程。这三类方程虽然形式特殊，但在二阶偏微分方程中，它们却是三类典型工程问题的代表。下面以两个自变量的二阶线性偏微分方程为例，从数学上讨论相关工程问题的具体分类。

为了方便起见，用 x，y 来描述自变量，一般的二阶线性偏微分方程具有如下的形态

$$a_{11}\frac{\partial^2 u}{\partial x^2}+a_{12}\frac{\partial^2 u}{\partial x\partial y}+a_{22}\frac{\partial^2 u}{\partial y^2}+b_1\frac{\partial u}{\partial x}+b_2\frac{\partial u}{\partial y}+cu=f \tag{1-21}$$

式中，a_{11}，a_{12}，a_{22}，b_1，b_2，c，f 都是自变量（x,y）在区域 Ω 上的实函数，并假定它们连续可微。

若在区域上某点（x_0,y_0）有

$$\Delta \equiv a_{12}^2-a_{11}a_{22}>0 \tag{1-22}$$

则式（1-21）在点（x_0,y_0）为双曲型的；若在点（x_0,y_0）有

$$\Delta \equiv a_{12}^2-a_{11}a_{22}=0 \tag{1-23}$$

则式（1-21）在点（x_0,y_0）为抛物型的；若在点（x_0,y_0）有

$$\Delta \equiv a_{12}^2-a_{11}a_{22}<0 \tag{1-24}$$

则式（1-21）在点（x_0,y_0）为椭圆型的。

如果方程在所讨论的区域 Ω 内都是双曲型的，那么就称方程在区域 Ω 内是双曲型方程。同样，如果方程在所讨论的区域 Ω 内都是抛物型或椭圆型的，则该方程在区域 Ω 内是抛物型或椭圆型方程。

由于方程的系数 a_{11}、a_{12}、a_{22} 是连续函数，若方程在点（x_0,y_0）是双曲型的，则在点（x_0,y_0）的邻域内也是双曲型的；若方程在点（x_0,y_0）是椭圆型的，则在点（x_0,y_0）的邻域内也是椭圆型的；但方程在点（x_0,y_0）是抛物型的，则在点（x_0,y_0）的邻域内却不一定也是抛物型的。

弦振动方程是双曲型方程，一维热传导方程是抛物型方程，二维拉普拉斯方程和泊松方程都是椭圆型方程。由于弦振动方程描述的是波的传播现象，它具有对时间是可逆的性质；热传导方程反映了热的传导、物质的扩散等现象，这种现象总是由高到低、由密到疏的，因而是不可逆的；而拉普拉斯方程所描述的是稳定和平衡状态。这三种方程所描述的自然现象的本质完全不同，所以它们的类型也不相同。

1.3 机械工程问题的数值求解

1.3.1 工程问题的求解过程

通常，复杂工程问题的求解过程包括物理模型构建、数学模型导出、方程求解和结果阐述四个环节。

1. 物理模型构建

工程问题的成功求解基于精确的物理模型，例如，要进行机械系统振动的研究，就应当

确定与所研究问题有关的系统元件和外界因素，并根据工程分析的需要，用一个简化的物理模型来描述它。它对外界作用的响应，需从工程分析的要求来衡量，以便所抽象的物理模型能和实际系统接近。

2. 数学模型导出

有了所研究系统的物理模型，就可以应用某些物理定律对物理模型进行分析，把物理模型转化为数学模型，导出一个或几个描述系统特性的方程。通常，机械工程问题的数学模型表现为微分方程的形式。

3. 方程求解

要了解系统所发生运动的特点和规律，就要对数学模型进行求解，以得到描述系统运动的数学表达式。通常，这种数学表达式是位移或温度等物理量的表达式，表示为时间和坐标的函数。表达式表明了系统运动与系统性质、外界作用之间的关系。

4. 结果阐述

根据方程的解所提供的规律和系统的工作要求及结构特点，就可以做出相应的设计或改进的决断，以获得问题的最佳解决方案。

1.3.2　不同数值方法的比较

微分方程定解问题的求解方式主要有解析求解、近似求解和数值求解三种途径[6]。

解析方法求微分方程的定解问题可以先求出它的通解，然后再用定解条件确定出通解相应的系数。偏微分方程的解法还可以用分离系数法，也称作傅立叶级数；还可以用分离变数法，也称作傅立叶变换或傅立叶积分。分离系数法可以求解有界空间中的定解问题。分离变数法可以求解无界空间的定解问题。也可以用拉普拉斯变换法求解一维空间的数学物理方程的定解。对偏微分方程进行拉普拉斯变换可将其转化成常微分方程，而且初始条件也需进行相应的变换，解出常微分方程后进行反演即可。

应该指出，虽然有以上各种解法进行偏微分方程的定解的求解，但是实际工程问题的抽象偏微分方程很难求出通解，并且用定解条件确定具体的通解函数更是困难。因此，许多定解问题是无法严格解出的，只可使用近似方法求出满足实际需要的近似解。

常用的近似方法是变分法和加权余量法。变分法是把定解问题转化成变分问题，再求变分问题的近似解；加权余量法建立在一个合理的控制微分方程的假设解的基础之上，假设解必须满足给定问题的初始条件和边界条件。还有一种更有意义的模拟法，它用另一个物理问题的实验研究来等效所研究某个物理问题的定解。虽然物理现象本质不同，但是在数学上抽象表示的是同一个定解问题，例如研究某个不规则形状的物体里的稳定温度分布问题，在数学上是拉普拉斯方程的边值问题。由于求解比较困难，可作相应的静电场或稳恒电流场实验研究，测定场中各处的电势，从而解决所研究的稳定温度场的温度分布问题。

对于实际机械结构工程问题，由于控制微分方程组的复杂性，或边界条件和初值条件难以确定，一般都无法得到系统的精确解。为解决上述问题，使用数值方法进行控制微分方程的近似求解是一种有效的手段。目前工程中使用的偏微分方程的数值解法主要有三种[6]，即有限差分法、有限元法和边界元法。近二十多年来，又出现了无网格法和等几何分析法等数值分析方法。数值分析方法的共同点都是设法将实际的无穷多自由度的连续介质问题，近似地简化为由有限个节点所构成的有限个自由度问题，并以这些节点的"自由度"为未知量，设法将控制方程近似地转化为一组线性代数方程，然后使用计算机进行求解。

在上述五种数值法中，有限元法的通用性最好且应用最广。有限元法通过对偏微分方程（Partial Differential Equation，PDE）和定义域 Ω 的离散，可将 Ω 上的 PDE 化为 Ω 上的一个代数方程组，即

$$(\text{PDE})_\Omega \xrightarrow[(\Omega \text{ 离散})]{(\text{PDE 离散})} (\text{代数方程组})_\Omega \tag{1-25}$$

不同数值计算方法的本质区别主要表现在两个方面：①未知函数的近似函数构造方法；②微分方程的离散技术。未知函数的近似函数构造方法与微分方程离散技术的不同组合，构成了不同的具体数值分析方法。

未知函数的近似函数构造方法是数值分析方法的核心。由于幂函数的微分、积分运算较为容易，大部分的数值计算方法均采用多项式函数来构造未知函数的近似函数。按照未知函数近似函数的定义域不同，可将构造方法细分为局部构造法和整体构造法。局部构造法是采用分段（片）多项式函数对未知函数进行近似，典型代表方法是有限元法。整体构造法是在整个计算区域上采用多项式函数进行未知函数的近似，典型代表方法是拟谱方法。数值计算方法的计算精度主要依赖于未知函数近似函数的近似精度。一般来说，整体构造法的近似精度优于局部构造法，高阶多项式的近似精度高于低阶多项式[7]。

微分方程的离散技术主要有配点法和伽辽金法（Galerkin method）两种。配点法是基于微分方程强形式的离散方法，也就是强迫微分方程在给定的离散节点上精确成立，由此得到求解问题的代数方程组。伽辽金法是基于微分方程弱形式的离散方法，也就是使微分方程在加权意义下成立。强形式的离散方法要求构造的未知函数近似函数具有与方程阶数相同的光滑性要求，对未知函数近似函数的光滑性要求较高。弱形式的离散方法可以降低未知函数近似函数的光滑性要求，但是数值计算过程中需要进行积分运算，增加了计算公式和计算程序的复杂性。

有限差分法将求解域划分为均匀的差分网格，然后基于泰勒展开等方法，在网格节点上用差分来近似微分方程。其优势在于网格简单，计算效率高，缺点是难以求解形状复杂的几何区域。

有限元法将连续的求解域离散为一组简单形状单元所组成的网格，每个单元内使用分段连续的多项式函数近似表示待求未知场。从数学上的变分原理或者加权余量法出发构造原问题的等效弱形式，最终将连续的无限自由度问题转化为离散的有限自由度问题。由于它对于复杂几何区域和各类物理问题的广泛适用性，再加之有严格的数学理论作为基础，且便于计算机高效率的实现等优点，被公认为是最强有力的数值计算工具。

与有限元法不同的是，边界元法只在边界上进行单元的划分，降低了求解问题的规模。另外，这种方法基于微分方程的基本解进行相应的积分方程的建立，其缺点是生成的方程组是稠密的，并且求解依赖于微分方程的基本解。

无网格方法的特点是无需生成网格，而是散乱分布一些节点，在节点上构造插值函数用于离散控制方程。它实际上是十几种不同数值方法的统称，这些方法的区别在于形函数的构造方法和微分方程的等效形式。无网格法与有限元法、有限差分法的根本区别在于它避免了定义在求解域上的网格结构，不受网格约束，可以方便地在求解域内增加和减少节点，以改

善局部区域内的求解精度。

等几何分析法是近年发展起来的一种数值分析方法，由于分析模型和几何模型均采用相同数学表达格式的样条模型，可直接使用几何模型参数域的自然划分作为数值分析网格，同时又比经典有限元法有更高的单元边界连续性。相对于传统的数值分析方法，等几何分析具有精确的几何表达、网格划分简单、高阶基函数等特性。等几何分析方法既有经典有限元格式的优点，又有部分无网格法的特点。

1.4 计算固体力学在机械工程中的应用

计算固体力学的发展极大地提高了力学为机械工程服务的能力，也改变了机械工程设计的面貌。它不仅使许多过去无法实现的复杂机械工程分析成为现实，而且采用优化设计的方法能动地优选设计方案，提高设计水平和产品性能，缩短设计周期，将力学与机械工程更紧密地联系在一起。

1.4.1 计算固体力学在机械工程中的应用

从本质上讲，计算固体力学是用来求解常微分方程和偏微分方程的一种数学方法。因为它是一种数学方法，能够求解那些用微分方程形式描述的复杂问题，当这些类型的方程应用于自然科学的各个领域时，计算固体力学方法被无限制地应用到求解机械工程的实际问题中。以高速数控机床为例，机床的结构性能可描述为常微分方程或偏微分方程，因此，计算固体力学方法自然成为机床结构性能分析的一种重要方法[8]。

具有良好的静刚度、动刚度和热刚度是数控机床具有良好工作性能的重要前提和保证，也是高速加工对机床结构的基本要求。机床结构动力优化设计就是在机床设计过程中，寻求一个经济合理的结构，使它的动态性能满足预先给定的要求。

数控机床结构的常规分析一般包括结构静力学分析、结构动力学分析、结构热力学分析和设计优化等内容。图 1-2 所示为数控机床结构性能建模分析的内容及过程。图 1-3 所示为采用等效方法所建立的机床有限元分析模型。

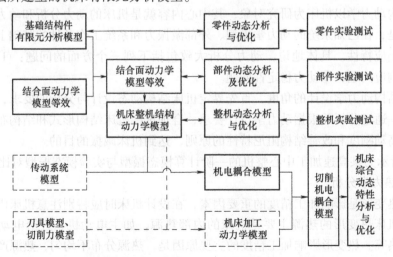

图 1-2 数控机床结构有限元分析的内容

1. 结构静力学分析

一般机床结构设计的主要问题是刚度问题，如果机床结构的刚度满足要求，则其结构强度通常都自然满足要求。

机床的结构刚度是指机床在切削力和其他力作用下抵抗变形的能力。机床整机静刚度不能用某个零部件的刚度评价，而是指整台机床在静载荷作用下，各构件及结合部抵抗变形的综合能力。在设计中既要考虑提高各部件刚度，同时又要考虑结合部刚度和各部件之间刚度的合理匹配。各部件和结合部对机床整机刚度的贡献大小不同，设计时应进行刚度的合理分配或优化。

机床在切削加工过程中要承受各种外力的作用，承受的静态力有运动部件和被加工零件的自重，承受的动态力有切削力、驱动力、加减速时引起的惯性力、摩擦力等。组成机床的结构部件在这些力的作用下将产生变形，如固定连接表面或运动啮合表面的接触变形、各支承零部件的弯曲和扭转变形，以及某些支承件的局部变形等，这些变形都会直接或间接地引起刀具和工件之间的相对位移，从而导致工件的加工误差，或者影响机床切削过程的特性。

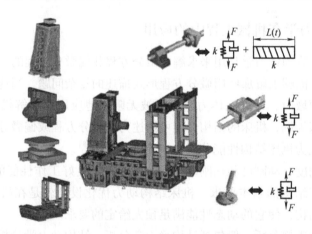

图 1-3　采用等效方法所建立的机床有限元分析模型

2. 结构动力学分析

机床结构动力学以机床为研究对象，其中心内容就是机床的动力分析和动力设计。动力分析的意思是，在已知系统的动力学模型、外部激振力和系统工作条件的基础上，分析研究系统的动力响应特性。具体地说，动力分析大致包括下列三个方面的问题：①固有特性问题；②动力响应问题；③动力稳定性问题。

从机床结构动力学设计的角度，首先界定机床结构动态设计与分析的要求，进行整机结构刚度规划，通过分析并根据动力学设计要求，合理选择机床结构形式和结构布局。按照避免共振、提高动刚度和改善结构阻尼特性的原则，达到机床减振的目的。

图 1-4 所示为某高速加工中心整机的一阶计算模态振型与实验模态振型对比情况。

3. 结构热力学分析

机床的热变形是影响加工精度的重要因素，在设计机床时应特别注意机床内部热源的影响[9]。引起机床热变形的热源主要是机床的内部热源，如主电动机、进给电动机发热，摩擦以及切削热等。热变形影响加工精度的主要原因是，热源分布不均匀，热源产生的热量不

图 1-4　整机计算模态振型与实验模态振型对比（第一阶模态）

等，各处零部件的质量不均，形成各部位的温升不一致，从而产生不均匀的温度场和不均匀的热膨胀变形，以致影响刀具与工件的正确相对位置。热变形不仅会破坏机床的原始几何精度，加快运动件的磨损，甚至会影响机床的正常运转。统计表明，热变形所导致的加工工件误差最大，占全部误差的比例可达 70% 左右。图 1-5 所示为某高速加工中心电主轴内部结构及热力学参数分布有限元模型。

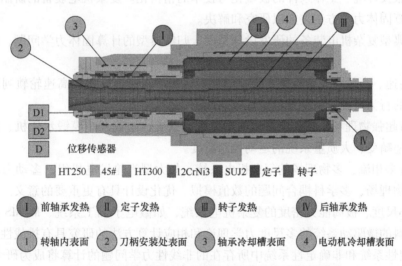

图 1-5　电主轴内部结构及热力学参数分布有限元模型

4. 结构设计优化

将优化设计与有限元分析方法结合起来，可以对机床的各种结构件进行优化设计。机床结构优化设计方法主要有结构形状优化设计、结构尺寸优化设计和零部件拓扑优化设计等[10]。

目前，有限元方法正与多体动力学分析联合、与实验测试相结合，与 CAD 模型进行集成，构成完整的 CAD/CAE/CAT 集成环境，为工程设计、工程分析、工程评估提供支持。所有基于有限元分析的产品设计标准均需一致，都应制定分析流程和分析目标。这些标准将构成新研发机床的目标和指南，为研发部门提供设计依据。

图 1-6 所示为数控机床工作台结构拓扑优化过程示意图。

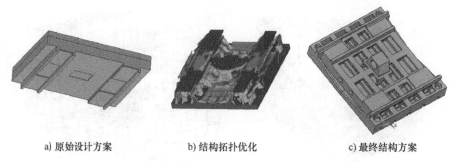

a) 原始设计方案　　　　b) 结构拓扑优化　　　　c) 最终结构方案

图 1-6　数控机床工作台结构拓扑优化

1.4.2　计算固体力学在机械工程中的应用趋势

随着社会的发展，现代工业和高新技术的进步将提出新的更为复杂的机械工程力学问题，计算固体力学在机械工程领域的应用也将不断深入，应用前景广阔。

当代重大装备在不断追求功能强大、高效率、高精度的进程中，随之而来的是系统的高度集成化，服役环境、工作条件的极端化与技术的精密化。复杂机电装备的研制迫切需要利用先进的计算固体力学方法去加以研究和解决。

从当前典型复杂机电装备的研发设计角度，归纳典型的计算固体力学问题，将具有以下特点：

1）超高速、高精密复杂机电系统，如数控机床、高速连轧机、高速轮轨列车中存在的多能场作用的行为轨迹，精度及稳定性控制问题。

2）载有超强物理场、超强能量流的复杂机电系统，如数万吨模锻水压机、材料成型装备的力流传递畸变、大质量系统的运动控制精度。

3）具有多相流、多物理场的复杂机电系统，如大型汽轮发电机组，多动力源复杂传递系统中的多物理场、多学科耦合问题的数值模拟、优化设计具有更重要的意义。

4）极小尺度、极高能力密度的复杂机电系统，如微电子加工系统、MEMS 系统、基于人工肌肉材料的微驱动系统的多尺度力学理论和相应计算方法的研究具有挑战性。

5）确定性系统和非确定性系统中所存在的非线性力学问题的计算将成为研究重点。

参 考 文 献

[1] 杨叔子，吴波，李斌. 再论先进制造技术及其发展趋势 [J]. 机械工程学报，2006，（1）：84-89.

[2] 周济. 智能制造：“中国制造 2025”的主攻方向 [J]. 中国机械工程，2015，26（17）：2273-2284.

[3] 王书亭. CAE 促机电产品研发创新 [J]. 计算机世界报，2006，46：14-15.

[4] 薛明德. 力学与工程技术的进步 [M]. 北京：高等教育出版社，2001.

[5] 孙金海. 数学物理方程与特殊函数 [M]. 北京：高等教育出版社，2001.

[6] ARTHUR P BORESI, KEN P CHONG, SUNIL SAIGAL. 工程力学中的近似解法 [M]. 北京：高等教育出版社，2005.

[7] 李树忱，王兆清. 高精度无网格重心插值配点法——算法、程序及工程应用 [M]. 北京：科学出版

社，2012.

［8］王书亭. 高速加工中心性能建模及优化［M］. 北京：科学出版社，2012.

［9］王书亭，陈凤姣，刘涛，等. 高速电主轴力-热耦合特性建模［J］. 华中科技大学学报（自然科学版），2015，43（10）：1-5.

［10］LIU T, WANG S T, LI B, et al. A level set based topology and shape optimization method for continuum structure under geometric constraints［J］. Structural and Multidisciplinary Optimization, 2014, 50（2）：253-273.

"两弹一星"功勋科学家：最长的一天

第2章 能量原理与变分法

弹性力学也称弹性理论，主要研究弹性体在外力或温度变化等外界因素作用下所产生的应力、应变和位移，可用以解决结构或机械设计中所提出的强度、刚度、稳定性和振动问题。

求解复杂弹性力学问题时，需要对满足给定条件下的平衡方程、几何方程和物理方程进行联合求解，这在数学上面临很大的困难，促使人们不断研究各种近似方法。变分法是应用最广泛的近似解法，人们从19世纪后期开始采用变分法求解弹性力学问题，它通过能量的概念，将弹性力学控制微分方程的联合求解问题转换为给定边界条件下能量泛函极值问题，因而可以采用代数方程进行求解。另外，由能量原理提供的变分直接解法是有限元法等数值方法的理论基础。因此，弹性力学中的变分法又称为能量法。

弹性力学变分法中所研究的泛函，也就是弹性体的能量，分为以位移和以应力为基本未知量的两大类型，其中前者求解简便、应用广泛，而后者主要应用于某些特定问题。

2.1 小位移变形弹性理论的基本方程和边界条件

2.1.1 小位移变形弹性理论的基本假定

弹性体是变形体的一种，它的特征为：受外力作用的物体将发生变形，当外力不超过某一限度时，除去外力后物体即回复原状。绝对弹性体是不存在的，物体在外力除去后的残余变形很小时，一般就被当作弹性体进行处理。弹性力学的基本假定如下：

1）假定物体是连续的，就是假定整个物体的体积都被组成这个物体的介质所填满，不留下任何空隙。实际的可变形固体，从其物质结构来说，均具有不同程度的空隙，但这些空隙的大小与构件尺寸相比均极其微小，因而可忽略不计，认为其结构是密实的。

2）假定物体是完全弹性的，就是假定物体完全服从胡克定律——应变与引起该应变的应力分量成比例。

3）假定物体是均匀的，就是整个物体是由同一材料组成的，从物体中任取一小部分，不论其体积大小如何，其力学方面的性能都完全一样。实际的可变形固体，其组成部分的性能有不同程度的差异。但由于组成部分的尺寸很微小、排列不规则，物体的力学性能反映出所组成部分力学性能的统计平均量，即力学性能是均匀的。

4）假定位移和形变是微小的。认为形体的变形很微小，保证构件在其弹性变形范围内，其应力应变满足胡克定律，才能将弹性力学中的代数方程和微分方程简化为线性方程，保证构件的变形发生在线弹性阶段。

在经典的弹性力学中还有各向同性假设，即材料是各向同性的。现在一些复合材料并不是各向同性的，所以在此不再采用各向同性这个假设。

2.1.2　小位移变形弹性理论的基本方程和边界条件

1. 基本方程

为了说明计算固体力学方法的内涵，先扼要地介绍弹性力学边值问题对应的微分基本方程。对于如图 2-1 所示的弹性体在约束和外载荷作用下会产生应力和变形。在弹性力学中，可将物体内部任一点处切出一微小单元体，如图 2-2 所示。针对微小的单元体建立基本方程，把复杂形状弹性体的受力和变形分析问题归结为偏微分方程组的边值问题。弹性力学的基本方程包括平衡方程、几何方程和物理方程。

（1）平衡方程　物体内任意一点的应力状态可以用六个独立的应力分量 σ_x、σ_y、σ_z、τ_{xy}、τ_{yz}、τ_{zx} 表示，如图 2-2 所示。

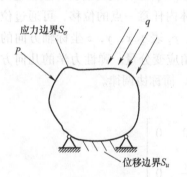

图 2-1　小变形位移弹性体

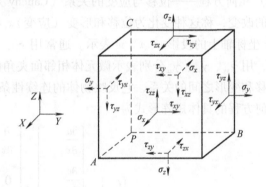

图 2-2　物体内一点微分六面体上的应力状态

从物体中可取出一个微小单元体建立平衡方程。平衡方程代表了力的平衡关系，建立了应力分量和体积力分量之间的关系。它反映了物体的平衡规律，简称平衡律，其微分方程为

$$\begin{cases} \dfrac{\partial \sigma_x}{\partial x}+\dfrac{\partial \tau_{xy}}{\partial y}+\dfrac{\partial \tau_{xz}}{\partial z}+f_x=0 \\[2mm] \dfrac{\partial \tau_{xy}}{\partial x}+\dfrac{\partial \sigma_y}{\partial y}+\dfrac{\partial \tau_{yz}}{\partial z}+f_y=0 \\[2mm] \dfrac{\partial \tau_{xz}}{\partial x}+\dfrac{\partial \tau_{yz}}{\partial y}+\dfrac{\partial \sigma_z}{\partial z}+f_z=0 \end{cases} \qquad (2\text{-}1)$$

其矩阵形式可表示为

$$[\Delta]^{\mathrm{T}}\{\sigma\}+\{f\}=0 \qquad (2\text{-}2)$$

式中，$[\Delta]^{\mathrm{T}}$ 为微分算子 $[\Delta]$ 的转置矩阵，$\{\sigma\}$ 为应力列阵，$\{f\}$ 为体积力列阵。在三维直角坐标情况下，$[\Delta]$、$\{\sigma\}$、$\{f\}$ 可分别表达为

$$[\Delta] = \begin{bmatrix} \partial/\partial x & 0 & 0 \\ 0 & \partial/\partial y & 0 \\ 0 & 0 & \partial/\partial z \\ \partial/\partial y & \partial/\partial x & 0 \\ 0 & \partial/\partial z & \partial/\partial y \\ \partial/\partial z & 0 & \partial/\partial x \end{bmatrix} \tag{2-3}$$

$$\{\sigma\} = \{\sigma_x \quad \sigma_y \quad \sigma_z \quad \tau_{xy} \quad \tau_{yz} \quad \tau_{zx}\}^T \tag{2-4}$$

$$\{f\} = \{f_x \quad f_y \quad f_z\}^T \tag{2-5}$$

平衡方程还可以用张量形式表示为

$$\sigma_{ij,j} + f_i = 0 \tag{2-6}$$

式中，σ_{ij}、f_i 为应力张量分量和体积力向量分量。采用张量标记时，重复下标表示在该下标的取值范围内求和，三维情况下取值范围为3，二维情况下取值范围为2。式中下标"i"表示对独立坐标 x_i 取偏导数。

（2）几何方程——位移与应变的关系（Cauchy 方程）　弹性体受力后要产生位置的移动和形状的改变，称这种变化为位移和形变（应变）。物体内任意一点的位移，可通过位移在 x，y，z 坐标轴上的投影 u、v、w 表示。通常用 ε_x、ε_y、ε_z 表示 x，y，z 坐标轴方向的线应变分量，用 γ_{xy}、γ_{yz}、γ_{zx} 分别表示微元体相邻面夹角的角应变分量。弹性力学的几何方程反映了位移和变形之间的关系，它反映物体的连续性条件，简称协调律。

几何方程的具体矩阵形式为

$$\{\varepsilon\} = \begin{Bmatrix} \varepsilon_x \\ \varepsilon_y \\ \varepsilon_z \\ \gamma_{xy} \\ \gamma_{yz} \\ \gamma_{zx} \end{Bmatrix} = \begin{Bmatrix} \dfrac{\partial u}{\partial x} \\ \dfrac{\partial v}{\partial y} \\ \dfrac{\partial w}{\partial z} \\ \dfrac{\partial u}{\partial y} + \dfrac{\partial v}{\partial x} \\ \dfrac{\partial v}{\partial z} + \dfrac{\partial w}{\partial y} \\ \dfrac{\partial w}{\partial x} + \dfrac{\partial u}{\partial z} \end{Bmatrix} = \begin{bmatrix} \dfrac{\partial}{\partial x} & 0 & 0 \\ 0 & \dfrac{\partial}{\partial y} & 0 \\ 0 & 0 & \dfrac{\partial}{\partial z} \\ \dfrac{\partial}{\partial y} & \dfrac{\partial}{\partial x} & 0 \\ 0 & \dfrac{\partial}{\partial z} & \dfrac{\partial}{\partial y} \\ \dfrac{\partial}{\partial z} & 0 & \dfrac{\partial}{\partial x} \end{bmatrix} \begin{Bmatrix} u \\ v \\ w \end{Bmatrix} \tag{2-7}$$

$$\{\varepsilon\} = [\Delta]\{u\} \tag{2-8}$$

式中，$\{\varepsilon\}$、$\{u\}$ 为应变列阵和位移列阵：

$$\{\varepsilon\} = \{\varepsilon_x \quad \varepsilon_y \quad \varepsilon_z \quad \gamma_{xy} \quad \gamma_{yz} \quad \gamma_{zx}\}^T \tag{2-9}$$

$$\{u\} = \{u \quad v \quad w\}^T \tag{2-10}$$

几何方程也可用张量形式表示为

$$\varepsilon_{ij} = (u_{i,j} + u_{j,i})/2 \tag{2-11}$$

工程切应变 γ_{xy}、γ_{yz}、γ_{zx} 与张量切应变 ε_{xy}、ε_{yz}、ε_{zx} 的关系为

$$\gamma_{xy}=2\varepsilon_{xy},\gamma_{yz}=2\varepsilon_{yz},\gamma_{zx}=2\varepsilon_{zx} \tag{2-12}$$

（3）物理方程——应力与应变的关系 在弹性力学基本假设均满足的条件下，弹性体的应力和应变可满足广义胡克定律，反映弹性体的材料本构关系（如应力-应变关系），简称本构律或物理方程，适用于已知应力求应变，或已知应变求应力。

小位移变形弹性理论中的应力-应变关系，以线性、齐次形式给出。对于各向异性的线性弹性体，当以应变表示应力时，其应力-应变关系为

$$\begin{cases} \sigma_x=D_{11}\varepsilon_x+D_{12}\varepsilon_y+D_{13}\varepsilon_z+D_{14}\gamma_{yz}+D_{15}\gamma_{zx}+D_{16}\gamma_{xy} \\ \sigma_y=D_{21}\varepsilon_x+D_{22}\varepsilon_y+D_{23}\varepsilon_z+D_{24}\gamma_{yz}+D_{25}\gamma_{zx}+D_{26}\gamma_{xy} \\ \sigma_z=D_{31}\varepsilon_x+D_{32}\varepsilon_y+D_{33}\varepsilon_z+D_{34}\gamma_{yz}+D_{35}\gamma_{zx}+D_{36}\gamma_{xy} \\ \tau_x=D_{41}\varepsilon_x+D_{42}\varepsilon_y+D_{43}\varepsilon_z+D_{44}\gamma_{yz}+D_{45}\gamma_{zx}+D_{46}\gamma_{xy} \\ \tau_y=D_{51}\varepsilon_x+D_{52}\varepsilon_y+D_{53}\varepsilon_z+D_{54}\gamma_{yz}+D_{55}\gamma_{zx}+D_{56}\gamma_{xy} \\ \tau_z=D_{61}\varepsilon_x+D_{62}\varepsilon_y+D_{63}\varepsilon_z+D_{64}\gamma_{yz}+D_{65}\gamma_{zx}+D_{66}\gamma_{xy} \end{cases} \tag{2-13}$$

式（2-13）中的系数 D_{ij} 为弹性系数。关于对角线对称位置的弹性系数相等

$$D_{ij}=D_{ji} \qquad (i,j=1,2,\cdots,6) \tag{2-14}$$

所以，各向异性体共有 21 个独立的材料系数。

上述物理方程也可以用矩阵形式简写为

$$\{\sigma\}=[D]\{\varepsilon\} \tag{2-15}$$

其中，材料的本构矩阵 $[D]$ 通常是一个对称的满秩矩阵，有 21 个材料常数。

$$[D]=\begin{bmatrix} D_{11} & D_{12} & D_{13} & D_{14} & D_{15} & D_{16} \\ & D_{22} & D_{23} & D_{24} & D_{25} & D_{26} \\ & & D_{33} & D_{34} & D_{35} & D_{36} \\ & & & D_{44} & D_{45} & D_{46} \\ & 对称 & & & D_{55} & D_{56} \\ & & & & & D_{66} \end{bmatrix} \tag{2-16}$$

本构方程也可以用张量形式表示为

$$\sigma_{ij}=D_{ijkl}\varepsilon_{kl} \qquad (i,j=1,2,3,\cdots) \tag{2-17}$$

式中，D_{ijkl} 为材料本构张量的分量，而且

$$D_{ijkl}=D_{jikl}=D_{ijlk}=D_{jilk} \tag{2-18}$$

式（2-17）中，下角标 k、l 重复，它们是哑标，表示 1~3 求和，所以此式展开为

$$\sigma_{ij}=D_{ij11}\varepsilon_{11}+D_{ij22}\varepsilon_{22}+D_{ij33}\varepsilon_{33}+2D_{ij23}\varepsilon_{23}+2D_{ij31}\varepsilon_{31}+2D_{ij12}\varepsilon_{12} \tag{2-19}$$

$$(k,l=1,2,3)$$

当 i，j 分别取 1、2、3 时，就得到对应的表达式（2-13）。

当然，也可以用应力表示应变，其张量形式为

$$\varepsilon_{ij}=C_{ijkl}\sigma_{kl} \qquad (i,j=1,2,3,\cdots) \tag{2-20}$$

式中，C_{ijkl} 为材料本构张量的分量，其系数被称为柔度系数。同理，也存在

$$C_{ijkl}=C_{jikl}=C_{ijlk}=C_{jilk} \tag{2-21}$$

对于常见的各向同性线性弹性体，独立的材料常数只有两个：材料弹性模量 E 和泊松

比 μ。此外，在弹性力学中还常用其他材料常数，如剪切弹性模量 G、体积模量 K、拉梅常数 λ 和 υ。它们都可以用弹性模量和泊松比进行表示，例如

$$G = \frac{E}{2(1+\mu)} \tag{2-22}$$

对于常见的各向同性线性弹性体，其本构方程可以简化为

$$\begin{cases} \varepsilon_x = \dfrac{1}{E}(\sigma_x - \mu\sigma_y - \mu\sigma_z) \\[2mm] \varepsilon_y = \dfrac{1}{E}(\sigma_y - \mu\sigma_z - \mu\sigma_x) \\[2mm] \varepsilon_z = \dfrac{1}{E}(\sigma_z - \mu\sigma_x - \mu\sigma_y) \\[2mm] \gamma_{xy} = \dfrac{1}{G}\tau_{xy} \\[2mm] \gamma_{yz} = \dfrac{1}{G}\tau_{yz} \\[2mm] \gamma_{zx} = \dfrac{1}{G}\tau_{zx} \end{cases} \tag{2-23}$$

相应地，各向同性材料的弹性矩阵则简化为

$$[D] = \frac{E(1-\mu)}{(1+\mu)(1-2\mu)} \cdot \begin{bmatrix} 1 & \dfrac{\mu}{1-\mu} & \dfrac{\mu}{1-\mu} & 0 & 0 & 0 \\[2mm] \dfrac{\mu}{1-\mu} & 1 & \dfrac{\mu}{1-\mu} & 0 & 0 & 0 \\[2mm] \dfrac{\mu}{1-\mu} & \dfrac{\mu}{1-\mu} & 1 & 0 & 0 & 0 \\[2mm] 0 & 0 & 0 & \dfrac{1-2\mu}{2(1-\mu)} & 0 & 0 \\[2mm] 0 & 0 & 0 & 0 & \dfrac{1-2\mu}{2(1-\mu)} & 0 \\[2mm] 0 & 0 & 0 & 0 & 0 & \dfrac{1-2\mu}{2(1-\mu)} \end{bmatrix} \tag{2-24}$$

2. 边界条件

除了上述 15 个基本方程之外，还有边界条件，如图 2-1 所示。边界条件有位移边界条件和力边界条件两种。

1）在位移边界 S_u 上，相应的边界条件为

$$u_i = \bar{u}_i \tag{2-25}$$

式中，$\bar{u}_i$ 为给定的位移。

2）在力边界 S_σ 上，相应的边界条件为

$$\sigma_{ij}n_j \equiv p_i = \bar{p}_i \tag{2-26}$$

式中，$\bar{p}_i$ 为已知的外部作用力；n_j 为边界上外法线的方向余弦。

定义 $S = S_u + S_\sigma$，S 为弹性体的全部边界。

求解弹性力学问题，可以归结为在任意形状求解区域 Ω 内，已知控制微分方程，在位移边界 S_u 上约束已知，在应力边界 S_σ 上受力条件已知的边值问题。然后以位移分量为基本未知量进行求解，或以应力作为基本未知量进行求解。

2.2　小位移变形弹性理论的基本变分原理

2.2.1　求解小位移变形弹性问题的方法

1. 求解小位移变形弹性问题的途径

前面已经介绍了弹性力学的基本方程和相应的边界条件，也就是把弹性力学问题归结为在给定边界条件下求解这组偏微分方程的边值问题。自建立弹性力学以来，人们用各种偏微分方程的解法求得了许多力学问题的解析解。然而，随着工业技术的发展，工程问题越来越复杂，很多问题得不到解析解，因而求助于近似解和数值解，出现了多种求解方法。

求解弹性力学问题的原理与主要方法如图 2-3 所示，包括弹性力学问题的五种求解途径。

（1）A—D 路径——直接法　所谓直接法就是按照弹性力学的基本方程对问题直接进行求解，这种方法常用于简单力学问题。

（2）B—F 路径——能量法　这是经常使用的基于能量原理的近似计算方法。在弹性力学文献中，提供解决弹性力学边值问题的基本微分方程有两类，一类按位移求解，另一类按应力求解。其边界条件可能多种多样，现有资料表明，能找到以上两类微分方程的解有限，很多问题还需要借助于其对应泛函的变分求得近似解。可以证明，对于第一类微分方程的解等价于弹性体总势能泛函极小问题的解；对于第二类微分方程的解等价于弹性体总余能泛函极小问题的解。

（3）A—E 路径　这是在已知控制方程的条件下经常使用的近似计算方法。本书将介绍加权余量法。

（4）B—C—D 或 B—C—E 路径　这两种方法都不经常使用，因为变分法晚于直接法出现，所以总是用变分法沿 B—C 路径推出控制方程，用以证明变分法的正确性，而一般不直接对所建立的控制方程进行求解。

如图 2-3 所示，对于不同的实际问题，通过直接法或能量原理所推导出来的控制方程是不一样的，以位移为未知量求解时，控制方程是平衡方程，以应力为未知量求解时，控制方程是平衡方程和变形连续条件，而在动力学问题中控制方程则是运动方程。

2. 求解小位移变形弹性问题的常用能量原理

任何物体都具有能量，在能量交换过程中，物体所具有的能量都遵从能量守恒定律。能量原理就是通过研究物体所处的能量状态，去分析它的受力情况和运动情况。到目前为止，能量原理已发展得相当完善了，图 2-4 所示为常用的能量原理。这些能量原理分为两大类，其中一类以位移为基本未知量，另一类则以应力为基本未知量。

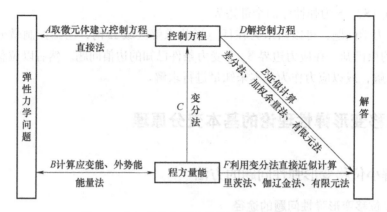

图 2-3　求解弹性力学问题的原理与方法框图

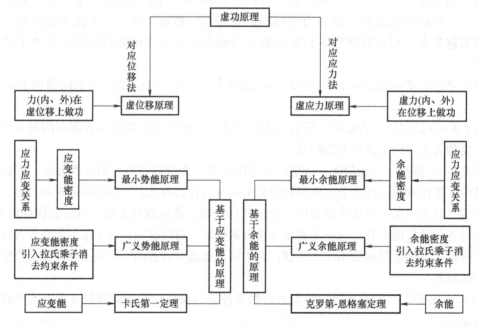

图 2-4　常用能量原理

几乎所有的力学问题都能用能量原理加以解决，包括已见到的全部弹性力学基本方程，以及杆、梁、板、壳等工程中常见构件的近似理论的基本方程和边界条件。虚位移原理和虚应力原理可应用于任何特性的材料，包括弹性状态和非弹性状态均适用；而最小势能原理和最小余能原理只能应用于线弹性小变形，且结构处于稳定的平衡状态。卡氏第一定理、克罗第-恩格塞定理则适用于处于弹性状态的材料。

由于能量是标量，而力是矢量，所以能量法比直接法更方便，尤其是对复杂问题，用能量法和功更容易建立二维和三维单元的刚度矩阵与方程，更能显示其优越性。

2.2.2　应变能和应变余能

弹性体在外负荷作用下产生变形，外力做功。外力所做的功以弹性能的形式储存于物体内部；外负荷移去后，储存的能量使弹性体回复原状，这种能量称为应变能。

　　如图 2-5a 所示，考虑一杆件承受轴向拉伸并假定弹性体在受力过程中始终保持平衡，因而没有动能的改变，而且弹性体的非机械能未发生变化。于是，外力所做的功完全转换为物体的形变势能，储存于体积之内。此时，拉力 P 与伸长量 u 之间的关系如图 2-5b 所示，横坐标 u 与曲线之间的面积 U_ε，代表拉力 P 所做的功，在数值上等于物体变形所储存的应变能。

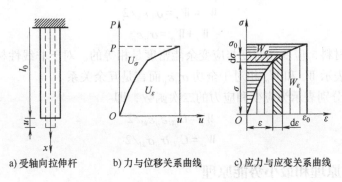

a) 受轴向拉伸杆　　b) 力与位移关系曲线　　c) 应力与应变关系曲线

图 2-5　应变能密度与应力余能密度

　　图 2-5c 所示为此杆对应的应力-应变曲线，其横坐标与曲线间的微元面积代表单位体积的应变能，称为应变能密度，以 W_ε 表示。因此可知，在单向受力状态下，应变能密度为

$$W_\varepsilon = \int_0^{\varepsilon_x} \sigma_x \mathrm{d}\varepsilon_x \tag{2-27}$$

　　在复杂受力情况中，若弹性体受到全部六个应力分量作用，则其形变势能的计算似乎变得很复杂，因为每一个应力分量会引起与另一个应力分量相应的形变分量，形变势能似乎将随着弹性体受力次序的不同而不同。但是，根据能量守恒定律，形变势能的多少与弹性体受力次序无关，而完全取决于应力及形变的最终大小。因此，可以简单地算出每一个应力分量的形变势能密度，然后将它们进行叠加，从而得出弹性体的全部应变能密度

$$U_\varepsilon = \frac{1}{2}\sigma_x \varepsilon_x + \frac{1}{2}\sigma_y \varepsilon_y + \frac{1}{2}\sigma_z \varepsilon_z + \frac{1}{2}\tau_{yz}\gamma_{yz} + \frac{1}{2}\tau_{zx}\gamma_{zx} + \frac{1}{2}\tau_{xy}\gamma_{xy} \tag{2-28}$$

　　如图 2-5b 所示，纵坐标 P 与曲线之间的面积 U_σ 称为应变余能。同理，如图 2-5c 所示，纵坐标 σ_x 与曲线之间的微元面积为单位体积的余能，被称为余能密度 W_σ。

　　为了简洁起见，此处采用张量对应变能概念进行表示。对于一个弹性体，它的应变能和应变余能的定义分别为

$$U_\varepsilon = \int_V W_\varepsilon \mathrm{d}V$$

$$U_\sigma = \int_V W_\sigma \mathrm{d}V \tag{2-29}$$

式中，W_ε 为应变能密度，W_σ 为应变余能密度，它们分别可表示为

$$W_\varepsilon = \int_0^{\varepsilon_{ij}} \sigma_{ij} \mathrm{d}\varepsilon_{ij}$$

$$W_\sigma = \int_0^{\sigma_{ij}} \varepsilon_{ij} \mathrm{d}\sigma_{ij} \tag{2-30}$$

由此可见

$$\frac{\partial W_\varepsilon}{\partial \varepsilon_{ij}} = \sigma_{ij} = D_{ijkl}\varepsilon_{kl}$$

$$\frac{\partial W_\sigma}{\partial \sigma_{ij}} = \varepsilon_{ij} = C_{ijkl}\sigma_{kl} \tag{2-31}$$

式中，$C_{ijkl} = D_{ijkl}^{-1}$。对于弹性材料有

$$W_\varepsilon = W_\sigma = \sigma_{ij}\varepsilon_{ij}/2 \tag{2-32}$$

$$W_\varepsilon + W_\sigma = \sigma_{ij}\varepsilon_{ij} \tag{2-33}$$

对于线弹性材料，应变能密度与应变余能密度是相等的。对于非线性材料二者是不相等的。式（2-32）表示 W_ε 和 W_σ 相对于全功 $\sigma_{ij}\varepsilon_{ij}$ 而言是互余关系。

W_ε 和 W_σ 可分别表示为应变和应力的二次函数，即

$$W_\varepsilon = D_{ijkl}\varepsilon_{ij}\varepsilon_{kl}/2$$

$$W_\sigma = C_{ijkl}\sigma_{ij}\sigma_{kl}/2 \tag{2-34}$$

2.2.3　虚位移原理和最小势能原理

虚位移原理和最小势能原理都是以位移（也包括应变）作为自变函数，因而称之为位移变分原理。这两个原理均等价于平衡条件，在应用中可用来导出或者代替平衡方程和力边界条件。同时，这两个原理也是位移有限元法，以及其他以位移作为基本未知量近似方法的理论基础，有着广泛的实际应用。

1. 虚位移原理

在某瞬时且不违背几何约束的条件下，弹性体内任一点假想的任何无限小位移被称为该瞬时所在位置的可能位移，取其任意微小的变化量就是虚位移 δu_i，也就是几何上可能位移的变分，它不需要经历任何时间。

根据能量守恒定律，外力在虚位移上所做的功（虚功）必等于物体内部应力在虚应变上所做的功，这就是虚功原理或虚位移原理。由于虚位移是假想的，因此虚功也是假想的。在线弹性力学的空间问题中，虚功原理可写成张量形式，即

$$\int_V f_i\delta u_i \mathrm{d}V + \int_{S_\sigma} \bar{p}_i\delta u_i \mathrm{d}V = \int_V \sigma_{ij}\delta\varepsilon_{ij}\mathrm{d}V \tag{2-35}$$

式（2-35）的右端可做如下变换

$$\int_V \sigma_{ij}\delta\varepsilon_{ij}\mathrm{d}V = \int_V \frac{1}{2}(\sigma_{ij}\delta u_{i,j} + \sigma_{ji}\delta u_{j,i})\mathrm{d}V$$

$$= \int_V \sigma_{ij}\delta u_{i,j}\mathrm{d}V \tag{2-36}$$

对式（2-36）进行分部积分，并考虑到位移边界 S_u 上虚位移 $\delta u_i = 0$，$\int_{S_u} \sigma_{ij}n_j\delta u_i \mathrm{d}S = 0$，式（2-35）可进一步重写为

$$\int_V \sigma_{ij}\delta\varepsilon_{ij}\mathrm{d}V = \int_{S_\sigma} \sigma_{ij}n_j\delta u_i \mathrm{d}S - \int_V \sigma_{ij,j}\delta u_i \mathrm{d}V \tag{2-37}$$

将式（2-37）代入到式（2-35），可得

$$\int_V (\sigma_{ij,j}+f_i)\delta u_i \mathrm{d}V - \int_{S_\sigma} (\sigma_{ij}n_j-\bar{p}_i)\delta u_i \mathrm{d}S = 0 \tag{2-38}$$

要使式（2-38）对一切可能的虚位移 δu_i 都成立，σ_{ij} 必须满足

$$\begin{cases} \sigma_{ij,j}+f_i=0, & \text{在域 } V \text{ 中} \\ \sigma_{ij}n_j=\bar{p}_i, & \text{在边界 } S_\sigma \text{ 上} \end{cases} \tag{2-39}$$

这就是线弹性问题的平衡方程和力边界条件。类似地，从式（2-38）出发，也可以导出虚位移原理式（2-35）。因此，对于具有精确解的问题而言，满足虚位移原理和满足平衡方程及力边界条件这二者之间是等价的。式（2-38）要求解在域 V 内任意点满足平衡方程，并且在力边界 S_σ 上的任意点处满足力边界条件，因此难以进行复杂问题的求解。而虚位移原理只需求解在积分意义下满足式（2-35），对复杂问题具备较好的适用性。若式（2-35）的解不能逐点满足平衡方程及力边界条件，则所求的结果为问题的近似解。

用虚位移原理直接求近似解的主要步骤如下：

1）假设一个满足位移边界条件且连续的可能位移状态 u_i^k，将 u_i^k 表达式中若干可调整的待定位移参数作为未知量。

2）把 u_i^k 代入几何方程和本构关系，求得用位移参数表示的可能变形下应力 σ_{ij}^k 的表达式。

3）求出 u_i^k 相对于各位移参数的变分，得到相应的虚位移 δu_i 和虚应变 $\delta\varepsilon_{ij}^k$。

4）把 σ_{ij}^k、δu_i 和 $\delta\varepsilon_{ij}^k$ 代入虚位移原理式（2-35），按各位移参数的变分进行并项，令各位移参数变分的系数分别等于零，得到一组虚功方程，其实质是得到用位移参数表示的近似平衡方程。

5）由虚功方程解出待定位移参数，回代至 u_i^k 和 σ_{ij}^k 的表达式，就得到所求问题的近似解，解的精度与第 1）步中所选择的 u_i^k 表达式有关。

在上述虚位移原理中，材料的本构关系未作任何假设，所以它不受材料行为的限制。

2. 最小势能原理

按照力学的一般说法，任何一个实际状态的弹性结构系统的总势能是这个系统从实际状态运动到某一参考状态时系统所有作用力所做的功，通常取结构的卸载状态作为参考状态。

结构系统的作用力包括外力（体积力、表面力等）和内力（与结构变形相应的应力）。内力势能是指弹性体的应变能。因为在卸载过程中，应力总是和应变方向一致，所以应变能取正值。相反，外力势能从结构的最终位置（实际状态或受载状态）恢复到它的初始状态（卸载状态或参考状态）时，结构上的每一个外力所做功都会引起势能降低，等于外力在位移上所做功的负值。

因此，弹性体的总势能由以下两部分组成：

（1）弹性体的应变能

$$\Pi_{p1} = \int_V W_\varepsilon \mathrm{d}V \tag{2-40}$$

式中，W_ε 为应变能密度，是应变分量的函数。

（2）体积力及表面力的外力势能

$$\Pi_{p2} = -\int_V f_i u_i \mathrm{d}V - \int_{S_\sigma} \bar{p}_i u_i \mathrm{d}S \tag{2-41}$$

式中，V 为整个求解域的体积，S_σ 为外力已知表面。

总势能包括以应变能形式表示的弹性势能 Π_{p1} 和外力势能 Π_{p2} 之和，即能量泛函为

$$\Pi_p = \Pi_{p1} + \Pi_{p2} = \int_V W_\varepsilon \, \mathrm{d}V - \int_V f_i u_i \, \mathrm{d}V - \int_{S_\sigma} \bar{p}_i u_i \, \mathrm{d}S \tag{2-42}$$

约束条件为

$$\begin{cases} \varepsilon_{ij} = \dfrac{1}{2}(u_{i,j} + u_{j,i}), & \text{在域 } V \text{ 内} \\ u_i = \bar{u}_i, & \text{在边界 } S_u \text{ 上} \end{cases} \tag{2-43}$$

式（2-37）的位移是泛函变量，对式（2-37）取位移的一次变分可得

$$\delta \Pi_p = \int_V (\partial W_\varepsilon / \partial \varepsilon_{ij}) \delta \varepsilon_{ij} \, \mathrm{d}V - \int_V f_i \delta u_i \, \mathrm{d}V - \int_{S_\sigma} \bar{p}_i \delta u_i \, \mathrm{d}S \tag{2-44}$$

根据虚位移原理公式（2-35），可知

$$\delta \Pi_p = 0 \tag{2-45}$$

如果对式（2-37）取二次变分，还可进一步得出

$$\delta^2 \Pi_p > 0 \tag{2-46}$$

式（2-45）和式（2-46）表明，弹性体的总势能不但是极值，而且是最小值，进而可推导出最小势能原理。

当弹性体的能量最小时，它会达到稳定的平衡状态，这就是最小势能原理的依据。最小总势能原理认为，对于任何弹性结构，若其总势能表达为弹性位移的函数，则当它处于平衡稳定状态时，其总势能必取最小值。

上述结论说明了虚位移原理是最小势能原理的一种表达形式。

2.2.4 虚应力原理和最小余能原理

1. 虚应力原理

在小位移弹性理论中，与虚位移原理互补的是虚应力原理。

满足平衡方程和力边界条件的应力（可能应力）的微小变化称为虚应力，记作 $\delta \sigma_{ij}$。如果位移是协调的，即在内部满足几何方程，在边界上满足给定条件，则虚反力在位移边界处给定位移下所做的余虚功等于应变在虚应力上所做的余虚功，这就是虚应力原理或余虚功原理。公式表示为

$$\int_{S_u} \bar{u}_i \delta p_i \, \mathrm{d}S = \int_V \varepsilon_{ij} \delta \sigma_{ij} \, \mathrm{d}V \tag{2-47}$$

显然，在力边界上 $\delta \bar{p}_i = \delta \sigma_{ij} n_j = 0$，但位移边界处约束反力未定，即 $\delta \bar{p}_i \neq 0$。

可以证明，虚应力原理与几何方程、位移边界之间是等效的。

$$\begin{cases} \varepsilon_{ij} = (u_{i,j} + u_{j,i})/2, & \text{在域 } V \text{ 内} \\ u_i = \bar{u}_i, & \text{在边界 } S_u \text{ 上} \end{cases} \tag{2-48}$$

与虚位移原理类似，虚应力原理未涉及物理方程，因此它也适应于各种本构关系的材料。但虚位移原理和虚应力原理所依赖的几何方程和平衡方程均是建立在小变形理论的基础之上，无法直接应用于大变形问题。

2. 最小余能原理

类似于最小势能原理，最小余能原理的极值条件则是反映物体的协调律，其变分式为

$$\delta \Pi_c = 0$$
$$\delta^2 \Pi_c > 0 \tag{2-49}$$

系统的总余能为应变余能与余势能之和，即

$$\Pi_c = U_\sigma + V_c \tag{2-50}$$

式中，V_c 的表达式为

$$V_c = -\int_{S_u} \bar{u}_i p_i \mathrm{d}S \tag{2-51}$$

根据式（2-20）和式（2-29），应变余能可写为

$$U_\sigma = \frac{1}{2} \int_V C_{ijkl} \sigma_{ij} \sigma_{kl} \mathrm{d}V = \int_V W_\sigma \mathrm{d}V \tag{2-52}$$

因此系统的总余能为

$$\Pi_c(\sigma_{ij}) = \frac{1}{2} \int_V C_{ijkl} \sigma_{ij} \sigma_{kl} \mathrm{d}V - \int_{S_u} \bar{u}_i p_i \mathrm{d}S \tag{2-53}$$

根据式（2-47）的余虚功原理，可得

$$\delta \Pi_c = 0 \tag{2-54}$$

将式（2-48）和式（2-49）代入式（2-54），可得

$$\delta \Pi_c = \int_V (\sigma_{ij} - u_{i,j}) \delta \sigma_{ij} \mathrm{d}V + \int_V u_{i,j} \delta \sigma_{ij} \mathrm{d}V - \int_{S_u} \bar{u}_i \delta p_i \mathrm{d}S$$

$$= \int_V (\varepsilon_{ij} - u_{i,j}) \delta \sigma_{ij} \mathrm{d}V + \int_V (u_i \delta \sigma_{ij})_j \mathrm{d}V - \int_V u_i (\delta \sigma_{ij})_j \mathrm{d}V - \int_{S_u} \bar{u}_i \delta p_i \mathrm{d}S$$

$$= \int_V \left[\varepsilon_{ij} - \frac{1}{2} (u_{i,j} + u_{j,i}) \right] \delta \sigma_{ij} \mathrm{d}V + \int_{S_u} (u_i - \bar{u}_i) \delta p_i \mathrm{d}S = 0 \tag{2-55}$$

由于虚应力和虚反力的任意性，式（2-55）可推导出

$$\begin{cases} \varepsilon_{ij} = (u_{i,j} + u_{j,i})/2, & \text{在域 } V \text{ 内} \\ u_i = \bar{u}_i, & \text{在边界 } S_u \text{ 上} \end{cases} \tag{2-56}$$

换言之，余能的一阶变分等于零，相当于弹性力学中的应变-位移关系和位移边界条件。

在满足平衡方程和应力边界条件的各组应力中，实际存在的应力应使弹性体的总余能成为极值。如果考虑二阶变分，可证明该极值为极小值。当使用基于应力的最小余能原理进行位移和应变的求解时，应变位移关系或应变协调方程是近似满足的。此外，利用最小余能原理得到的近似应力场的弹性余能是真实应力余能的上界，即应力场的近似解在总体上偏大。

2.3　小位移变形弹性理论的广义变分原理

最小势能原理以位移为基本物理量，要求位移场预先满足几何方程和给定的位移边界条件。最小余能原理以应力为基本变量，要求应力场事先满足平衡方程和给定力边界条件。这类变分是场变量已预先满足附加条件的基本变分原理，其优点是只有一个场函数，且泛函具

有极值性。由于这两条原理在求解时分别仅以位移和应力作为变量，因此又称为一类变量变分原理。应用小位移变形弹性理论的经典变分原理，常常可以简便地寻找某些微分方程边值问题的近似解。但是，它们都是在一定的约束条件下求总势能或总余能的极小值，而在一些实际工程问题中，场函数难以预先满足全部的附加条件，限制了这类变分原理的应用范围。

为了消除或放松约束条件，可采用适当的方法将复杂问题的场函数应满足的约束条件引入到泛函中，使具有附加条件的变分原理变成无附加条件的变分原理，将一类变量变分原理转化为无条件的驻值，这就是约束变分原理或广义变分原理的具体定义。力学有三类基本变量，即位移、应力和应变，因此广义变分原理又衍生出了两类变量广义变分原理和三类变量广义变分原理。

广义变分原理一般采用拉格朗日乘子法对基本变分原理的约束进行松弛或消除，从而建立少约束条件或无约束条件的变分原理。时至今日，人们仍在对广义变分原理进行深入的探讨。

2.3.1 两类变量广义变分原理

两类变量广义变分原理最早由 Hellinger 于 1914 年提出，后来由 Reissner 于 1950 年加以完善，因此两类变量广义变分原理也常被称为 Hellinger–Reissner 变分原理。

广义余能原理的实质是将有条件的极小余能原理转化成无条件的极小余能原理。对于这类条件极值变分问题，可引入拉格朗日乘子，将拉格朗日乘子乘以约束条件，并加至原能量泛函，进而构造出一个新的泛函，然后获得新泛函的极值条件，使带约束的变分问题转化为等价的无约束条件变分问题。

最小余能原理的变分约束条件为

$$\sigma_{ij,j} + f_i = 0 \tag{2-57}$$

已知的外力边界条件为

$$\sigma_{ij} n_j - \bar{p}_i = 0 \tag{2-58}$$

泛函为

$$\Pi_c(\sigma_{ij}) = \frac{1}{2} \int_V C_{ijkl} \sigma_{ij} \sigma_{kl} \mathrm{d}V - \int_{S_u} \bar{u}_i p_i \mathrm{d}S \tag{2-59}$$

引入拉格朗日乘子 α_i 和 β_i，可将原弹性体余能泛函改造为一个新的泛函，即

$$\Pi_{c2} = \int_V W_\sigma \mathrm{d}V + \int_V \alpha_i (\sigma_{ij,j} + f_i) \mathrm{d}V - \int_{S_\sigma} \beta_i (\sigma_{ij} n_j - \bar{p}_i) \mathrm{d}S - \int_{S_u} \bar{u}_i p_i \mathrm{d}S \tag{2-60}$$

Π_{c2} 是 σ_{ij}、α_i 和 β_i 的泛函，它的一阶变分为

$$\delta \Pi_{c2} = \int_V \frac{\partial W_\sigma}{\partial \sigma_{ij}} \delta \sigma_{ij} \mathrm{d}V + \int_V (\sigma_{ij,j} + f_i) \delta \alpha_i \mathrm{d}V + \int_V \alpha_i \delta \sigma_{ij,j} \mathrm{d}V$$

$$- \int_{S_\sigma} (\sigma_{ij} n_j - \bar{p}_i) \delta \beta_i \mathrm{d}S - \int_{S_\sigma} \beta_i \delta(\sigma_{ij} n_j) \mathrm{d}S - \int_{S_u} \bar{u}_i \delta p_i \mathrm{d}S \tag{2-61}$$

利用散度定理，可得

$$\int_V \alpha_i \delta \sigma_{ij,j} \mathrm{d}V = \int_V (\alpha_i \delta \sigma_{ij})_j \mathrm{d}V - \int_V (\alpha_i)_j \delta \sigma_{ij} \mathrm{d}V$$

$$= \int_{S_\sigma} \alpha_i \delta(\sigma_{ij} n_j) \mathrm{d}S + \int_{S_u} \alpha_i \delta(\sigma_{ij} n_j) \mathrm{d}S - \frac{1}{2} \int_V (\alpha_{i,j} + \alpha_{j,i}) \delta \sigma_{ij} \mathrm{d}V \tag{2-62}$$

将式（2-62）代入 $\delta\Pi_{c2}$ 中，可得

$$\delta\Pi_{c2} = \int_V \left(\frac{\partial W_\sigma}{\partial \sigma_{ij}} - \frac{\alpha_{i,j}+\alpha_{j,i}}{2} \right) \delta\sigma_{ij}\mathrm{d}V + \int_V (\sigma_{ij,j}+f_i) \delta\alpha_i\mathrm{d}V$$

$$- \int_{S_\sigma} (\sigma_{ij}n_j-\bar{p}_i) \delta\beta_i\mathrm{d}S - \int_{S_\sigma} (\alpha_i-\beta_i) \delta(\sigma_{ij}n_j)\mathrm{d}S - \int_{S_u} (\bar{u}_i-\alpha_i) \delta p_i\mathrm{d}S \qquad (2\text{-}63)$$

由 $\delta\Pi_{c2}$ 的驻值条件 $\delta\Pi_{c2}=0$，可得

$$\begin{cases} \dfrac{\partial W_\sigma}{\partial\sigma_{ij}} = (\alpha_{i,j}+\alpha_{j,i})/2, & \text{在域 } V \text{ 内} \\[2mm] \sigma_{ij,j}+f_i=0, & \text{在域 } V \text{ 内} \\[2mm] \alpha_i=\bar{u}_i, & \text{在 } S_u \text{ 上} \\[2mm] \sigma_{ij}n_j=p_i=\bar{p}_i \text{ 且 } \alpha_i-\beta_i=0, & \text{在 } S_\sigma \text{ 上} \end{cases} \qquad (2\text{-}64)$$

从式（2-64）可以看出，α_i 和 β_i 就是位移，将方程中的拉格朗日乘子改为位移就可得到两类变量的泛函

$$\Pi_{c2}(u_i,\sigma_{ij}) = \int_V W_\sigma\mathrm{d}V + \int_V u_i(\sigma_{ij,j}+f_i)\mathrm{d}V - \int_{S_\sigma} u_i(\sigma_{ij}n_j-\bar{p}_i)\mathrm{d}S - \int_{S_u} \bar{u}_i p_i\mathrm{d}S \qquad (2\text{-}65)$$

由于上述泛函是独立变化的 σ_{ij} 和 u_i 的函数，所以该泛函也被称为二类变量泛函，又由于泛函的驻值条件是由余能泛函的条件极值问题转化过来的，该泛函又被称为广义余能原理。

利用格林公式对式（2-65）的第二项第一部分进行变换，可得

$$\int_V \sigma_{ij,j}u_i\mathrm{d}V = \int_V (\sigma_{ij}u_i)_j\mathrm{d}V - \int_V \sigma_{ij}(u_i)_j\mathrm{d}V$$

$$= \int_S \sigma_{ij}n_j u_i\mathrm{d}S - \int_V [(u_{i,j}+u_{j,i})/2]\sigma_{ij}\mathrm{d}V \qquad (2\text{-}66)$$

将式（2-66）回代至式（2-65），对式（2-65）冠以负号便得到与 $-\Pi_{c2}$ 等价的泛函

$$\Pi_{p2}(u_i,\sigma_{ij}) = \int_V [-W_\sigma-f_i u_i+\sigma_{ij}(u_{i,j}+u_{j,i})/2]\mathrm{d}V - \int_{S_u} p_i(u_i-\bar{u}_i)\mathrm{d}S - \int_{S_\sigma} \bar{p}_i u_i\mathrm{d}S \qquad (2\text{-}67)$$

从力学上看，Π_{p2} 是系统的总势能的一种推广形式，可称为两类变量的广义势能；Π_{c2} 是系统总余能的一种推广的算式，可称为两类变量的广义余能。容易证明

$$\Pi_{p2}+\Pi_{c2}=0 \qquad (2\text{-}68)$$

从以上推导可以看出，一般在力学问题的变分原理中，如果约束是限制某种广义力，则拉格朗日乘子即是与此广义力对应的广义位移；反之，如约束条件是某种广义位移，相应的拉格朗日乘子则是与其对应的广义力。

一般来讲，若某个变分极值问题的泛函有 m 个变量和 k 个变分约束条件（$k<m$），则可引入 k 个拉格朗日乘子来解除这 k 个约束，形成没有约束条件的新泛函。上述新泛函将包含 $m+k$ 个变量，即原来的 m 个变量及 k 个拉格朗日乘子。

2.3.2 三类变量广义变分原理

固体力学中有三类变量，有了一类变量变分原理和两类变量变分原理后，人们很自然地联想到三类变量变分原理。三类变量的广义变分原理是由我国学者胡海昌和美国麻省理工学

院的日本学者鹫津久一朗相继建立的。

最小势能原理的约束条件为

$$\begin{cases} \varepsilon_{ij}=(u_{i,j}+u_{j,i})/2, & \text{在域 } V \text{ 内} \\ u_i=\bar{u}_i, & \text{在边界 } S_u \text{ 上} \end{cases} \tag{2-69}$$

现引入两个待定的拉格朗日乘子 λ_{ij} 和 μ_i，便可解除变分的几何约束条件和位移边界条件，因此最小势能原理的泛函式（2-42）可写为

$$\Pi_{p3}=\int_V \{ W_\varepsilon+\lambda_{ij}[(u_{i,j}+u_{j,i})/2-\varepsilon_{ij}]-f_iu_i \}\, \mathrm{d}V-\int_{S_\sigma}\bar{p}_iu_i\mathrm{d}S-\int_{S_u}\mu_i(u_i-\bar{u}_i)\mathrm{d}S \tag{2-70}$$

在计算 Π_{p3} 的变分 $\delta\Pi_{p3}$ 时，ε_{ij}、u_i、λ_{ij}、μ_i 均作为独立变量，可得

$$\delta\Pi_{p3}=\int_V\left\{\frac{\partial W_\varepsilon}{\partial\varepsilon_{ij}}\delta\varepsilon_{ij}+\delta\lambda_{ij}[(u_{i,j}+u_{j,i})/2-\varepsilon_{ij}]+\lambda_{ij}[(\delta u_{i,j}+\delta u_{j,i})/2-\delta\varepsilon_{ij}]-f_i\delta u_i\right\}\mathrm{d}V$$
$$-\int_{S_\sigma}\bar{p}_i\delta u_i\mathrm{d}S-\int_{S_u}\delta\mu_i(u_i-\bar{u}_i)\mathrm{d}S-\int_{S_u}\mu_i\delta u_i\mathrm{d}S \tag{2-71}$$

对 $\int_V \lambda_{ij}(\delta u_{i,j}+\delta u_{j,i})/2\mathrm{d}V$ 应用散度原理，式（2-61）可重写为成

$$\delta\Pi_{p2}(u_i,\varepsilon_{ij})=\int_V\left\{\left(\frac{\partial W_\varepsilon}{\partial\varepsilon_{ij}}-\lambda_{ij}\right)\delta\varepsilon_{ij}-(\lambda_{ij,j}+f_i)\delta u_i-[(u_{i,j}+u_{j,i})/2-\varepsilon_{ij}]\delta\lambda_{ij}\right\}\mathrm{d}V$$
$$+\int_{S_\sigma}(\lambda_{ij}n_j-\bar{p}_i)\delta u_i\mathrm{d}S+\int_{S_u}(\lambda_{ij}n_j-\mu_i)\delta u_i\mathrm{d}S-\int_{S_u}(u_i-\bar{u}_i)\delta\mu_i\mathrm{d}S \tag{2-72}$$

令 $\delta\Pi_{p2}(u_i,\varepsilon_{ij})=0$，则可得出线弹性理论的基本方程为

$$\begin{cases} \dfrac{\partial W_\varepsilon}{\partial\varepsilon_{ij}}-\lambda_{ij}=0, & \text{在域 } V \text{ 内} \\[2mm] \lambda_{ij,j}+f_i=0, & \text{在域 } V \text{ 内} \\[2mm] \varepsilon_{ij}=(u_{i,j}+u_{j,i})/2, & \text{在域 } V \text{ 内} \end{cases} \tag{2-73}$$

$$\begin{cases} \lambda_{ij}n_j=\bar{p}_i, & \text{在 } S_\sigma \text{ 上} \\ \lambda_{ij}n_j=\mu_i, & \text{在 } S_u \text{ 上} \\ u_i=\bar{u}_i, & \text{在 } S_u \text{ 上} \end{cases} \tag{2-74}$$

由式（2-74）可知，拉格朗日乘子 λ_{ij} 是应力张量分量，μ_i 是应力矢量的分量，即

$$\lambda_{ij}=\sigma_{ij}$$
$$\mu_i=\sigma_{ij}n_j \tag{2-75}$$

将上述拉格朗日乘子代入式（2-70）中，可得到以 u_i、ε_{ij}、σ_{ij} 为变量的无条件广义变分原理的泛函，其具体形式为

$$\Pi_{p3}(u_i,\sigma_{ij},\varepsilon_{ij})=\int_V\{W_\varepsilon+\sigma_{ij}[(u_{i,j}+u_{j,i})/2-\varepsilon_{ij}]-f_iu_i\}\mathrm{d}V-\int_{S_\sigma}\bar{p}_iu_i\mathrm{d}S-\int_{S_u}\sigma_{ij}n_i(u_i-\bar{u}_i)\mathrm{d}S \tag{2-76}$$

上述泛函是 u_i、ε_{ij}、σ_{ij} 三类变量的泛函。当 Π_{p3} 取驻值时，u_i、ε_{ij}、σ_{ij} 满足平衡、几何、物理三个方面的方程，还满足全部的边界条件，因此 $\delta\Pi_{p3}=0$，且得到的解便是弹性体的正确解。

由于 Π_{p3} 的无条件驻值是由势能泛函 Π_p 的条件极值转换过来的，因此三类变量广义变

分原理又称为广义势能原理。

广义势能原理和最小势能原理能获得相同的精确解，所求结果之间毫无差别；但由于广义变分原理放宽了选择近似函数的条件，广义变分近似计算精度一般劣于最小势能原理的变分的近似精度。由于位移连续性方面的约束，使得最小势能原理对于复杂边界问题无能为力，而广义势能变分原理不受位移的约束，极大地扩大了广义势能原理的应用范围。

与两类变量变分原理所采取的方式一致，对式（2-76）冠以负号，再对第二项的体积分进行变换，可得到与 Π_{p3} 等价的泛函，其具体形式为

$$\Pi_{c3}(u_i,\sigma_{ij},\varepsilon_{ij})=\int_V \sigma_{ij}\varepsilon_{ij}-W_\varepsilon+(\sigma_{ij,j}+f_i)u_i\,\mathrm{d}V-\int_{S_u}\sigma_{ij}n_j\overline{u}_i\mathrm{d}S-\int_{S_\sigma}(p_i-\overline{p}_i)u_i\mathrm{d}S \qquad (2\text{-}77)$$

从力学上看，Π_{p3} 是系统的总势能的一种推广形式，可称为三类变量的广义势能；Π_{c3} 是系统总余能的一种推广的算式，可称为三类变量的广义余能。用分部积分的方法，也可以证明

$$\Pi_{p3}+\Pi_{c3}=0 \qquad (2\text{-}78)$$

2.4　变分问题的近似解法

经过变分的泛函通常具有明确的物理意义，在某些问题中，它比微分形式更能反映客观实际。变分原理可以为连续体提供一个近似解，这种近似解通常以某种积分加权平均形式去近似微分关系式，其近似途径有时是对基本微分方程取逼近方程，有时是对边界方程采用某种范围内的松弛。若处理方式恰当，则可得到与工程精度相适应的解，有些情况下还可以为工程结构提供精确解的上界和下界。

2.4.1　里茨法

里茨法是变分问题最重要的直接解法之一，主要应用于椭圆型边值问题的求解。该方法具有极大的适用性，能很好地处理复杂的几何形状、间断介质以及奇性载荷等情况，在科学与工程计算领域中获得了广泛的使用。其基本思想是，设定位移函数的表达形式，使其满足位移边界条件，且含有若干待定系数，然后利用位移变分方程确定待定系数，即可求得位移解。本节对这种方法进行具体介绍。

弹性体的总势能是位移分量 u_i 的泛函，其表达式为

$$\Pi=\int_V \sigma_{ij}\varepsilon_{ij}\mathrm{d}V-\int_V f_iu_i\mathrm{d}V-\int_{S_\sigma}\overline{p}_iu_i\mathrm{d}S \qquad (2\text{-}79)$$

式（2-79）右端第一项为物体的应变能，第二项为体积力势能，第三项为已知表面力的势能。式（2-79）不包含位移边界 S_u 上的面积分，其原因在于位移边界上自变量函数应满足以下位移约束条件：

$$u_i=\overline{u}_i \qquad (2\text{-}80)$$

基于最小势能原理的里茨法求解变分问题的主要过程为：

1）假设位移函数，使其满足位移边界条件。选择可能变形的位移试函数。位移函数可以选取任何形式的函数，对项数和参数的个数均无限制，只要它们满足边界条件即可。但

是，解的精度与位移函数的选取有直接关系，所以选好合适的位移函数是获得可靠求解结果的关键。位移函数通常假定为

$$u_i = u_0 + \sum_{n=1}^{N} a_{in} u_{in} \qquad (i = 1, 2, 3) \qquad (2\text{-}81)$$

式中，u_0 和 u_{in} 是满足位移边界条件的函数，u_0 满足给定的非齐次边界条件，其余的 u_{in} 均分别满足齐次边界条件。a_{in} 是 $3N$ 个待定的位移参数。

2）计算形变势能 Π，并把位移式代入式（2-79），得到 $3N$ 个待定参数 a_{in} 表示的总形变势能表达式 $\Pi(a_{in})$。

3）计算变分，通过里茨法推导出相应的待求方程并对待定系数进行求解。计算 $u(a_{in})$ 的变分，由于 u_{in} 的函数形式都已选定，只有其系数 a_{in} 能发生变化 δa_{in}。于是，根据最小势能原理，可得

$$\delta \Pi = \frac{\partial \Pi}{\partial a_{in}} \delta a_{in} = 0 \qquad (2\text{-}82)$$

由于 δa_{in} 是相互独立的，它们的系数应分别等于零，即

$$\frac{\partial \Pi}{\partial a_{in}} = 0, (i = 1, 2, 3; n = 1, 2, 3, \cdots, N) \qquad (2\text{-}83)$$

式（2-83）即是里茨法得到的待求方程，它的实质是用位移参数对平衡方程进行近似表达。

4）回代求解位移、应力等。由式（2-82）的 $3N$ 个代数方程解出 $3N$ 个待定参数 a_{in}，再代入式（2-81）就得到位移场的近似解，进而可计算出相应的应变和应力。

例：受均布载荷的简支梁如图 2-6 所示，求简支梁的变形及应力分布。

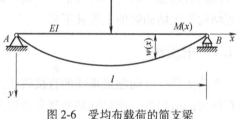

图 2-6　受均布载荷的简支梁

（1）设位移函数

根据位移边界条件 $u|_{x=0} = 0$、$u|_{x=l} = 0$，设

$$u(x) = ax(l-x) \qquad (2\text{-}84)$$

其中 a 为待定系数，注意式（2-84）只满足位移边界条件，而不满足力边界条件。

（2）求总势能 Π

将 $u(x) = ax(l-x)$，$\dfrac{\mathrm{d}^2 u(x)}{\mathrm{d}x^2} = -2a$，代入式（2-79），可得

$$\Pi = \int_0^l \left[\frac{1}{2} EI(-2a)^2 - q(alx - ax^2) \right] \mathrm{d}x \qquad (2\text{-}85)$$

对上式进行积分，可得

$$\Pi = 2EIla^2 - \frac{1}{6} qal^3 \qquad (2\text{-}86)$$

（3）由 $\delta \Pi = \partial \Pi / \partial a_{in} \cdot \delta a_{in} = 0$ 求解 a_{in}

把式（2-86）代入式（2-82），可得

$$\delta \Pi = \frac{\partial \Pi}{\partial a_{in}} \delta a_{in} = 4EIla\delta a - \frac{1}{6} ql^3 \delta a = 0 \qquad (2\text{-}87)$$

因为 δa 不得为 0，所以上式变为

$$4EIla-\frac{1}{6}ql^3=0 \tag{2-88}$$

故

$$a=\frac{1}{24}\frac{ql^2}{EI} \tag{2-89}$$

将式（2-89）代入式（2-84），可得

$$u(x)=\frac{1}{24}\frac{ql^2}{EI}x(l-x) \tag{2-90}$$

（4）求解各点的挠度、内力和应力
中点挠度

$$u(x)\mid_{x=\frac{l}{2}}=\frac{1}{96}\frac{ql^4}{EI} \tag{2-91}$$

各截面弯矩

$$M(x)=EI\frac{\mathrm{d}^2u}{\mathrm{d}x^2}=-12ql^2 \tag{2-92}$$

横截面上任一点应力

$$\sigma(x)=\frac{M(x)\cdot y}{I} \tag{2-93}$$

2.4.2　伽辽金法

当使用里茨法进行微分方程边值问题求解时，需先获得其对应的泛函。然而，在实际工程问题中，并非所有的边值问题都存在与之对应的泛函，这限制了里茨法的应用场景。伽辽金法是一种应用更广泛的微分方程边值问题的近似解法。

1915 年，俄国工程师伽辽金首次提出伽辽金法。若所选择的试函数可同时满足位移边界和力学边界条件，那么就可以利用伽辽金法进行微分方程边值问题的近似求解。

仍以图 2-6 所示的简支梁为例，对伽辽金法进行具体介绍。

（1）设位移函数

根据位移边界条件 $u\mid_{x=0}^{x=l}=0$，$EI\dfrac{\mathrm{d}^2u}{\mathrm{d}x^2}\Big|_{x=0}^{x=l}=0$，设

$$u(x)=a_1\sin\frac{\pi x}{l}+a_2\sin\frac{2\pi x}{l}+a_3\sin\frac{3\pi x}{l} \tag{2-94}$$

式中，a_1、a_2、a_3 为待定系数。与里茨法不同的是，式（2-94）既满足位移边界条件，又同时满足力边界条件。

（2）求总势能 $\varPi$

将式（2-94）代入式（2-78）：

$$u(x)=a_1\sin\frac{\pi x}{l}+a_2\sin\frac{2\pi x}{l}+a_3\sin\frac{3\pi x}{l}$$

$$\frac{d^2 u(x)}{dx^2} = -\left(a_1 \frac{\pi^2}{l^2} \sin \frac{\pi x}{l} + a_2 \frac{4\pi^2}{l^2} \sin \frac{2\pi x}{l} + a_3 \frac{9\pi^2}{l^2} \sin \frac{3\pi x}{l} \right) \tag{2-95}$$

得到：

$$\Pi = \int_0^l \left[\frac{EI\pi^4}{2l^4} \left(a_1 \frac{\pi^2}{l^2} \sin \frac{\pi x}{l} + a_2 \frac{4\pi^2}{l^2} \sin \frac{2\pi x}{l} + a_3 \frac{9\pi^2}{l^2} \sin \frac{3\pi x}{l} \right)^2 - q \left(a_1 \sin \frac{\pi x}{l} + a_2 \sin \frac{2\pi x}{l} + a_3 \sin \frac{3\pi x}{l} \right) \right] dx \tag{2-96}$$

对上式进行积分得

$$\Pi = \frac{EI}{4} \frac{\pi^4}{l^3} (a_1^2 + 16a_2^2 + 81a_3^2) - q \frac{2l}{\pi} \left(a_1 + 0 + \frac{1}{3} a_3 \right) \tag{2-97}$$

（3）由 $\delta\Pi = \dfrac{\partial \Pi}{\partial a_{in}} \delta a_{in} = 0$ 求解 a_1、a_2、a_3：

$$\delta\Pi = \frac{EI}{4} \frac{\pi^4}{l^3} (2a_1\delta a_1 + 2\times 16 a_2\delta a_2 + 2\times 81 a_1\delta a_1) - q \frac{2l}{\pi} \left(\delta a_1 + \frac{1}{3}\delta a_3 \right) \tag{2-98}$$

将式（2-98）中 $\delta a_i (i=1,2,3)$ 相同的项进行合并，可得

$$\left(\frac{EI\pi^4}{2l^3} a_1 - \frac{2l}{\pi} q \right) \delta a_1 + \left(\frac{8EI\pi^4}{2l^3} a_2 \right) \delta a_2 + \left(\frac{81EI\pi^4}{2l^3} a_3 - \frac{2l}{3\pi} q \right) \delta a_3 = 0 \tag{2-99}$$

根据 $\delta a_i (i=1,2,3)$ 的任意性且不为 0，必有

$$\begin{cases} \dfrac{EI\pi^4}{2l^3} a_1 - \dfrac{2l}{\pi} q = 0 \\[2mm] \dfrac{8EI\pi^4}{2l^3} a_2 = 0 \\[2mm] \dfrac{81EI\pi^4}{2l^3} a_3 - \dfrac{2l}{3\pi} q = 0 \end{cases} \tag{2-100}$$

可求出

$$\begin{cases} a_1 = \dfrac{4l^4 q}{EI\pi^5} \\[2mm] a_2 = 0 \\[2mm] a_3 = \dfrac{4l^4 q}{243 EI\pi^5} \end{cases} \tag{2-101}$$

将式（2-101）代入式（2-94），可得

$$u(x) = \frac{4l^4 q}{EI\pi^5} \left(\sin \frac{\pi x}{l} + \frac{1}{243} \sin \frac{3\pi x}{l} \right) \tag{2-102}$$

关于各点的挠度、内力和应力的计算同里茨法一样，这里不再赘述。

里茨法的理论基础是最小势能原理，即弹性体在给定的外力作用下，与稳定平衡相对应且满足位移边界条件的位移使总势能取最小值。而伽辽金的理论基础是虚位移原理，即一个平衡系统的所有主动力在虚位移上所做的虚功之和等于零。因最小势能原理是虚位移原理的一种特殊情况，故伽辽金法比里茨法具有更广的应用范围。

参 考 文 献

［1］钱伟长，叶开沅. 弹性力学 ［M］. 北京：科学出版社，1956.

［2］吴永礼. 计算固体力学方法 ［M］. 北京：科学出版社，2003.

［3］陆明万，张雄，葛东云. 工程弹性力学与有限元法 ［M］. 北京：清华大学出版社，2005.

［4］胡海昌. 弹性力学的变分原理及其应用 ［M］. 北京：科学出版社，1981.

［5］钱伟长. 广义变分原理 ［M］. 上海：知识出版社，1985.

［6］田宗漱，卞学鐄. 多变量变分原理与多变量有限元方法 ［M］. 北京：科学出版社，2011.

［7］胡海昌. 广义变分原理和无条件变分原理 ［J］. 固体力学学报，1983，3：462-463.

"两弹一星"功勋科学家：王大珩

第3章 加权余量法

在采用变分原理求解微分方程问题时，建立微分问题的泛函积分要经过一个复杂的积分构造过程，缺乏统一的积分构造格式，需要根据微分方程的具体形式进行试凑。然而，试凑法有时难以建立问题的泛函，甚至是可能无法进行问题泛函的构建。这迫使人们寻求更有效的方法，以建立与微分问题相对应的积分泛函方程。加权余量法就是常用的泛函构造方法之一，它不但可以建立线性微分系统的泛函积分方程，也可以建立非线性系统的泛函积分方程，是一种通用的数值计算方法。后面章节将要介绍的有限元法、边界元法和无网格法都是加权余量法的特殊情况，只是后面三种数值计算方法都有自己的特点，并发展成相对独立的方法。

本章将介绍加权余量法的基本概念和不同形式加权余量法的特点。

3.1 加权余量法的原理

3.1.1 加权余量法的一般形式

加权余量法建立在一个合理的控制微分方程假设解的基础之上，假设解必须满足给定问题的初始和边界条件。由于假设解是不精确的，将解代入控制微分方程时将会产生误差。加权余量法通过要求误差在所选定区域或点上消失，进而确定出问题的近似解。

假设一个机械工程边值问题的控制微分方程及边界条件分别为

$$A(u) - q = 0 \quad (在域 \ \Omega \ 内) \tag{3-1}$$

$$B(u) - g = 0 \quad (在域 \ \Omega \ 边界 \ \Gamma \ 上) \tag{3-2}$$

式中，A、B 为微分算子，q、g 为不含函数 u 的项。

由于式（3-1）所示的微分方程是在域内任意一点都满足，其等效积分方程如下所示

$$\int_{\Omega} (A(u) - q) W \mathrm{d}\Omega = 0 \tag{3-3}$$

式中，W 是任意的函数。从式（3-3）可知，若此积分式对于任意的函数 W 都满足，则微分方程式（3-1）必然在域内任一点都得到满足。

同理，若边界条件式（3-2）在其边界上的任一点都得到满足，则对任意的函数 W^*，也有

$$\int_{\Gamma} (B(u) - g) W^* \mathrm{d}\Gamma = 0 \tag{3-4}$$

综合式（3-3）和式（3-4），可得

$$\int_\Omega (A(u)-q)W\mathrm{d}\Omega + \int_\Gamma (B(u)-g)W^* \mathrm{d}\Gamma = 0 \tag{3-5}$$

式（3-5）对所有的函数 W，W^* 均成立。在数学上，通常问题的微分方程描述被称为问题的强形式（Strong Form），而微分方程的等效积分形式被称为问题的弱形式（Weak Form），等效积分形式也被称为积分法（Integral Statement）、变分方程（Variational Equation）、伽辽金方程（Galerkin Equation）或加权余量方程（Weighted Residual Equation）。微分方程的等效积分方程或等效积分形式降低了所求近似场函数的连续性要求，应用于实际问题中往往能得到比原微分方程或等效积分方程更好的近似解。

加权余量法实际上就是一种基于式（3-5）所示弱形式的微分方程近似解法。若式（3-1）的微分方程无法或不易求解，可选择一个试函数，即

$$u_N = \sum_{i=1}^n c_i \psi_i \tag{3-6}$$

式中，c_i 为待定系数；ψ_i 为试函数项。

将试函数代入式（3-1）和式（3-2），一般而言试函数不可能正好满足方程，则域 Ω 内和边界 Γ 上会产生误差，即

$$R_\Omega = A(u_N) - q \neq 0 (在域 \Omega 内) \tag{3-7}$$

$$R_\Gamma = B(u_N) - g \neq 0 (在边界 \Gamma 上) \tag{3-8}$$

式中，R_Ω 和 R_Γ 被称为余量，或残差、残数。

为使试函数 u_N 尽可能逼近精确解，应使残量 $R \to 0$。加权余量法的基本思想就是在域 Ω 内或边界 Γ 上寻找 n 个线性无关的函数 $\psi_i(i=1,2,\cdots,n)$，并选择权函数 W 和 W^* 分别与 R_Ω 和 R_Γ 相乘，使余量 R_Ω 和 R_Γ 在域 Ω 内和边界 Γ 上加权平均值为 0。即

$$\int_\Omega R_\Omega \cdot W\mathrm{d}\Omega + \int_\Gamma R_\Gamma \cdot W^* \mathrm{d}\Gamma = 0 \tag{3-9}$$

式（3-9）的 W 和 W^* 分别被称为域内权函数和边界权函数。对式（3-9）进行数值积分，可得到求解待定系数 $c_i(i=1,2,\cdots,n)$ 的 n 个联立代数方程。随后，将所求出的 c_i 回代入式（3-6）的试函数中，便可得到满足式（3-1）的微分方程和式（3-2）的边界条件的近似解。

将式（3-7）和式（3-8）代入式（3-9），则可构建相应的代数方程，即

$$\int_\Omega W_j[A(u_N)-q]\mathrm{d}\Omega + \int_\Gamma W_j^*[B(u_N)-g]\mathrm{d}\Gamma$$

$$= \int_\Omega W_j\left[A\left(\sum_{i=1}^n c_i\psi_i\right)-q\right]\mathrm{d}\Omega + \int_\Gamma W_j^*\left[B\left(\sum_{i=1}^n c_i\psi_i\right)-g\right]\mathrm{d}\Gamma$$

$$= 0 \tag{3-10}$$

由于 A、B 均是线性微分算子，故式（3-10）的微分、求和、积分次序可调换，变换次序后的方程为

$$\sum_{i=1}^n\left\{\left[\int_\Omega W_j A(\psi_i)\mathrm{d}\Omega\right]+\left[\int_\Gamma W_j^* B(\psi_i)\mathrm{d}\Gamma\right]\right\}c_i = \int_\Omega W_j q\mathrm{d}\Omega + \int_\Gamma W_j^* g\mathrm{d}\Gamma \tag{3-11}$$

上述公式的矩阵形式为

$$[K]\{C\} = \{F\} + \{b\} \tag{3-12}$$

式中，$[K]$、$\{F\}$、$\{b\}$ 三个矩阵的元素值分别为

$$
\begin{cases}
K_{ji} = \displaystyle\int_{\Omega} W_j A(\psi_i)\,\mathrm{d}\Omega + \int_{\Gamma} W_j^* B(\psi_i)\,\mathrm{d}\Gamma \\[2mm]
F_j = \displaystyle\int_{\Omega} W_j q\,\mathrm{d}\Omega \\[2mm]
b_j = \displaystyle\int_{\Gamma} W_j^* g\,\mathrm{d}\Gamma
\end{cases}
\tag{3-13}
$$

当选定试函数和加权函数后，即可通过式（3-13）计算出试函数的系数 c_i，给出原问题微分方程的近似解。

适当地选取加权函数，并对加权余量的积分进行处理，可使某些边界条件从加权余量的表达式中消失，从而简化矩阵方程及其系数的求解。例如，适当地选择试函数，使之满足所有边界条件。若边界余量为零，则有

$$
\int_{\Gamma} R_{\Gamma} \cdot W^*\,\mathrm{d}\Gamma = 0
\tag{3-14}
$$

而消除域内的微分方程余量，则被称为内部法。若选择的试函数满足控制微分方程，则内部余量为零，即

$$
\int_{\Omega} R_{\Omega} \cdot W\mathrm{d}\Omega = 0
\tag{3-15}
$$

消除边界余量的方法被称为边界法。如果所选择的试函数既不满足控制微分方程，又不满足边界条件，则只能采用式（3-9）进行内部与边界余量的消除，该方法被称为混合法。

3.1.2　加权余量法的试函数选取

在加权余量法中，试函数十分重要。试函数必须是完备的，并且各试函数之间是线性无关的，试函数的完备性能够保证试函数的项数足够多时可以逼近精确解。根据数值试验结果，试函数的类型大致如下：

1）多项式，以幂级数形式表示，有单重的和双重的。

2）三角级数。

3）样条函数，一般是三次与五次样条函数。

4）梁的振动函数。

5）杆的稳定函数。

6）正交多项式，如勒让德多项式等。

7）贝塞尔函数。

8）克雷洛夫函数。

3.1.3　加权余量法的权函数选取

从加权余量法的求解过程可以看出，除了试函数之外，权函数也是影响求解结果的一个重要因素。选用不同的权函数将构成不同的加权余量法，常见的加权余量法有配置法、子区域法、布勒诺夫-伽辽金（Bubnov-Galerkin）方法、最小二乘法和矩量法等。本节举例介绍加权余量法的具体应用。

考察如图 3-1 所示的轴向受拉杆件，该杆件上端宽为 w_1，下端宽为 w_2，杆长为 L，厚度为 t，问题所对应的控制微分方程和相应的边界条件，即

$$A(x)E\frac{\mathrm{d}u}{\mathrm{d}x}-P=0 \quad 位移边界条件为 u(0)=0 \tag{3-16}$$

接下来，对近似解进行假设，所选择的假设解为

$$u(x)=c_1x+c_2x^2+c_3x^3 \tag{3-17}$$

假设解的 c_1、c_2、c_3 是未知系数。显然地，式（3-17）满足位移边界条件 $u_0=0$。将式（3-17）的假设解代入式（3-16）的控制微分方程之中，可得误差函数 $\mathcal{R}$，如下所示：

$$\left[w_1+\left(\frac{w_2-w_1}{L}\right)y\right]tE(c_1+2c_2x+3c_3x^2)-P=\mathcal{R} \tag{3-18}$$

将相关参数 w_1、w_2、L、t、E 的值代入到式（3-18）中并做简化，可得

$$\mathcal{R}=(0.25-0.0125x)(c_1+2c_2x+3c_3x^2)-96.154\times10^{-6} \tag{3-19}$$

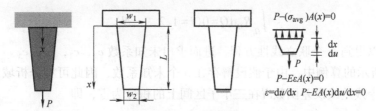

图 3-1　轴向受拉杆件

1. 配置法

令残差或余量函数 $\mathcal{R}$ 在与未知系数一样多的点上为零。因为本例的试函数有三个未知数，需要在三个点上使得余量函数为零。简单起见，选择在点 $x=L/3$，$x=2L/3$，$x=L$ 时余量函数为零。分别将 $x=L/3$，$x=2L/3$，$x=L$ 代入式（3-19）的误差函数 $\mathcal{R}$ 中，可得

$$\mathcal{R}(c,x)\big|_{x=\frac{L}{3}}=0$$

$$\mathcal{R}=\left[\frac{1}{4}-\frac{1}{80}\times\left(\frac{10}{3}\right)\right]\left[c_1+2c_2\left(\frac{10}{3}\right)+3c_3\left(\frac{10}{3}\right)^2\right]-96.154\times10^{-6}=0$$

$$\mathcal{R}(c,x)\big|_{x=\frac{2L}{3}}=0$$

$$\mathcal{R}=\left[\frac{1}{4}-\frac{1}{80}\times\left(\frac{20}{3}\right)\right]\left[c_1+2c_2\left(\frac{20}{3}\right)+3c_3\left(\frac{20}{3}\right)^2\right]-96.154\times10^{-6}=0 \tag{3-20}$$

$$\mathcal{R}(c,x)\big|_{x=L}=0$$

$$\mathcal{R}=\left[\frac{1}{4}-\frac{1}{80}\times(10)\right]\left[c_1+2c_2(10)+3c_3(10)^2\right]-96.154\times10^{-6}=0$$

上述过程将产生 3 个线性方程，通过它们可求得三个未知系数 c_1、c_2、c_3，方程具体的形式为

$$c_1+\frac{20}{3}c_2+\frac{100}{3}c_3=461.539\times10^{-6}$$

$$c_1+\frac{40}{3}c_2+\frac{400}{3}c_3=576.924\times10^{-6} \tag{3-21}$$

$$c_1 + 20c_2 + 300c_3 = 769.232 \times 10^{-6}$$

求解以上方程可得 $c_1 = 423.0776 \times 10^{-6}$，$c_2 = 21.65 \times 10^{-15}$，$c_3 = 1.153848 \times 10^{-6}$。随后，将 c_i 系数回代入方程式（3-16）中，则位移的近似函数为

$$u(x) = 423.0776 \times 10^{-6} x + 21.65 \times 10^{-15} x^2 + 1.153848 \times 10^{-6} x^3 \tag{3-22}$$

在配置法中，虽然权函数未出现，但实质上配置法将狄拉克函数 δ（Dirac delta function）作为权函数。δ 函数又称为脉冲函数，其性质将会在边界元法中进行详述。

2. 子区域法

子区域法是将余量函数在一些选定的子区域内置零的方法。假设将分析域 Ω 划分为 N 个子区域 Ω_i，则子区域法的权函数可选为

$$W_i = \begin{cases} 1, & \text{在子域 } \Omega_i \text{ 内} \\ 0, & \text{在子域 } \Omega_i \text{ 外} \end{cases} \tag{3-23}$$

根据上式所示的权函数，可列出消除余量的方程组

$$\int_{\Omega_i} R_\Omega \mathrm{d}\Omega = 0 \, (i = 1, 2, \cdots, N) \tag{3-24}$$

随后，可以得到 N 个联立线性方程，进而求出未知系数 c_1，c_2，$\cdots$，c_N。

在图 3-1 所示的算例中，由于假设解存在 3 个未知系数，因此可将分析域划分为 3 个等长子区间，并令残差或误差函数 $\mathscr{R}$ 在三个子区间上的积分为零，即

$$\begin{cases} \int_0^{\frac{L}{3}} \mathscr{R} \mathrm{d}x = 0 \\[2mm] \int_0^{\frac{L}{3}} \left[(0.25 - 0.0125x)(c_1 + 2c_2 x + 3c_3 x^2) - 96.154 \times 10^{-6} \right] \mathrm{d}x = 0 \\[2mm] \int_{\frac{L}{3}}^{\frac{2L}{3}} \mathscr{R} \mathrm{d}x = 0 \\[2mm] \int_{\frac{L}{3}}^{\frac{2L}{3}} \left[(0.25 - 0.0125x)(c_1 + 2c_2 x + 3c_3 x^2) - 96.154 \times 10^{-6} \right] \mathrm{d}x = 0 \\[2mm] \int_{\frac{2L}{3}}^{L} \mathscr{R} \mathrm{d}x = 0 \\[2mm] \int_{\frac{2L}{3}}^{L} \left[(0.25 - 0.0125x)(c_1 + 2c_2 x + 3c_3 x^2) - 96.154 \times 10^{-6} \right] \mathrm{d}x = 0 \end{cases} \tag{3-25}$$

于是，可以得到以上三个线性方程，对方程组联立求解就可求得未知系数 c_1、c_2、c_3。最终的求解结果为：$c_1 = 391.35088 \times 10^{-6}$，$c_2 = 6.075 \times 10^{-6}$，$c_3 = 809.61092 \times 10^{-9}$。将 c_i 系数回代入方程式（3-19），则位移的近似函数的具体形式为

$$u(x) = 391.35088 \times 10^{-6} x + 6.075 \times 10^{-6} x^2 + 809.61092 \times 10^{-9} x^3 \tag{3-26}$$

3. 伽辽金法

在许多物理问题控制微分方程的数值法求解过程中，都采用伽辽金加权余量法推导计算格式。伽辽金加权余量法要求权函数 W_i 之间的残差是正交，即

$$\int_a^b \Phi_i \mathscr{R} \mathrm{d}y = 0 \quad (i = 1, 2, \cdots, N) \tag{3-27}$$

近似解的一部分作为所选的权函数。因为图 3-1 算例的假设解有三个未知数，因此需要产生三个线性无关的方程。若假设解为 $u(x)=c_1x+c_2x^2+c_3x^3$，则可将权函数选为 $\Phi_1=x$，$\Phi_2=x^2$，$\Phi_3=x^3$，则根据式（3-27）所示的不同权函数残差正交，可得

$$\begin{cases} \int_0^L \left[x(0.25-0.0125x)(c_1+2c_2x+3c_3x^2)-96.154\times10^{-6} \right]\mathrm{d}x=0 \\ \int_0^L \left[x^2(0.25-0.0125x)(c_1+2c_2x+3c_3x^2)-96.154\times10^{-6} \right]\mathrm{d}x=0 \\ \int_0^L \left[x^3(0.25-0.0125x)(c_1+2c_2x+3c_3x^2)-96.154\times10^{-6} \right]\mathrm{d}x=0 \end{cases} \tag{3-28}$$

通过积分，上述方程组会产生三个独立的线性方程，求解该线性方程组可得到未知系数 $c_1=400.642\times10^{-6}$，$c_2=4.006\times10^{-6}$，$c_3=0.935\times10^{-6}$。于是，位移的近似解为

$$u(y)=400.642\times10^{-6}x+4.006\times10^{-6}x^2+0.935\times10^{-6}x^3 \tag{3-29}$$

4. 最小二乘法

除了前文介绍的配置法、子区域法和伽辽金法外，常见的加权余量法还有最小二乘法和矩量法。最小二乘法要求假设解所产生的残差平方值最小，即

$$\mathrm{Minimize}\left(\int_a^b \mathcal{R}^2 \mathrm{d}x \right) \tag{3-30}$$

进而可推导出

$$\int_a^b \mathcal{R}\frac{\partial \mathcal{R}}{\partial c_i}\mathrm{d}x=0 \qquad i=1,2,\cdots,N \tag{3-31}$$

由于图 3-1 算例的近似解有 3 个未知数，方程式（3-31）将产生 3 个方程，即

$$\begin{cases} \int_0^L \left[\overbrace{(0.25-0.0125x)\cdot(c_1+2c_2x+3c_3x^2)-96.154\times10^{-6}}^{\mathcal{R}} \right] \overbrace{(0.25-0.0125x)}^{\frac{\partial \mathcal{R}}{\partial c_1}}\mathrm{d}x=0 \\ \int_0^L \left[\overbrace{(0.25-0.0125x)\cdot(c_1+2c_2x+3c_3x^2)-96.154\times10^{-6}}^{\mathcal{R}} \right] \overbrace{(0.25-0.0125x)2x}^{\frac{\partial \mathcal{R}}{\partial c_1}}\mathrm{d}x=0 \\ \int_0^L \left[\overbrace{(0.25-0.0125x)\cdot(c_1+2c_2x+3c_3x^2)-96.154\times10^{-6}}^{\mathcal{R}} \right] \overbrace{(0.25-0.0125x)3x^2}^{\frac{\partial \mathcal{R}}{\partial c_1}}\mathrm{d}x=0 \end{cases} \tag{3-32}$$

对以上方程进行积分，求解这些方程可得未知系数为 $c_1=389.773\times10^{-6}$，$c_2=6.442\times10^{-6}$，$c_3=0.789\times10^{-6}$。将系数代回到方程式（3-18），则所求的位移近似函数为

$$u(x)=389.773\times10^{-6}x+6.442\times10^{-6}x^2+0.789\times10^{-6}x^3 \tag{3-33}$$

最小二乘法实质上是将权函数取为 $\dfrac{\partial \mathcal{R}}{\partial c_i}$。

3.2　伽辽金弱形式

第 3.1 节已通过一个简单的例子介绍了伽辽金加权余量法的基本思想，而第 2.4.2 小节

也曾通过一个例子简要介绍了变分问题的伽辽金近似解法，它实质上就是伽辽金加权余量法。鉴于伽辽金法对后续的有限元法和无网格法都具有重要作用，本节将系统地对全域和局部域伽辽金弱形式进行介绍。

3.2.1 全域伽辽金弱形式

以弹性力学问题为例，基于最小势能原理所推导的全域伽辽金弱形式如下所示

$$\Pi_p = \int_V W_\varepsilon \mathrm{d}V - \int_V f_i u_i \mathrm{d}V - \int_{S_\sigma} \bar{p}_i u_i \mathrm{d}S \tag{3-34}$$

对上式进行变分，可得

$$\delta\Pi_p = \int_V (\partial W_\varepsilon / \partial \varepsilon_{ij}) \delta\varepsilon_{ij} \mathrm{d}V - \int_V f_i \delta u_i \mathrm{d}V - \int_{S_\sigma} \bar{p}_i \delta u_i \mathrm{d}S$$

$$= \int_V \sigma_{ij} \delta\varepsilon_{ij} \mathrm{d}V - \int_V f_i \delta u_i \mathrm{d}V - \int_{S_\sigma} \bar{p}_i \delta u_i \mathrm{d}S \tag{3-35}$$

最小势能原理要求 $\delta\Pi_p = 0$，因此三维弹性力学的全域伽辽金弱形式为

$$\int_V \sigma_{ij} \delta\varepsilon_{ij} \mathrm{d}V - \int_V f_i \delta u_i \mathrm{d}V - \int_{S_\sigma} \bar{p}_i \delta u_i \mathrm{d}S = 0 \tag{3-36}$$

利用应力-应变关系和应变-位移关系，可将式（3-36）表示成以位移为变分变量的全域伽辽金弱形式，如下所示

$$\int_V \sigma_{ij} \Delta\delta u \mathrm{d}V - \int_V f_i \delta u_i \mathrm{d}V - \int_{S_\sigma} \bar{p}_i \delta u_i \mathrm{d}S = 0 \tag{3-37}$$

在计算固体力学的有限元法和无网格方法中，通常都是对位移函数进行近似，所以利用式（3-37）的全域伽辽金弱形式可便于数值计算。

当把式（3-37）中的 δu 看作是加权余量法的权函数时，则式（3-37）等价于伽辽金加权余量法。对于弹性力学问题，伽辽金加权余量法的权函数必须满足所有边界条件，即必须满足位移边界和力边界条件。从式（3-37）可知，全域伽辽金弱形式已经包含了力边界条件，这类在弱形式中自然包含的边界条件称为自然边界条件；但由于式（3-37）未考虑位移边界条件，要得到弱形式的解还必须满足位移边界条件，所以位移边界条件又称为本质边界条件，或强加边界条件。

3.2.2 局部域彼得罗夫-伽辽金弱形式

在利用伽辽金加权余量法建立全域伽辽金弱形式时，所选取的权函数是试函数的基函数，但是在利用加权余量法建立局部伽辽金弱形式时，通常所选取的权函数不是试函数的基函数。换言之，局部伽辽金弱形式的权函数和试函数取自不同的函数空间，而这种加权余量法又被称为彼得罗夫-伽辽金法，所建立的局部域弱形式则称为局部域彼得罗夫-伽辽金弱形式。

下面以二维弹性力学为例，对局部域彼得罗夫-伽辽金弱形式的建立过程进行介绍。

在包含点 X_i（全域内）且与力边界相交的子域上，微分平衡方程的加权余量为

$$\int_{\Omega_q} W_i(\sigma_{ij,j} + f_i) \mathrm{d}\Omega = 0 \tag{3-38}$$

式中，W_i 为以 X_i 点为中心的权函数。对上式中的左边第一项进行分部积分，可得

$$\int_{\Omega_q} W_I \sigma_{ij,j} \mathrm{d}\Omega = \int_{\Gamma} W_I \sigma_{ij} n_j \mathrm{d}\Gamma - \int_{\Omega_q} W_{I,j} \sigma_{ij} \mathrm{d}\Omega \tag{3-39}$$

将式（3-39）代入式（3-38）中，则可获得局部域彼得罗夫-伽辽金弱形式，其具体形式为

$$\int_{\Gamma_q} W_I \sigma_{ij} n_j \mathrm{d}\Gamma - \int_{\Omega_q} W_{I,j} \sigma_{ij} \mathrm{d}\Omega + \int_{\Omega_q} W_I f_i \mathrm{d}\Omega = 0 \tag{3-40}$$

由于局部等效积分弱形式是利用局部加权余量法建立起来的，所以权函数对于局部域彼得罗夫-伽辽金弱形式至关重要。理论上讲，权函数需满足两个基本条件：①连续性条件；②全域内各个节点的权函数线性无关。

在利用彼得罗夫-伽辽金法建立局部等效积分弱形式时，试函数与权函数也可取自相同的函数空间，因此可以通过选取相同的试函数及权函数的近似方法以减少该方法的计算量。

参 考 文 献

［1］王书亭. 高速加工中心性能建模及优化［M］. 北京：科学出版社，2012.

［2］龙述尧. 无网格方法及其在固体力学中的应用［M］. 北京：科学出版社，2014.

［3］吴永礼. 计算固体力学方法［M］. 北京：科学出版社，2003.

"两弹一星"功勋科学家：王希季

第 4 章　有限差分法

第 2 章和第 3 章所介绍的变分法和加权余量法，都是将实际问题的控制方程转化为积分方程的形式进行求解，而有限差分法则是使用网格对求解区域和时间域进行覆盖，通过差分近似替代控制方程的微分，进而将微分方程的求解问题换成代数方程求解问题，最终实现微分方程的近似求解。

有限差分法是一种经典数值方法，当网格细化或节点较多时，近似解的精度一般可满足实际应用需求。对于几何形状规则且边界条件简单的问题，有限差分法具有很高的求解精度和收敛性，但面对几何形状或边界条件复杂的问题时，它的精度将会降低，甚至是无法实现求解。有限差分法在流体力学和爆炸力学中均得到了广泛的应用，也可用于弹性力学边值问题的求解。目前，弹性静力学一般都不再用差分法进行求解，但是对于弹性动力学等初值问题，仍要借助于有限差分法予以解决。

有限差分法的关键是构造差分格式，保证解的收敛性和解的稳定性。本章将对椭圆型方程、抛物型方程和双曲型方程的差分格式构造方法进行简要介绍。

4.1　有限差分法的原理

差分法是微分方程的一种近似数值解法，它不是去寻求函数式的解答，而是去求出函数在离散网格节点上的数值。具体地讲，差分法就是先将求解域离散化，在离散节点上用差商近似地代替导数，从而把基本方程和边界条件近似地用差分方程来表示，把微分方程的求解问题转换为代数方程的求解问题。

考虑一维热传导方程的第一类初边值问题，有

$$
\begin{cases}
\dfrac{\partial u}{\partial t} = a\,\dfrac{\partial^2 u}{\partial x^2} + f(x) & (x,t) \in \Omega \\[2mm]
u(0,t) = u(1,t) = 0 & t \in [0,T] \\[2mm]
u(x,0) = \varphi(x) & x \in (0,1)
\end{cases}
\tag{4-1}
$$

式中，$\Omega = \{(x,t) \mid x \in [0,1], t \in [0,T]\}$，$a$ 为正常数。

假定 $f(x)$ 和 $\varphi(x)$ 在相应的区域内光滑，且在 $x=0$，$x=l$ 两处满足相容性条件，则上述问题有唯一充分光滑的解。

当使用差分法进行上述问题的求解时，一般先采用矩形网格对求解区域进行离散化。接着，利用差商或 Taylor 展开式在离散网格节点处，对微分方程和初边值条件等连续性方程做离散化处理。最后，对差分方程组进行求解，获得所有网格节点处的近似解，进而得到所研

究微分方程初边值问题的解。

4.1.1　定解区域离散化

在进行偏微分方程问题求解时，有限差分法必须先将连续问题转换为离散问题，即进行求解区域的网格划分。不同的求解问题，其求解区域的网格划分方法也各不相同。对于图（4-1）所示的问题而言，假设 N 和 M 是两个给定的正整数，空间步长取为 $\Delta x = l/N$，时间步长取为 $\Delta t = T/M$，可做两族平行线，用平行直线族可将区域划分成若干个小矩形。位于区域 D 内部的网格节点 (x_j, t_k)，简记为 (j, k) 并称之为内节点，所有内节点用 D_h 表示；位于边界上的节点被称为界点，所有界点记为 Γ_h。

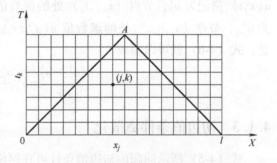

图 4-1　差分法的矩形网格划分过程

4.1.2　微分方程离散化

根据微分学原理，函数的导数是函数的增量与自变量增量之比的极限值，即

$$u' = \lim_{\Delta x \to 0} \frac{u(x+\Delta x)-u(x)}{\Delta x} = \lim_{\Delta x \to 0} \frac{u(x)-u(x-\Delta x)}{\Delta x}$$

$$
\begin{aligned}
u'' &= \lim_{\Delta x \to 0} \frac{u'(x+\Delta x)-u'(x)}{\Delta x} \\
&= \lim_{\Delta x \to 0} \frac{1}{\Delta x}\left[\frac{u(x+\Delta x)-u(x)}{\Delta x}-\frac{u(x)-u(x-\Delta x)}{\Delta x}\right] \\
&= \lim_{\Delta x \to 0} \frac{u(x+\Delta x)-2u(x)+u(x-\Delta x)}{(\Delta x)^2}
\end{aligned}
\tag{4-2}
$$

当 $|\Delta x|$ 很小时，u' 可以近似地用差商进行代替，即

$$u' = \frac{u(x+\Delta x)-u(x)}{\Delta x} \text{ 或 } u' = \frac{u(x)-u(x-\Delta x)}{\Delta x} \tag{4-3}$$

u'' 可以通过二阶差商进行等效表达，即

$$u'' = \frac{u(x+\Delta x)-2u(x)+u(x-\Delta x)}{(\Delta x)^2} \tag{4-4}$$

式（4-1）对应的一维热传导微分方程的具体形式为

$$\frac{\partial u}{\partial t} = a^2 \frac{\partial^2 u}{\partial x^2} + f(x) \tag{4-5}$$

基于式（4-3）和式（4-4），一个微分方程可通过相应的差分方程进行近似表达。因此，式（4-5）可以用相应的差分方程进行近似表达，差分方程的具体形式为

$$\frac{u(x,t+\Delta t)-u(x,t)}{\Delta t} = a^2 \frac{u(x+\Delta x,t)-2u(x,t)+u(x-\Delta x,t)}{(\Delta x)^2} + f(x,t) \tag{4-6}$$

式（4-6）的截断误差为 $O(\Delta t)+O(\Delta x)^2$。式（4-6）所示的差分格式也被称为热传导方程式（4-1）的古典求解显格式，其节点形式为两层 4 节点格式，如图 4-2 所示。

图 4-2　古典显式差分格式节点图

为简单起见，有限差分法通常将节点 (x_j,t_k) 处的函数值 $u(x,t)$ 简记为 u_j^k，节点 (x_{j+1},t_k) 处的函数值 $u(x_j+\Delta x,t)$ 简记为 u_{j+1}^k，节点 (x_j,t_{k+1}) 处的函数值 $u(x_j,t+\Delta t)$ 简记为 u_j^{k+1}。于是，式（4-6）就可以写成

$$\frac{u_j^{k+1}-u_j^k}{\tau}=a^2\frac{u_{j+1}^k-2u_j^k+u_{j-1}^k}{h^2}+f_j^k \tag{4-7}$$

4.1.3　初边值条件离散化

式（4-5）所示问题的初边值条件可在网格节点处取值，即

$$u_j^0=\varphi(x_j),\quad u_0^k=u_N^k=0,$$
$$u_0^k=u_N^k=0,\quad k=1,2,\cdots,M \tag{4-8}$$

4.1.4　解差分方程组

对于式（4-5），将微分方程和初边值条件的离散化方程联立，可得差分方程组，具体形式如下

$$\begin{cases} u_j^{k+1}=u_j^k+r[u_{j-1}^k-2u_j^k+u_{j+1}^k]+\tau f_j^k=ru_{j-1}^k+(1-2r)u_j^k+ru_{j+1}^k+\tau f_j^k, \\ u_j^0=\varphi(x_j),\quad u_0^k=u_N^k=0, \\ r=a^2\tau/h^2,\quad j=1,2,\cdots,N-1;k=1,2,\cdots,M-1 \end{cases} \tag{4-9}$$

利用 $k=0$ 层上的数值，基于式（4-9）即可逐点算出 $k=1$ 层离散点处的近似解，随后，再利用 k 层上的节点值可算出 $k+1$ 层上的节点值。以前述的逐层逐点方式进行微分方程的数值求解是非常方便的。

同样地，若给定的是初值问题，仍采用前述的古典显格式和初值离散方法，也容易写出相应的差分方程组，但其计算求解范围与初边值问题情形有所不同。此时，利用 $k=0$ 时间层上的节点近似值只能计算出 $k=1$ 时间层上关于 $j=1,2,\cdots,N-1$ 处的节点值近似值，依次下去，纯初值问题的差分解被局限于图 4-1 所示的直线 0-A-l 内的网格节点。

4.2　椭圆型方程的有限差分法

以 Possion 方程边值问题为例，本节将对椭圆型方程差分格式的建立方法和收敛性分析、边界条件的处理进行讨论。

Possion 方程如下式所示

$$\Delta u=\frac{\partial^2 u}{\partial x^2}+\frac{\partial^2 u}{\partial y^2}=f(x,y)\quad (x,y)\in D \tag{4-10}$$

式中，D 是 Oxy 平面内的有界区域，其边界用 Γ 表示，假定它由分段光滑的曲线组成，如

图 4-3 所示。将求解域 D 划分成矩形网格，
网格内取一固定点 (x_0, y_0)，设 x 轴方向的
步长为 h，y 轴方向的步长为 τ，过该点做垂
直于 x 轴和 y 轴的平行线，可得

$$\begin{cases} x = x_0 + ih, & i = 0, 1, \cdots, N_1 \\ y = y_0 + j\tau, & j = 0, 1, \cdots, N_2 \end{cases} \quad (4\text{-}11)$$

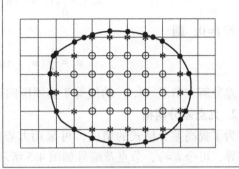

网格线的交点 (x_i, y_j) 被称为网格节
点。求解域 D 内部的网格节点被称为内部节
点，简称内点，其全体集合记为 Ω_h；网格线
与区域边界 Γ 的交点称为边界节点，简称边

图 4-3　求解域离散化

界点，其全体集合记为 Γ_h。

　　为了便于后面的讨论，需将内点分为正则内点和非正则内点两类，分类的标准为：若某
内点的网格线上四个相邻的网格点都是内点，则称它为正则内点，反之则为非正则内点。

4.2.1　微分方程的离散化

1. 五点差分网格

　　首先介绍 Possion 方程五点差分格式的构造方法。为简便起见，点 (x_i, y_j) 记为 (i, j)。
对于图 4-4 所示的五个离散网格节点，可采用 Taylor 展开方法给出相应的差分格式。若 (i, j)
为内点，则有

$$\frac{1}{h_1^2}(u_{i+1}^j - 2u_i^j + u_{i-1}^j) = \frac{\partial^2 u_i^j}{\partial x^2} + \frac{h_1^2}{12}\frac{\partial^4 u_i^j}{\partial x^4} + \frac{h_1^4}{360}\frac{\partial^6 u_i^j}{\partial x^6} + O(h_1^6) \quad (4\text{-}12)$$

$$\frac{1}{h_2^2}(u_i^{j+1} - 2u_i^j + u_i^{j-1}) = \frac{\partial^2 u_i^j}{\partial y^2} + \frac{h_2^2}{12}\frac{\partial^4 u_i^j}{\partial y^4} + \frac{h_2^2}{360}\frac{\partial^6 u_i^j}{\partial y^6} + O(h_2^6) \quad (4\text{-}13)$$

　　利用式（4-12）和式（4-13）沿 x 和 y 方向的二阶中心差商直接代替式（4-10）的 $\partial^2 u / \partial x^2$
和 $\partial^2 u / \partial y^2$，可得

$$\frac{1}{h_1^2}(u_{i+1}^j - 2u_i^j + u_{i-1}^j) + \frac{1}{h_2^2}(u_i^{j+1} - 2u_i^j + u_i^{j-1}) = f_i^j \quad (4\text{-}14)$$

　　在建立差分方程式（4-14）时，用到了节点 (i, j) 及其
相邻的四个节点，所以可称式（4-14）为五点差分格式。差
分方程相当于在节点 (i, j) 处使用 x、y 方向的二阶中心差
商代替二阶导数的结果。

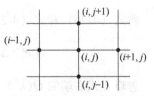

　　由式（4-12）和式（4-13）可知，五点差分格式的截断
误差为

图 4-4　五点差分格式节点图

$$R_i^j = \Delta u_i^j - \Delta_h u_i^j = O(h^2) \quad (4\text{-}15)$$

式中，$h = \max(h_1, h_2)$。截断误差反映了差分算子对微分算子的相容逼近，也反映了差分解
的局部误差状况。

　　如果 $h_1 = h_2$，即用正方形网格，则差分方程可简化为

$$\Delta_h u_i^j = \frac{1}{h^2}(-4u_i^j + u_{i-1}^j + u_{i+1}^j + u_i^{j+1} + u_i^{j-1}) = f_i^j \tag{4-16}$$

若 $f=0$，则

$$u_{ij} = \frac{1}{4}(u_{i-1,j} + u_{i+1,j} + u_{i,j+1} + u_{i,j-1}) \tag{4-17}$$

差分解在节点 (i,j) 的值等于其周围四点值的平均。

2. 九点差分网格

为了提高差分格式的精度，可采用九点差分格式。为便于推导，可令 $h=\tau$，节点及编号如图 4-5 所示。

这里我们按 Taylor 展开推导差分格式，得

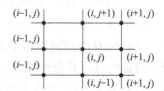

图 4-5　九点差分格式节点图

$$\square u_i^j \equiv \frac{1}{2h^2}(u_{i+1}^{j+1} + u_{i+1}^{j-1} + u_{i-1}^{j+1} + u_{i-1}^{j-1} - 4u_i^j)$$

$$= \Delta u_i^j + \frac{h^2}{12}\left(\frac{\partial^4 u}{\partial x^4} + 6\frac{\partial^4 u}{\partial x^2 \partial y^2} + \frac{\partial^4 u}{\partial y^4}\right)_{(i,j)} + \frac{h^4}{360}\left(\frac{\partial^6 u}{\partial x^6} + 15\frac{\partial^6 u}{\partial x^4 \partial y^2} + 15\frac{\partial^6 u}{\partial x^2 \partial y^4} + \frac{\partial^6 u}{\partial y^6}\right)_{(i,j)} + O(h^6) \tag{4-18}$$

$$\diamond u_i^j \equiv \frac{1}{h^2}(u_{i+1}^j + u_{i-1}^j + u_i^{j+1} + u_i^{j-1} - 4u_i^j)$$

$$= \Delta u_i^j + \frac{h^2}{12}\left(\frac{\partial^4 u}{\partial x^4} + \frac{\partial^4 u}{\partial y^4}\right)_{(i,j)} + \frac{h^4}{360}\left(\frac{\partial^6 u}{\partial x^6} + \frac{\partial^6 u}{\partial y^6}\right)_{(i,j)} + O(h^6) \tag{4-19}$$

算子 $\square$ 和 $\diamond$ 分别表示式（4-18）和式（4-19）中所涉及的节点是以 (i,j) 为中心的正方形和菱形的顶点。从式（4-18）和式（4-19）可分别得到式（4-10）所示 Possion 方程的差分方程，具体形式如下所示

$$-\square u_i^j = f_i^j \tag{4-20}$$

$$-\diamond u_i^j = f_i^j \tag{4-21}$$

式（4-20）和式（4-21）的截断误差均为 $O(h^2)$。与式（4-14）的五点差分格式相比，式（4-20）和式（4-21）的差分格式并无什么优点，但对式（4-20）和式（4-21）进行加权相加，可有

$$\oplus u_i^j = \frac{2}{3}\diamond u_i^j + \frac{1}{3}\square u_i^j \tag{4-22}$$

将式（4-20）和式（4-21）代入式（4-22）中，可得

$$\oplus u_i^j = \Delta u_i^j + \frac{h^2}{12}\Delta^2 u_i^j + \frac{h^4}{360}\left[\Delta^3 u + 2\frac{\partial^4(\Delta u)}{\partial x^2 y^2}\right]_{(i,j)} + O(h^6) \tag{4-23}$$

忽略上式右端的 $O(h^6)$ 项，可得到微分方程式（4-10）在节点 (i,j) 处的又一种差分方程，如下式所示

$$\oplus u_i^j = f_i^j + \frac{h^2}{12}(\Delta f)_{(i,j)} + \frac{h^4}{360}\left[\Delta^2 f + 2\frac{\partial^4(\Delta f)}{\partial x^2 y^2}\right]_{(i,j)} \tag{4-24}$$

式（4-24）的截断误差为 $O(h^6)$，其建立过程共用到九个节点，故称其为九点差分格式。

需要说明的是，如果求解域不规则时，难以在边界条件的处理过程中获得截断误差为 $O(h^6)$ 的方程。因此，九点差分格式一般用于比较规则的区域的近似求解。

4.2.2　边值条件的离散化

4.2.1 节讨论了椭圆型方程差分格式的构造方法，在对边界条件进行离散化时，需要注意两个问题：第一，边界点处的离散方程的截断误差要和内点处离散方程的截断误差匹配；第二，边值条件中含有外法向导数，其方向指向边界外侧。由于曲线边界和矩形网格的原因，边界点处的差分方程不可能像正则内点差分格式那样规则，必须小心处理，要特别注意外法线矢量的方向，否则会造成错误。

1. 第一边界条件离散化

第一类边界条件又称为 Dirichlet 边界条件，其处理方法主要有三种：

（1）简单转移　若边界点 E 最靠近非正则内点 (i,j)，则内点的值可取为

$$u_{ij} = \varphi(E) \tag{4-25}$$

式（4-25）的截断误差为 $O(h)$。

（2）不等距格式　如图 4-6 所示，设 P 是非正则内点，与它相邻的四个节点记为 Q、R、S、T，其中任何一个点都可以是边界点。通过 Taylor 展开，可以得到点 P 的差分方程

$$-\frac{2}{h_1+h_2}\left(\frac{u(R)-u(P)}{h_2}-\frac{u(R)-u(Q)}{h_1}\right)-\frac{2}{k_1+k_2}\left(\frac{u(T)-u(P)}{k_2}-\frac{u(P)-u(S)}{k_1}\right)=f(P) \tag{4-26}$$

（3）线性插值　如图 4-7 所示，可以用 T，Q 两点进行线性插值，若 $TP=\delta<k$，则有

$$u_P = \frac{k}{k+\delta}u(T) + \frac{\delta}{k+\delta}u(Q) \tag{4-27}$$

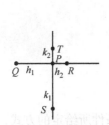

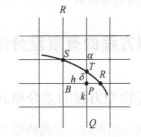

图 4-6　非等距格式的边界节点分布　　　　图 4-7　线性插值的边界节点分布

联立所有边界点的差分方程和内点的差分方程，就可得到整个求解域的差分方程组，进而可解得原 Poisson 边值问题在离散节点处的近似解。

2. 第三边界条件离散化

第二类边界条件如下式所示

$$\frac{\partial u}{\partial n} = \varphi(x,y), \qquad (x,y)\in\Gamma \tag{4-28}$$

第三类边界条件具体形式为

$$\frac{\partial u}{\partial n} + \sigma(x,y)u = \varphi(x,y), \qquad (x,y)\in\Gamma \tag{4-29}$$

式中，n 是区域 Ω 的边界 Γ 的外法线方向。$\sigma \geq 0$，且至少在一部分边界上 $\sigma > 0$。在这样的假设下，边值问题存在唯一解。当 $\sigma \equiv 0$ 时，式（4-29）便成为第二类边界条件，因此第二

类边界条件是第三类边界条件的特例，下面只需对第三类边界条件的处理进行讨论。

（1）边界点是节点 对于边界点是节点的情形，如图4-8所示，则式（4-29）的边界条件可离散为

$$\frac{1}{h_1}(u_P-u_Q)\cos\alpha+\frac{1}{h_2}(u_P-u_R)\cos\beta+\sigma_P u_P=\varphi_P \tag{4-30}$$

当外法线处于轴向位置时，可对式（4-30）进行相应的改动。

（2）边界点不是节点 对于边界点不是网格节点的情形，如图4-9所示，则边值条件可离散为

$$\frac{1}{|MS|}(u_M-u_S)+\sigma_M u_M=\varphi_M \tag{4-31}$$

于是，第三类边界条件下边界点的值可利用内插方法获得。

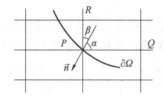 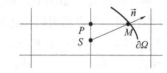

图4-8 边界为节点的第三类边界条件处理方式　　图4-9 非节点边界的处理

差分方法的难点主要归结为四个方面：边界条件的处理、差分解的误差估计、差分解精度及差分方程的高效率求解。

4.3 抛物型方程的有限差分法

4.3.1 一维抛物型方程的差分格式

式（4-1）为最简单的一维抛物型方程，按照定解条件所给定的方式，可将式（4-1）的定解问题分为以下两类。

（1）初值问题（Cauchy问题）：求出具有所需次数偏微商的函数 $u(x,t)$，满足式（4-1）的方程和初始条件。初始条件如下：

$$u(x,0)=\varphi(x), \qquad x\in(-\infty,+\infty) \tag{4-32}$$

（2）初边值问题（也被称为混合问题）：求出具有所需次数偏微商的函数 $u(x,t)$，满足式（4-1）的方程、初始条件及边值条件。初始条件和边值条件分别如下：

$$(x,0)=\varphi(x), \qquad x\in(0,l) \tag{4-33}$$

$$u(0,t)=u(l,t)=0, \qquad t\in[0,T] \tag{4-34}$$

本章的4.1节给出了一维热传导方程的混合初边值问题的古典差分格式，本节将对该问题的其他差分格式进行详细的介绍。

1. 向前差分格式

节点 (j,k) 的一阶时间偏导数 $\partial u(x_j,t_k)/\partial t$ 使用 (x_j,t_k) 在 t 方向的向前差商代替，

而二阶位移偏导数 $\partial^2 u(x_j,t_k)/\partial x^2$ 则使用（x_j,t_k）在 x 方向的二阶中心差商代替，进而推导出式（4-1）所示抛物型微分方程的向前差分格式，如下：

$$\begin{cases} \dfrac{u_j^{k+1}-u_j^k}{\tau}=a\,\dfrac{u_{j+1}^k-2u_j^k+u_{j-1}^k}{h^2}+f_j^k \\[3mm] f_j^k=f(x_j,t_k) \\[2mm] u_j^0=\varphi_j=\varphi(x_j) \\[2mm] u_0^k=u_N^k=0 \end{cases} \tag{4-35}$$

式中，$j=1,2,\cdots,M-1$。令 $r=a\tau/h^2$，则上式可改写成便于计算的形式，如下所示

$$u_j^{k+1}=ru_{j+1}^k+(1-2r)u_j^k+ru_{j-1}^k+\tau f_j^k \tag{4-36}$$

基于式（4-36）的法则，可通过第 k 层的位移场值进行第 $k+1$ 层位移场的计算，而这种差分格式被称为显格式。

2. 向后差分格式

节点（$j,k+1$）使用（x_j,t_{k+1}）在 t 方向的向后差商代替 $\partial u(x_j,t_k)/\partial t$，并利用 x 方向的二阶中心差商代替 $\partial^2 u(x_j,t_{k+1})/\partial x^2$，即可得向后差分格式，如下式所示：

$$\begin{cases} \dfrac{u_j^{k+1}-u_j^k}{\tau}=a\,\dfrac{u_{j+1}^{k+1}-2u_j^{k+1}+u_{j-1}^{k+1}}{h^2}+f_j^k \\[3mm] f_j^k=f(x_j,t_k) \\[2mm] u_j^0=\varphi_j=\varphi(x_j) \\[2mm] u_0^k=u_N^k=0 \end{cases} \tag{4-37}$$

式中，$j=1,2,\cdots,M-1$。类似地，令 $r=a\tau/h^2$，则上式可改写成便于计算的形式，如下式所示：

$$-ru_{j+1}^{k+1}+(1+2r)u_j^{k+1}-ru_{j-1}^{k-1}=u_j^k+\tau f_j^k \tag{4-38}$$

令 $k=0,1,2,\cdots$，则可利用 u_j^0 和边值条件确定 u_j^1，再利用 u_j^1 和边值条件确定 $u_j^2\cdots$。若第 $k+1$ 层的值无法通过第 k 层的值进行直接表示，而是需要利用式（4-38）所示线性代数方程组的求解加以确定，则向后差分格式可被称为隐格式。

3. 六点对称格式

将向前差分格式和向后差分格式做算术平均，可得 Crank-Nicolson 六点对称格式，其具体形式为

$$\begin{cases} \dfrac{u_j^{k+1}-u_j^k}{\tau}=\dfrac{a}{2}\left[\dfrac{u_{j+1}^{k+1}-2u_j^{k+1}+u_{j-1}^{k+1}}{h^2}+\dfrac{u_{j+1}^k-2u_j^k+u_{j-1}^k}{h^2}\right]+f_j^k \\[3mm] f_j^k=f(x_j,t_k) \\[2mm] u_j^0=\varphi_j=\varphi(x_j) \\[2mm] u_0^k=u_N^k=0 \end{cases} \tag{4-39}$$

类似于式（4-35）和式（4-37），式（4-39）可改写为

$$-\dfrac{r}{2}u_{j+1}^{k+1}+(1+r)u_j^{k+1}-\dfrac{r}{2}u_{j-1}^{k+1}=\dfrac{r}{2}u_{j+1}^k+(1-r)u_j^k+\dfrac{r}{2}u_{j-1}^k+\tau f_j^k \tag{4-40}$$

基于式（4-40），利用 u_j^0 和边值条件便可逐层求出 u_j^k。六点对称格式是隐格式，由第 k 层的值计算第（$k+1$）层的值时需要求解线性代数方程组，其节点的拓扑形式如图 4-10 所示。

4. Richardson 格式

上述 3 种格式都是双层格式，下面介绍一种简单的三层格式。对 $u(x_j, t_k)$ 用（j,k）点的中心差商来代替 $\partial u/\partial t(x_j, t_k)$，可得 Richardson 格式，如下：

$$\frac{u_j^{k+1}-u_j^{k-1}}{2\tau}=a\frac{u_{j+1}^k-2u_j^k+u_{j-1}^k}{h^2}+f_j^k \tag{4-41}$$

Richardson 格式的节点拓扑形式如图 4-11 所示，它与双层格式不同点为：在获得第（$k+1$）层的值时，需用到前两层的值。由于 x 和 t 方向上均用中心差商代替，所以 Richardson 格式的截断误差为 $O(\tau^2+h^2)$。

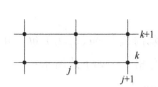

图 4-10　Crank-Nicolson 格式节点图　　　图 4-11　Richardson 格式节点图

除了上述四种差分格式之外，还可以构造出很多其他差分格式，但并非每一种差分格式都是可用的。一个差分格式是否有效的衡量标准为：差分格式的收敛性、收敛速度、稳定性及计算效率。

4.3.2　高维方程的差分格式

1. 二维问题差分方法

前面介绍的一维常系数抛物型方程的差分构造方法、稳定性分析等都可简单地推广到多维情况。本节以二维抛物型方程为例，对常系数二维抛物型方程的差分求解方法进行介绍，相应的区域划分参数记为 h_1、h_2、τ，另记 $r_1=a^2\tau/h_1^2$，$r_2=a^2\tau/h_2^2$。

常系数二维抛物型方程为

$$\begin{cases} \dfrac{\partial u}{\partial t}=a\left(\dfrac{\partial^2 u}{\partial x^2}+\dfrac{\partial^2 u}{\partial y^2}\right) & (x,y,t)\in\Omega \\ u(x,y,0)=\varphi(x,y) & x\in(0,1) \\ u(0,y,t)=u(1,y,t)=u(x,0,t)=u(x,1,t)=0 & t\in[0,T] \end{cases} \tag{4-42}$$

类似于一维问题的差分格式构造方法，可直接采用差分方法得到对应于第 4.3.1 小节中的各种差分格式。

为了简便起见，可用 δ_x^2 和 δ_y^2 分别表示关于 x 和 y 的二阶中心差分，即

$$\delta_x^2 u_{i,j}^k=u_{i+1,j}^k-2u_{i,j}^k+u_{i-1,j}^k$$
$$\delta_y^2 u_{i,j}^k=u_{i,j+1}^k-2u_{i,j}^k+u_{i,j-1}^k \tag{4-43}$$

式中，k 可不取为整数。对于三维问题，则可用 δ_z^2 表示关于 z 的二阶中心差分。

若用一阶向前差商代替 $\partial u / \partial t$ 和二阶中心差商分别代替 $\partial^2 u / \partial x^2$ 和 $\partial^2 u / \partial y^2$，则可得到向前差分格式，即

$$\delta_x^2 u_{i,j}^k / h_1^2 = (u_{i-1,j}^k - 2u_{i,j}^k + u_{i+1,j}^k) / h_1^2$$
$$\delta_y^2 u_{i,j}^k / h_2^2 = (u_{i,j-1}^k - 2u_{i,j}^k + u_{i,j+1}^k) / h_2^2 \tag{4-44}$$

$$\frac{1}{\tau}(u_{i,j}^{k+1} - u_{i,j}^{k+1}) = a^2(\delta_x^2 u_{i,j}^k / h_1^2 + \delta_y^2 u_{i,j}^k / h_2^2) \tag{4-45}$$

$u_{i,j}^k$ 扩展定义为第 k 层时间的函数 $u_h^k(x_1, x_2)$ 并拓展到整个 Ox_1x_2 平面上，就可将向前显格式改写为

$$u_j^{k+1}(x_1, x_2) = (1 - 2r_1 - 2r_2)u_h^k(x_1, x_2) + r_1[u_h^k(x_1 - h_1, x_2) + u_h^k(x_1 + h_1, x_2)] + r_2[u_h^k(x_1, x_2 + h_2) + u_h^k(x_1, x_2 - h_2)] \tag{4-46}$$

虽然二维抛物型问题的差分方法可由一维情形简单地推广得到，但是它也有自己的特殊性。二维显格式计算简单，但稳定性条件比一维相应情形要苛刻得多。一维显格式的稳定性条件是 $r \leqslant 1/2$，而 2 维显格式的稳定性条件则是 $r \leqslant 1/4$。类似地，n 维抛物型问题显格式的稳定条件是 $r \leqslant 1/2n$。因此，多维显格式稳定性的保持需要付出较大的计算代价。

二维隐格式的最大优点是绝对稳定，其步长的选取在实际计算过程中不受限制，具有很好的实用性。比如，二维 Crank-Nicolson 格式是一个截断误差为 $O(\tau^2 + h^2)$ 的绝对稳定格式。但值得注意的是，二维隐格式一般为五对角差分方程组，其计算量比求一维隐格式所对应的三对角差分方程组的计算量要大得多，且维数越高计算量的增加效应就越突出。因此，在高维抛物型问题的差分求解算法中，构造绝对稳定且计算量又小的差分格式一直是一项非常重要的研究课题。

2. 分裂格式算法

从二维差分格式的介绍可知，由于高维问题隐格式的计算不能采用追赶法，即使采用各种最佳迭代格式，其计算量也大大高于显格式。因此，隐格式在多维情况下并不比显格式优越，需要引进新的计算量较小而又无条件稳定的格式。本节介绍的交替方向隐格式就是这样一类绝对稳定的，且每层计算能分解成若干隐格式的差分方法。

交替方向隐格式（Alternating Direct Implicit，ADI），有时也称为分裂格式，因为通过对一个高维差分格式引进不同的中间变量，可分裂得到不同的 ADI 格式。

由一维交替显隐格式可知，不同类型的差分格式可以复合成一个复杂的差分格式。因此，将高维差分格式分解为几个可简单求解的低维，特别是一维的差分格式，可有效地降低高维差分格式的求解计算量。

类似于式（4-40），二维的 Crank-Nicolson 格式为

$$\frac{1}{\tau}(u_{i,j}^{k+1} - u_{i,j}^{k+1}) = \frac{a^2}{2h^2}[(\delta_x^2 u_{i,j}^{k+1} + \delta_y^2 u_{i,j}^{k+1}) + (\delta_x^2 u_{i,j}^k + \delta_y^2 u_{i,j}^k)] \tag{4-47}$$

式（4-47）可重写为

$$u_{i,j}^{k+1} - \frac{r}{2}\delta_x^2 u_{i,j}^{k+1} - \frac{r}{2}\delta_y^2 u_{i,j}^{k+1} = u_{i,j}^k + \frac{r}{2}\delta_x^2 u_{i,j}^k + \frac{r}{2}\delta_y^2 u_{i,j}^k \tag{4-48}$$

两边分别加上 $\frac{1}{4}r^2\delta_x^2\delta_y^2 u_{i,j}^{k+1}$ 和 $\frac{1}{4}r^2\delta_x^2\delta_y^2 u_{i,j}^k$，则有

$$\left(1-\frac{r}{2}\delta_x^2\right)\left(1-\frac{r}{2}\delta_y^2\right)u_{i,j}^{k+1}=\left(1+\frac{r}{2}\delta_x^2\right)\left(1+\frac{r}{2}\delta_y^2\right)u_{i,j}^k \tag{4-49}$$

值得注意的是，在某些差分格式中适当增添数值项，或在微分方程中适当增添某些连续项后再做差分离散，是抛物型和双曲型差分方法中常常使用的方法之一。但一定要注意，添加某些项之后，一定要保证新的差分格式对原问题的相容性，且不降低原格式的截断误差和稳定性，以便于数值计算。有关这方面的内容请参见相关专著。

式（4-49）可分解为两个简单的一维格式，其对应的分裂算法存在以下两种具体形式：

1）P-R（Peaceman-Rachfoud）格式。考虑二维热传导方程的初边值问题，取 x、y 方向的空间步长均为 $h=1/N$，时间步长为 τ。ADI 格式于 1955 年被 Peaceman-Rachfoud 首次提出，算法的主要流程为：首先，在第 k 层到第 $k+1$ 层之间引入一个过渡层，即 $(2k+1)/2$ 层；其次，从第 k 层到第 $(2k+1)/2$ 层时，过渡层的空间二阶导通过第 k 层上的二阶中心差商逼近；最后，从第 $(2k+1)/2$ 层到第 $k+1$ 层时，第 $k+1$ 层的空间二阶导数通过第 $(2k+1)/2$ 层的二阶差商逼近。因此，二维 P-R 格式的具体形式为

$$\begin{cases}\left(1-\dfrac{r}{2}\delta_x^2\right)u_{i,j}^{k+1/2}=\left(1+\dfrac{r}{2}\delta_y^2\right)u_{i,j}^k \\[2mm] \left(1-\dfrac{r}{2}\delta_y^2\right)u_{i,j}^{k+1}=\left(1+\dfrac{r}{2}\delta_x^2\right)u_{i,j}^{k+1/2}\end{cases} \tag{4-50}$$

P-R 格式消去中间变量 $u_{i,j}^{k+1/2}$ 就得式（4-45），因此 P-R 格式是截断误差为 $O(\tau^2+h^2)$ 的绝对稳定格式。

P-R 格式是分别在 x 和 y 方向交替使用一维隐、显格式的结果，每个时间层只需解两个三对角方程组，其计算量相当于二维抛物型问题 Crank-Nicolson 格式的计算量的 $1/7$。然而，P-R 格式在计算形式上无法推广到三维问题。

2）Douglas 格式。将式（4-49）变形为

$$\left(1-\frac{r}{2}\delta_x^2\right)\left(1-\frac{r}{2}\delta_y^2\right)u_{i,j}^{k+1}=\left[\left(1-\frac{r}{2}\delta_x^2\right)\left(1-\frac{r}{2}\delta_y^2\right)+r(\delta_x^2+\delta_y^2)\right]u_{i,j}^k \tag{4-51}$$

$$\left(1-\frac{r}{2}\delta_x^2\right)\left(1-\frac{r}{2}\delta_y^2\right)\frac{u_{i,j}^{k+1}-u_{i,j}^k}{\tau}=\frac{a^2}{h^2}(\delta_x^2+\delta_y^2)u_{i,j}^k \tag{4-52}$$

式（4-52）可分裂为

$$\begin{cases}\left(1-\dfrac{r}{2}\delta_x^2\right)(u_{i,j}^{k+1/2}-u_{i,j}^k)=r(\delta_x^2+\delta_y^2)u_{i,j}^k \\[2mm] \left(1-\dfrac{r}{2}\delta_y^2\right)(u_{i,j}^{k+1/2}-u_{i,j}^k)=u_{i,j}^{k+1/2}-u_{i,j}^k\end{cases} \tag{4-53}$$

整理得到 Douglas 格式：

$$\begin{cases}\left(1-\dfrac{r}{2}\delta_x^2\right)(u_{i,j}^{k+1/2}-u_{i,j}^k)=r(\delta_x^2+\delta_y^2)u_{i,j}^k \\[2mm] \dfrac{2}{\tau}(u_{i,j}^{k+1}-u_{i,j}^{k+1/2})=\dfrac{a^2}{h^2}\delta_y^2(u_{i,j}^{k+1}-u_{i,j}^k)\end{cases} \tag{4-54}$$

Douglas 格式与 P-R 格式一样，是分别在 x 和 y 方向交替使用一维隐、显格式的结果，

它的计算量、截断误差和稳定性都同于 P-R 格式，但它可以推广到三维问题。例如，对于三维抛物型问题有

$$\frac{\partial u}{\partial t} = a^2 \left(\frac{\partial^2 u}{\partial x^2} + \frac{\partial^2 u}{\partial y^2} + \frac{\partial^2 u}{\partial z^2} \right) + f(x, y, z, t) \tag{4-55}$$

与式（4-55）所示三维抛物型问题相对应的 Douglas 差分格式为

$$\begin{cases} \left(1 - \dfrac{r}{2}\delta_x^2\right)(u_{i,j,m}^{k+1/3} - u_{i,j,m}^{k}) = r(\delta_x^2 + \delta_y^2 + \delta_z^2)u_{i,j,m}^{k} + \tau f_{i,j,m}^{k+1/2} \\[2mm] \dfrac{2}{\tau}(u_{i,j,m}^{k+1/2} - u_{i,j,m}^{k+1/3}) = \dfrac{a^2}{h^2}\delta_y^2(u_{i,j,m}^{k+2/3} - u_{i,j,m}^{k}) \\[2mm] \dfrac{2}{\tau}(u_{i,j,m}^{k+1} - u_{i,j,m}^{k+2/3}) = \dfrac{a^2}{h^2}\delta_z^2(u_{i,j,m}^{k+1} - u_{i,j,m}^{k}) \end{cases} \tag{4-56}$$

此外，还可通过引入适当中间量的方法对式（4-49）进行分裂，进而得到不同的差分格式，但它们的精度、稳定性及计算特征都类似，在此就不一一罗列了。值得指出的是，对本节中介绍的抛物型方程的时间进行固定，即 $t = t_k$，则抛物型方程将退化为椭圆型方程。因此，椭圆型方程的离散化方法适用于抛物型方程的离散过程，且椭圆型方程的高效率高精度求解算法也可以应用于抛物型方程的求解。对于前述内容，本书就不详细讨论了，读者可根据需要自行拓宽应用。

4.4　双曲型方程的有限差分法

与抛物型的初值问题一样，双曲型方程的初值问题也可转化为常微分方程组的初值问题。双曲型和抛物型两类方程在解的结构形式和解的稳定性方面都存在共同之处，并且差商代替微商的方式所获得的双曲型差分方程和抛物型差分方程具有类似的形式，这两类差分方程解的结构也相同。因此，第 4.3 节关于抛物型方程稳定性定义、差分格式构造方法和判别稳定性的有关结论都适合于双曲型差分方程。本节先介绍简单的一阶线性双曲型方程差分格式的构造，然后再介绍二阶线性双曲型方程差分格式的构建。

4.4.1　一阶线性双曲型方程的差分格式

1. 一阶线性双曲型方程初值问题

首先，考虑一阶常系数线性方程的初值问题

$$\begin{cases} \dfrac{\partial u}{\partial t} + a\dfrac{\partial u}{\partial x} = 0 & x \in R, \quad t > 0 \\[2mm] u(x, 0) = \varphi(x) & x \in R \end{cases} \tag{4-57}$$

式中，a 为给定常数，这是最简单的双曲型方程，一般称其为对流方程。由于双曲型方程差分格式的性质与定解问题解析解的性质之间有着密切的关系，因此需对解析解的特性进行研究。

一般情况下，可对双曲型方程做如下的代换：

$$\begin{cases} \xi = x + at \\ \eta = x - at \end{cases} \tag{4-58}$$

将式（4-58）代入式（4-57），则可得到方程的通解形式，如下所示：

$$u(x,t)=f_1(x+at)+f_2(x-at) \tag{4-59}$$

式中，f_1、f_2 都是二次连续可微函数，其具体形式需要通过定解条件确定，且具有明确的物理意义。以式（4-57）表示的一维双曲型方程为例，如图 4-12 所示，$f_1(x+at)$ 代表一个以速度 a 沿 x 轴负方向传播的行波，称为左行波；类似地，$f_2(x-at)$ 代表一个以速度 a 沿 x 轴正方向传播的行波，称为右行波。区间 $[x-at,x+at]$ 称为点 (x,t) 的依赖区间。Oxt 平面上斜率为 $\pm 1/a$ 的两族直线 $(x\pm at)=\xi$（常数），称为一维波动的特征线。

1）迎风格式。迎风格式在双曲型方程的差分近似计算中引起了普遍的重视，衍生出了很多有效的求解算法。迎风格式的基本思想为：将双曲型方程的空间偏导数用特征线方向一侧的单边差商来代替，因此式（4-57）的迎风格式是

$$\frac{u_j^{k+1}-u_j^k}{\tau}+a\frac{u_j^k-u_{j-1}^k}{h}=0 \qquad a>0 \tag{4-60}$$

$$\frac{u_j^{k+1}-u_j^k}{\tau}+a\frac{u_{j+1}^k-u_j^k}{h}=0 \qquad a<0 \tag{4-61}$$

式（4-60）和式（4-61）的 τ、h 分别为时间步长和空间步长。

若差分格式（所用的网格点）与微分方程的特征线走向一致，且网格比满足一定条件，则差分格式是稳定的；反之，差分格式不稳定。迎风格式的节点分布形式如图 4-13 所示。

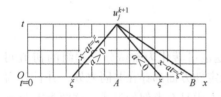

图 4-12　依赖域的关系图

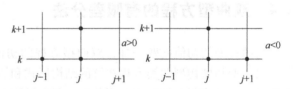

图 4-13　迎风差分格式

2）Courant-Friedrichs-Lewy 条件。先对差分格式解的依赖区域进行分析，然后从差分格式解的依赖区域和对流方程初值问题的依赖区域的关系推导出差分格式收敛的一个必要条件，这个条件被称为 Courant-Friedrichs-Lewy 条件，简称 C. F. L 或 Courant 条件。

由图 4-12 可知，$dx/dt=a$ 是特征线方向，进而可推断出：古典显格式的稳定性与特征线方向有关。观察式（4-60），u_j^{k+1} 依赖于 u_j^k 和 u_{j+1}^k，类推下去，u_j^{k+1} 的值依赖于 u_j^0，u_j^1，…，u_{j+k+1}^0 的值，区间 $[A,B]$ 称为差分解 u_j^{k+1} 的依赖区域。另外，由式（4-60）和式（4-61）知，微分方程解的依赖区域取决于 a。当 $a>0$ 时，ξ 点落在 A 点左边，差分解依赖域区域 $[A,B]$ 不包含点 ξ。若改变初值而不改变 $[A,B]$ 区间内的初始值，则由式（4-60）可知微分方程的解 $u(x_j,t_{k+1})$ 要发生变化，但式（4-61）的差分解 u_j^{k+1} 却不会发生改变，此时 u_j^{k+1} 无法收敛到 $u(x_j,t_{k+1})$。类似地，若 $a<0$，ξ 点落在 A 点右边，差分解依赖域区域 $[A,B]$ 包含点 ξ，此时式（4-61）的 u_j^{k+1} 可收敛到 $u(x_j,t_{k+1})$，这正好是式（4-61）的稳定性条件。由 Lax 等价定理可知，古典格式（4-61）的解 u_j^{k+1} 收敛到微分方程式（4-57）的解 $u(x_j,t_{k+1})$。

因此，差分解的依赖域包含微分方程解的依赖域是差分解收敛及差分格式稳定的必要条件。当然，不符合 C. F. L 条件的差分解是不收敛的，其相应的差分格式也是不稳定的。虽

然 C. F. L 条件不是差分解收敛（稳定）的充分条件，但它给人们指出了设计差分格式的基本注意事项。另外，读者应该注意到，若差分格式满足稳定的充分条件，则可推知该格式一定满足 C. F. L 条件。

2. 一阶线性双曲型方程初边值问题

考虑下面的一阶常系数线性方程的初边值问题

$$\begin{cases} \dfrac{\partial u}{\partial t} + a \dfrac{\partial u}{\partial x} = 0 & 0 < t \leqslant T, \quad 0 \leqslant x < \infty \\ u(x,0) = \varphi(x) & 0 \leqslant x < \infty \\ u(0,t) = \psi(t) & 0 \leqslant t \leqslant T \end{cases} \tag{4-62}$$

式中，a 假定为给定正常数，方程的特征线的斜率为正，其与 x 轴正向的夹角为锐角，故只能在 x 的变化区域的左边界上给出边界条件。假若 $a<0$，特征线与 x 轴正向的夹角为钝角，只能在 x 的变化区域的右边界上给出边界条件，否则将导致定解问题的不确定。

1）最简单的隐格式。使用向后差商代替式（4-62）中各项对时间的偏导数，可得

$$\frac{u_j^{k+1} - u_j^k}{\tau} + a \frac{u_j^{k+1} - u_{j-1}^{k+1}}{h} = 0, \qquad k = 0,1,2,\cdots; \quad j = 1,2,\cdots \tag{4-63}$$

令 $r = \dfrac{a\tau}{h}$，则式（4-63）可改写为

$$u_j^{k+1} = \frac{r}{1+r} u_{j-1}^{k+1} + \frac{r}{1+r} u_j^k \tag{4-64}$$

初边值条件可写为

$$u_j^0 = \varphi_j, u_0^k = \varphi^k, j = 1,2,\cdots; k = 1,2,\cdots \tag{4-65}$$

根据式（4-64）和式（4-65）可计算出区域内所有网格节点上的函数近似值，并且由于左边界上的 u_0^{k+1} 已知，可直接计算出 u_1^{k+1}、u_2^{k+1}，而无需进行方程组求解，所求结果的截断误差为 $O(\tau+h)$。

2）Wendroff 格式。将迎风格式（4-60）和式（4-63）做加权平均，可得

$$\frac{u_j^{k+1} - u_j^k}{\tau} + \frac{a}{h} \left[\theta (u_j^{k+1} - u_{j-1}^{k+1}) + (1-\theta)(u_j^k - u_{j-1}^k) \right] = 0 \tag{4-66}$$

一般地，式（4-66）所示的差分格式的截断误差仍为 $O(\tau+h)$。为了得到更高精度的格式，对式（4-66）进行 Taylor 展开，当 $\theta = 1/2 - 1/2r$ 时式（4-66）的截断误差提高为二阶，即 $O(\tau^2+h^2)$。此时，差分格式又被称为 Wendroff 格式，如下所示：

$$u_j^{k+1} = u_{j-1}^k + \frac{1-r}{1+r} (u_j^k - u_{j-1}^{k+1}) \tag{4-67}$$

由于左边界条件已知，上述格式实际上也是显式的。可以证明，Wendroff 是绝对稳定的。

4.4.2　二阶线性双曲型方程的差分格式

1. 波动方程及其特征

最简单的二阶线性双曲型偏微分方程是一维波动方程，如下所示：

$$\frac{\partial^2 u}{\partial t^2} = a^2 \frac{\partial^2 u}{\partial x^2} \tag{4-68}$$

式中，$a>0$ 是常数。根据二阶偏微分方程理论，与式（4-68）相对应的特征方程为 $\mathrm{d}x^2 - a^2\mathrm{d}t^2 = 0$，利用特征方向 $\mathrm{d}x/\mathrm{d}t = \pm a$，即可求得两族特征线如下：

$$x - at = \xi_1$$
$$x + at = \xi_2 \tag{4-69}$$

在求解波动方程定解问题时，特征线起着重要作用，若用 u 沿特征线的偏导数表示它沿 x，t 的偏导数，则可得

$$\frac{\partial^2 u}{\partial t^2} = a^2 \left(\frac{\partial^2 u}{\partial \xi_1^2} - 2 \frac{\partial^2 u}{\partial \xi_1 \partial \xi_2} + \frac{\partial^2 u}{\partial \xi_2^2} \right)$$

$$\frac{\partial^2 u}{\partial x^2} = \frac{\partial^2 u}{\partial \xi_1^2} + 2 \frac{\partial^2 u}{\partial \xi_1 \partial \xi_2} + \frac{\partial^2 u}{\partial \xi_2^2} \tag{4-70}$$

于是，方程式（4-68）可简化为

$$\frac{\partial^2 u}{\partial \xi_1 \partial \xi_2} = 0 \tag{4-71}$$

从而可得到式（4-68）的通解，如下所示：

$$u(x,t) = f_1(\xi_1) + f_2(\xi_2) = f_1(x-at) + f_2(x+at) \tag{4-72}$$

假定 u 在 x 轴的初值为

$$u(x,0) = \varphi_0(x), u_t(x,0) = \varphi_1(x), -\infty < x < \infty \tag{4-73}$$

则式（4-68）的相应形式为

$$u(x,t) = \frac{1}{2} \left[\varphi_0(x+at) + \varphi_0(x-at) \right] + \frac{1}{2a} \int_{x-at}^{x+at} \varphi_1(\xi) \mathrm{d}\xi \tag{4-74}$$

上述公式即是 d'Alembert（达朗贝尔）公式。

由式（4-74）可知，解 u 在点 $(x_0, t_0)(t_0>0)$ 的值仅依赖于初始函数 $\varphi_0(x)$、$\varphi_1(x)$ 在区间 $[x_0 - at_0, x_0 + at_0]$ 上的值，与区间外的值无关，因此称区间 $[x_0 - at_0, x_0 + at_0]$ 为点 (x_0, t_0) 的依存域。实际上，区间 $[x_0 - at_0, x_0 + at_0]$ 上的初值不只确定 $u(x_0, t_0)$，而且确定了以 $(x_0 - at, 0)$、$(x_0 + at, 0)$、(x_0, t_0) 为顶点的三角形域的 u 值，三角形区域被称为区间 $[x_0 - at_0, x_0 + at_0]$ 的决定域，如图 4-14a 所示。

从式（4-74）还可以看出，过 x 轴上点 $(x_0, 0)$ 的特征线所形成的角形域，为点 $(x_0, 0)$ 的影响域，如图 4-14b 所示。

2. 二阶方程的差分格式

1）显格式。现对式（4-68）所示的二阶线性双曲型方程的差分格式进行构造，空间步长和时间步长分别取为 h 和 t，并使用两族平行线对求解域进行离散。类似于抛物型方程的直接差分格式，二阶线性双曲型方程的显格式为

$$\frac{1}{\tau^2}(u_j^{k+1} - 2u_j^k + u_j^{k-1}) = \frac{a^2}{h^2}(u_{j-1}^k - 2u_j^k + u_{j+1}^k) \tag{4-75}$$

式（4-75）是一个截断误差为 $O(\tau^2 + h^2)$ 的三层显格式。

2）隐格式。为了得到绝对稳定的差分格式，可使用第 $k-1$ 层、k 层、$k+1$ 层的中心差

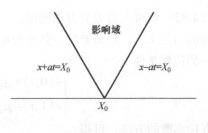

a) 区间$[x_0-at_0,x_0+at_0]$的决定域　　　　b) 点$(x_0,0)$的影响域

图 4-14　波动方程解的传播图

商的加权平均去逼近$\partial^2 u/\partial x^2$，得到隐格式的差分格式，其具体形式为

$$\frac{1}{\tau^2}(u_j^{k+1}-2u_j^k+u_j^{k-1})=\frac{a^2}{h^2}[\theta(u_{j-1}^{k+1}-2u_j^{k+1}+u_{j+1}^{k+1})+(1-2\theta)(u_{j-1}^k-2u_j^k+u_{j+1}^k)+$$
$$\theta(u_{j-1}^{k-1}-2u_j^{k-1}+u_{j+1}^{k-1})] \tag{4-76}$$

式中，θ 为 0 到 1 变化的参数，实际计算过程中一般取为 0.25。

3. 定解条件的处理

在完成式（4-68）波动方程显格式或隐格式构造之后，还需进行边界条件的处理，且必须联立微分方程的离散方程和边界条件的离散方程方可进行差分方程的求解。此外，上述两类离散方程的截断误差需要彼此匹配，否则会影响差分求解结果的精度。

若初始条件为

$$\begin{cases} u(x,0)=\varphi(x) \\ u_t(x,0)=\psi(x),x\in(-\infty,+\infty) \end{cases} \tag{4-77}$$

基于式（4-77），第一个边界条件的离散形式为

$$u(x_j,0)=u_j^0=\varphi(x_j) \tag{4-78}$$

式（4-78）的边界离散形式可适合于各种精度的差分格式，但第二个边界条件的离散方程 $(u_j^1-u_j^0)/\tau=\psi(x_j)$ 只适用于精度为 $O(\tau)$ 的差分格式。如果方程离散的方式采用式（4-75）的显格式，则第二个边界条件需要用具有二阶精度的离散方程，可取为

$$(u_j^1-u_j^{-1})/2\tau=\psi(x_j) \tag{4-79}$$

虽然微分方程和边界离散方程的截断误差之间相匹配了，但必须从式（4-79）中消去 u_j^{-1}。为此，在式（4-75）中令 $k=0$，则可得

$$u_j^1=r^2(u_{j+1}^0+u_{j-1}^0)+2(1-r^2)u_j^0-u_j^{-1} \tag{4-80}$$

联立式（4-79）和式（4-80）可消去 u_j^{-1}，得

$$u_j^1=\frac{r^2}{2}[\varphi(x_{j+1})+\varphi(x_{j-1})]+(1-r^2)\varphi(x_j)+\tau\psi(x_j) \tag{4-81}$$

在显格式计算初值问题时，其截断误差匹配的差分方程为

$$\begin{cases} u_j^{k+1}=r^2(u_{j+1}^k+u_{j-1}^k)+2(1-r^2)u_j^k-u_j^{k-1} \\ u_j^1=\frac{r^2}{2}[\varphi(x_{j+1})+\varphi(x_{j-1})]+(1-r^2)\varphi(x_j)+\tau\psi(x_j) \\ u_j^0=\varphi(x),j=\pm1,\pm2,\cdots;\quad k=1,2,\cdots \end{cases} \tag{4-82}$$

根据式（4-82）就可求得差分方程的解。

对于初边值问题来说，除需要统一处理初始条件之外，还需要处理好边值条件。

对于第一类边界条件

$$\begin{cases} u(0,t)=\mu_1(t) \\ u(1,t)=\mu_2(t),t>0 \end{cases} \tag{4-83}$$

若采用直接离散的方法，可得

$$\begin{cases} \mu_1^k=\mu_1(t_k)=u_0^k \\ \mu_2^k=\mu_2(t_k)=u_N^k,k=1,2,\cdots \end{cases} \tag{4-84}$$

对于第二类边界条件

$$\begin{cases} u(0,t)=\bar{\mu}_1(t) \\ u(1,t)=\bar{\mu}_2(t),t>0 \end{cases} \tag{4-85}$$

若采用直接离散的方法，可得

$$\begin{cases} \mu_1^k-u_0^k=h\bar{\mu}_1(t_k) \\ \mu_N^k-u_N^k=h\bar{\mu}_2(t_k), \quad k=1,2,\cdots \end{cases} \tag{4-86}$$

对于第三类边界条件

$$\begin{cases} u\left(\alpha_1 u+\dfrac{\partial u}{\partial x}\right)\bigg|_{x=0}=\tilde{\mu}_1(t) \\ u\left(\alpha_2 u+\dfrac{\partial u}{\partial x}\right)\bigg|_{x=1}=\tilde{\mu}_2(t),t>0 \end{cases} \tag{4-87}$$

若对式（4-87）分别采用向前差商、向后差商的方式进行一阶偏导数的近似，可得

$$\begin{cases} \mu_1^k-u_0^k+\alpha_1(t_k)hu_0^k=h\tilde{\mu}_1(t_k) \\ \mu_N^k-u_{N-1}^k+\alpha_2(t_k)hu_N^k=h\tilde{\mu}_2(t_k), \quad k=1,2,\cdots \end{cases} \tag{4-88}$$

如果继续使用式（4-75）的显格式来计算二阶线性双曲型初边值问题，则需要对式（4-75）和已处理好的定解条件所组成的方程组进行联立求解。当然，该求解过程中仍存在着截断误差匹配的问题。由于上述第二、三类边界条件的离散形式都只有 $O(h)$ 的精度。为了与显格式的截断误差相匹配，仍需要仿照处理初始条件的办法，重新处理第二、三类边界条件。

对于二阶线性双曲型方程的初边值问题，有了内点的差分格式，再加上初始条件和边界条件的离散格式，就完全可以求出其数值解了。

参 考 文 献

[1] 徐长发，李红. 实用偏微分方程数值解法 [M]. 武汉：华中科技大学出版社，2005.

[2] 李瑞遐，何志庆. 微分方程数值方法 [M]. 上海：华东理工大学出版社，2005.

[3] 陆金甫，关治. 微分方程数值方法 [M]. 2版. 北京：清华大学出版社，2004.

[4] 余德浩，汤华中. 微分方程数值方法 [M]. 北京：科学出版社，2003.

[5] 李荣华，冯果忱. 微分方程数值方法 [M]. 北京：高等教育出版社，1995.

"两弹一星"功勋
科学家：孙家栋

第5章 结构静力学有限元法

有限元法是 20 世纪 50 年代为解决固体力学问题而出现的一种数值方法，最初用于航空航天领域的结构强度、刚度计算。随着研究的深入，以及数值方法、矩阵理论的研究进展，特别是计算机技术的快速发展，进一步推动了有限元法的广泛应用。

有限元法主要用于求解以数学偏微分方程表达的连续域边（初）值问题，这种方法假设将整个分析域分成许多子域（单元），并假设每个单元上未知场变量的变化状态，通过单元节点或交接处的某些点与其他单元协调，从而确定整个分析域的近似解。在求解工程领域边（初）值问题的近似解方面，与其他数值方法的主要区别在于，有限元法只是在一个具有简单形状的单元上构建近似函数，而不必事前满足复杂边界条件。

从历史上看，有限元法公式的建立有以下四种途径：①直接法，它来源于结构力学刚度矩阵法；②变分法，它是根据不同的变分原理，将其泛函在定义域上进行离散，然后对待定场函数进行变分求解，此方法应用广泛可用于处理复杂工程问题；③加权余量法，主要是利用伽辽金法确定单元特性矩阵，进而建立有限元求解方程，可处理已知微分方程及边界条件但变分泛函不存在的问题；④能量平衡法，该方法和伽辽金法一样，不需要提前获知分析域的泛函。后两种方法扩大了有限元法的应用范围。

本章将介绍根据基本变分原理所建立的单物理场有限元法的单元类型。实际上，依据广义变分原理可以推导出许多不同类型的高性能多物理场变量的有限单元，它们代表了有限元学科的发展方向，并具有广阔与重要的应用前景。受限于篇幅，本章在此就不做介绍了，读者可参阅相关专著[1]。

5.1 基于最小势能原理建立的有限元

本节介绍基于最小势能原理建立有限元公式的过程。最小势能原理以位移为唯一未知量，产生的单元称为位移元，这种单元是目前应用最为广泛的一种单元类型，几乎所有的大型有限元程序都是以这种单元为基本单元，只有在板壳等问题中采用其他类型单元。

5.1.1 基于最小势能原理建立有限元的过程

如图 5-1a 所示的结构工程问题，采用前述变分原理或加权余量法进行求解时，需要在整个求解域内假定一个位移场函数 u。由于问题的复杂性，问题不易求解。现在设想将整个定义域离散为 n_e 个单元，如图 5-1b 所示。设 V_e 是第 e 个单元求解域的体积；$\varGamma_{\sigma_e}$ 为第 e 个单元的已知外力边界；$\varGamma_{u_e}$ 为第 e 个单元的已知位移边界；$\varGamma_{ab}$ 为第 e 个单元和周围其他单元的相邻边界。注意，单元间交界面是由求解域离散过程所导致的。

对于第 e 个单元，其边界可以表示为

$$\Gamma_e = \Gamma_{\sigma_e} \cup \Gamma_{u_e} \cup \Gamma_{ab}$$

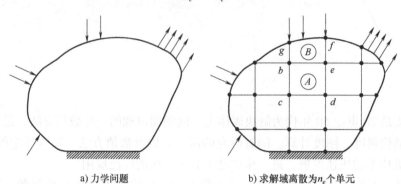

a) 力学问题　　　　　b) 求解域离散为 n_e 个单元

图 5-1　求解域离散化为有限元

当求解域 V 被离散为 n_e 个单元时，其总势能为各单元势能之和，即

$$\Pi_p = \sum_{e=1}^{n_e} \left\{ \int_{V_e} \left[\frac{1}{2} \{\varepsilon\}^{\mathrm{T}} [D] \{\varepsilon\} \right] \mathrm{d}V - \int_{V_e} \{f\} \{u\} \mathrm{d}V - \int_{S_{\sigma_e}} \{\overline{p}\} \{u\} \mathrm{d}S \right\} \tag{5-1}$$

约束条件为

$$u = \overline{u} \tag{5-2}$$

$$u^{(a)} = u^{(b)} \tag{5-3}$$

后一组约束条件产生的原因，是由于在计算势能泛函时，要求域 V 上任意的位移 u 均可计算得到 Π_p，这就要求 u 在域 V 上连续，并且应变 $\{\varepsilon\}$ 有界。当求解域离散为多个单元时，并在各子域上选择局部场函数 u，则要求 u 不仅在单元内连续，而且还在两相邻单元的交界面上也连续，因而产生了约束条件式（5-3）。这个条件也被称为协调条件，满足协调条件的有限元单元被称为协调单元。

在 Π_p 中，只有位移 u 作为未知物理场变量，可采用单元的节点位移构建近似位移场，单元内任一点的位移 u 均可由单元边界上的节点位移 $\{\delta\}^e$ 插值得到

$$\{u\} = [N] \{\delta\}^e \tag{5-4}$$

根据第 2 章中介绍的弹性力学问题基本方程，该点的应变为

$$\{\varepsilon\} = [\Delta] \{u\} = [\Delta][N] \{\delta\}^e = [B] \{\delta\}^e \tag{5-5}$$

式（5-4）中 $[N]$ 称为形函数，式（5-5）中矩阵 $[\Delta]$ 为第 2 章中介绍过的微分算子，$[B]$ 称为几何矩阵或应变矩阵。

将式（5-4）和式（5-5）代入式（5-1），得到离散形式的总势能

$$\Pi_p = \sum_{e=1}^{n_e} \left\{ \int_{V_e} \left[\frac{1}{2} \{\varepsilon\}^{\mathrm{T}} [D] \{\varepsilon\} \right] \mathrm{d}V - \int_{V_e} \{f\} \{u\} \mathrm{d}V - \int_{S_{\sigma_e}} \{\overline{p}\} \{u\} \mathrm{d}S \right\}$$

$$= \sum_{e=1}^{n_e} \left\{ \int_{V_e} \left[\frac{1}{2} ([B]\{\delta\}^e)^{\mathrm{T}} [D] ([B]\{\delta\}^e) \right] \mathrm{d}V - \int_{V_e} \{f\} ([N]\{\delta\}^e)^{\mathrm{T}} \mathrm{d}V - \int_{S_{\sigma_e}} \{\overline{p}\} ([N]\{\delta\}^e)^{\mathrm{T}} \mathrm{d}S \right\}$$

$$= \sum_{e=1}^{n_e} \left\{ \frac{1}{2} (\{\delta\}^e)^{\mathrm{T}} \left(\int_{V_e} [B]^{\mathrm{T}} [D] [B] \mathrm{d}V \right) \{\delta\}^e - \left(\int_{V_e} \{f\} ([N])^{\mathrm{T}} \mathrm{d}V + \int_{S_{\sigma_e}} \{\overline{p}\} ([N])^{\mathrm{T}} \mathrm{d}S \right) (\{\delta\}^e)^{\mathrm{T}} \right\}$$

$$= \sum_{e=1}^{n_e} \left[\frac{1}{2} (\{\delta\}^e)^{\mathrm{T}} [k]^e \{\delta\}^e - (\{\delta\}^e)^{\mathrm{T}} \{R\}^e \right]$$

$$= \frac{1}{2} (\{\delta\}^e)^{\mathrm{T}} [K] \{\delta\}^e - (\{\delta\}^e)^{\mathrm{T}} \{R\} \tag{5-6}$$

式中，$[K]$ 为整体刚度矩阵，$\{R\}$ 为总的节点载荷矩阵，其具体形式如下：

$$[K] = \sum_{e=1}^{n_e} [k]^e = \sum_{e=1}^{n_e} \int_{V_n} [B]^{\mathrm{T}} [D] [B] \,\mathrm{d}V \tag{5-7}$$

$$\{R\} = \sum_{e=1}^{n_e} \left(\int_{V_e} [N]_q^{\mathrm{T}} \{f\} \,\mathrm{d}V + \int_{S_e} [N]_q^{\mathrm{T}} \{\overline{p}\} \,\mathrm{d}S \right) \tag{5-8}$$

在式（5-8）中，第一项为体积力等效到节点上的等效载荷，第二项为表面力等效到节点上的载荷。

根据最小势能原理，即 $\delta\Pi_{\mathrm{p}} = 0$，可得结构静力学的有限元求解方程为

$$[K]\{\delta\} = \{R\} \tag{5-9}$$

根据已知位移边界条件式（5-2），由式（5-9）解得节点位移 $\{\delta\}$，进而可以通过式（5-4）求出单元内任意点的位移 u，而后根据式（5-5）求出其相应的应变 ε，最终应用应力-应变矩阵求出应力 σ。

此处介绍以位移为未知量的有限元法求解问题的基本原理和大致过程，观察式（5-7）、式（5-8）和式（5-9），可以看出有限元法的关键是：求解域离散之后，人为给定一个合适的单元形函数 N，有了形函数矩阵 $[N]$，就可求出整体刚度矩阵 $[K]$ 和载荷矩阵 $\{R\}$，代入式（5-9），问题就可进行求解。

实际上，用有限元法分析问题时，不管采用什么样的具体方法，分析什么样的具体问题，其步骤大致都是相同的。此处以位移场求解问题为例，将有限元法的基本步骤归纳如下：

1）求解区域离散化。有限元法的基础是用有限自由度数目的单元集合体代替原来具有无限自由度数目的连续体，因而必须将连续体简化为由有限单元所组成的离散体，它将无限自由度的求解问题转化为有限节点位移的求解。

2）连续函数离散化。这一步是人为给定单元的形函数 N，是有限元法的关键，其实质是使用单元的节点位移和形函数进行每个单元内局部连续的近似位移插值函数的构建，用以代替整个求解域内连续位移函数 u。这样，从数学意义上讲，就是把连续的偏微分方程近似地转化为离散的代数方程组。

3）单元属性分析，求出单元刚度矩阵。这一步实质上就是计算单元的刚度矩阵 $[k]^e$，为求得整体刚度矩阵做准备。实际上，在每个单元上，单元刚度矩阵表征了单元节点位移与单元节点力之间的关系，其具体形式与式（5-9）类似。

4）整体特性分析，求出整体刚度矩阵。集合单元刚度矩阵，叠加生成整体刚度矩阵 $[K]$。

5）边界条件离散化。作用在边界上的定解条件，需要通过等效移置的方式，全部转移到边界单元的相应节点上。外界力载荷包括集中力载荷、表面力载荷和体积力载荷三种类型，在式（5-6）和式（5-8）中未考虑集中力的情况。在有限元计算时，需要将三种载荷移置到相关的节点上，成为等效节点力，构成载荷向量 $\{R\}$。类似地，位移边界条件也需要

等效到相应节点上,方程式(5-9)才能得以求解。

6)有限元方程求解。求解有限元总体方程式(5-9),得到节点位移。

7)由单元的节点位移计算单元的应变和应力。

这样,就完成了问题的求解。

5.1.2 以单元节点位移为未知量的有限元模型构建

本节以一个简单的平面应变问题为例,详细介绍一下基于最小势能原理实现有限元计算的步骤。

1. 求解域的离散化

对于平面问题,最简单也是最常用的单元是三角形单元。因平面问题的变形主要为平面变形,故平面上所有的节点都可视为平面铰链,即每个节点有两个自由度。单元与单元在节点处用铰链相连,作用在连续体上的荷载也移置到节点上,成为节点荷载。如节点位移的某一分量可以忽略不计,就可在该节点上安置一个铰链支座或相应的连杆支座,如图5-2所示。

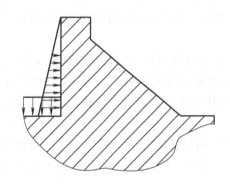
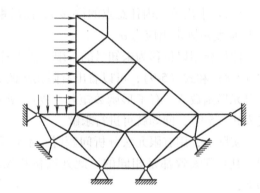

图5-2 平面求解域的离散化(添加载荷的离散化示意图)

2. 近似函数的构造

近似函数的构造过程,其实就是求解域内连续场函数的离散化过程,实质上就是用单元内的局部近似场函数来代替整个求解域的连续场函数。

(1)单元位移函数的构造 在不失一般性的原则下,从图5-2中离散后的组合体中任取一个单元,设其编号为 e,按逆时针方向记三个节点的编号为 i, j, m。如图5-3所示在单元坐标系 Oxy 中,单元节点坐标分别为 (x_i, y_i)、(x_j, y_j)、(x_m, y_m),单元三个节点的六个位移分量用阵列表示为

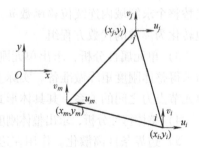

图5-3 三角形三节点单元

$$\{\delta\}^e = [\,u_i \quad v_i \quad u_j \quad v_j \quad u_m \quad v_m\,]^T \qquad (5\text{-}10)$$

有限元法的基本原理是分块近似,即将弹性体划分成若干细小网格。在每一个单元范围内,内部各点的位移变化情况可近似地使用简单函数来描述。对每个单元,可以假定一个简单函数,用它近似

表示该单元内任意一点的位移，该函数被称为位移函数或位移模式。

前述已介绍过，若给定三角形单元的形函数 N，则可结合单元边界上的节点位移 $\{\delta\}^e$ 通过式（5-4）插值得到三角形单元内任一点的位移 u。接下来，将通过三角形单元形函数来总结出有限元单元形函数的给定规律，进而介绍形函数 N 需满足的基本条件。

由于多项式形式的插值函数可便于建立和计算有限元方程，具有简单的积分和微分运算，并且增加多项式的阶次可以改善计算结果的精度，因此有限元通常采用多项式形式的位移函数。

对于平面问题，单元位移函数可以用多项式表示

$$\begin{cases} u = a_1 + a_2 x + a_3 y + a_4 x^2 + a_5 xy + a_6 y^2 + \cdots \\ v = b_1 + b_2 x + b_3 y + b_4 x^2 + b_5 xy + b_6 y^2 + \cdots \end{cases} \tag{5-11}$$

多项式中包含的项数越多，就越接近实际的位移分布，其近似精度越高。但单元位移函数所选取多少项数，受单元型式的限制。

六个节点位移分量只能确定多项式的六个系数，所以平面问题的三节点三角形单元的位移函数如下：

$$\begin{cases} u = a_1 + a_2 x + a_3 y \\ v = b_1 + b_2 x + b_3 y \end{cases} \tag{5-12}$$

式中，a_1，a_2，a_3，b_1，b_2，b_3 是待定系数，或称为广义坐标，可据节点 i，j，m 的位移值和坐标值求出。该位移函数将单元内部任一点的位移设定为坐标的线性函数。

所设的函数在节点上的值，自然是节点的位移分量。将节点坐标代入位移表达式，得到

$$\begin{cases} u_i = a_1 + a_2 x_i + a_3 y_i \\ u_j = a_1 + a_2 x_j + a_3 y_j \\ u_m = a_1 + a_2 x_m + a_3 y_m \end{cases} \tag{5-13a}$$

$$\begin{cases} v_i = b_1 + b_2 x_i + b_3 y_i \\ v_j = b_1 + b_2 x_j + b_3 y_j \\ v_m = b_1 + b_2 x_m + b_3 y_m \end{cases} \tag{5-13b}$$

联立式（5-13a），可得到 a_1，a_2，a_3：

$$a_1 = \frac{1}{2\Delta} \begin{vmatrix} u_i & x_i & y_i \\ u_j & x_j & y_j \\ u_m & x_m & y_m \end{vmatrix} = \frac{1}{2\Delta}(a_i u_i + a_j u_j + a_m u_m) \tag{5-14a}$$

$$a_2 = \frac{1}{2\Delta} \begin{vmatrix} 1 & u_i & y_i \\ 1 & u_j & y_j \\ 1 & u_m & y_m \end{vmatrix} = \frac{1}{2\Delta}(b_i u_i + b_j u_j + b_m u_m) \tag{5-14b}$$

$$a_3 = \frac{1}{2\Delta} \begin{vmatrix} 1 & x_i & y_i \\ 1 & x_j & y_j \\ 1 & x_m & y_m \end{vmatrix} = \frac{1}{2\Delta}(c_i u_i + c_j u_j + c_m u_m) \tag{5-14c}$$

式中，

$$a_i = \begin{vmatrix} x_j & y_j \\ x_m & y_m \end{vmatrix} = x_j y_m - x_m y_j, \qquad (i,j,m) \tag{5-15a}$$

$$b_i = -\begin{vmatrix} 1 & y_j \\ 1 & y_m \end{vmatrix} = y_j - y_m, \qquad (i,j,m) \tag{5-15b}$$

$$c_i = \begin{vmatrix} 1 & x_j \\ 1 & x_m \end{vmatrix} = x_m - x_j, \qquad (i,j,m) \tag{5-15c}$$

$$\Delta = \frac{1}{2} \begin{vmatrix} 1 & x_i & y_i \\ 1 & x_j & y_j \\ 1 & x_m & y_m \end{vmatrix} = \frac{(x_i y_j + x_j y_m + x_m y_i - x_i y_m - x_j y_i - x_m y_j)}{2} \tag{5-16}$$

式中，Δ 即为三角形的面积，为了保证面积非负，节点的编号必须为逆时针方向。式 (5-15) 中的记号 (i,j,m) 表示每个公式具体形式有三种，其余两个公式由 i，j，m 轮换得来，若无特殊说明本章内容均采用这种表达方式。

将 a_1，a_2，a_3 代入到位移表达式 (5-12)，可得

$$u = N_i u_i + N_j u_j + N_m u_m \tag{5-17}$$

式中，

$$N_i = (a_i + b_i x + c_i y)/(2\Delta), \qquad (i,j,m)$$

同理可得

$$v = N_i v_i + N_j v_j + N_m v_m \tag{5-18}$$

位移式 (5-17) 和式 (5-18) 的矩阵形式如下

$$\{u\} = \begin{Bmatrix} u \\ v \end{Bmatrix} = \begin{bmatrix} N_i & 0 & N_j & 0 & N_m & 0 \\ 0 & N_i & 0 & N_j & 0 & N_m \end{bmatrix} \begin{Bmatrix} u_i \\ v_i \\ u_j \\ v_j \\ u_m \\ v_m \end{Bmatrix}$$

$$= [N_i \mathbf{I} \quad N_j \mathbf{I} \quad N_m \mathbf{I}] \{\delta\}^e$$
$$= [N] \{\delta\}^e \tag{5-19}$$

式中，$[\mathbf{I}]$ 是单位矩阵，$[N_i]$ 为形函数矩阵，N_i，N_j，N_m 只与单元节点坐标有关，被称为单元的形函数，它在有限元分析中起着重要的作用。

形函数的特点及性质：

1）形函数 N_i 为 x、y 坐标的函数，与位移函数有相同的阶次。

2）形函数 N_i 在 i 节点处的值等于 1，而在其他节点上的值为 0。

即

$$N_i(x_i,y_i) = 1 \quad N_i(x_j,y_j) = 0 \quad N_i(x_m,y_m) = 0$$
$$N_j(x_i,y_i) = 0 \quad N_j(x_j,y_j) = 1 \quad N_j(x_m,y_m) = 0$$
$$N_m(x_i,y_i) = 0 \quad N_m(x_j,y_j) = 0 \quad N_m(x_m,y_m) = 1$$

3）单元内任一点的三个形函数之和恒等于 1，即

$$N_i(x,y)+N_j(x,y)+N_m(x,y)=1$$

4）形函数的值在 0~1 间变化。

图 5-4a 所示为三角形单元的形函数图，图 5-4b 所示为形函数插值得到的近似位移场。

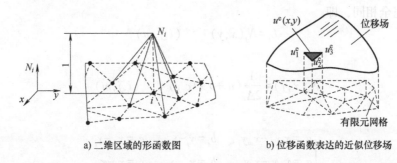

a) 二维区域的形函数图　　　　　　b) 位移函数表达的近似位移场

图 5-4　形函数及位移图

除了多项式形式，单元近似场函数的插值形式也可采用三角形的面积坐标形式，快速给出三角形单元的近似场函数的插值形式。

如图 5-5 所示，将三角形 ijm 记为 e，设 $P(x,y)$ 是 e 内任意一点，点 P 分别与节点 i，j，m 相连，将会把三角形的面积 Δ_e 分为三个更小的面积 Δ_i，Δ_j 和 Δ_m。

将点 P 沿单元的 im 边从内部的位置移动到点 Q。在这个过程中，面积 Δ_i 的值变为零；如果将点 P 移至节点 i，则会将 Δ_i 的面积扩展为单元的整个面积 Δ_e。从观察的结果来看，我们可以定义一个自然坐标 $L_i=\Delta_i/\Delta_e$，它的取值范围为从 0 到 1。类似地，将点 P 沿 mi 边从内部移至点 M，将会使 $\Delta_j=0$；将点 P 移至与 j 点重合，则将 Δ_j 扩展为单元的整个面积 A。我们可以定义另一个自然坐标 $L_j=\Delta_j/\Delta_e$，它的取值范围为从 0 到 1。一般地，对于三角形单元，自然坐标定义为

$$L_i=\Delta_i/\Delta_e,\quad i=1,2,3 \tag{5-20}$$

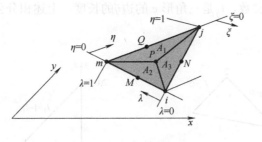

图 5-5　三角形面积坐标

由三角形的面积公式得

$$\Delta_e=\frac{1}{2}\begin{vmatrix}1 & x_i & y_i\\ 1 & x_j & y_j\\ 1 & x_m & y_m\end{vmatrix},\qquad \Delta_i=\frac{1}{2}\begin{vmatrix}1 & x & y\\ 1 & x_j & y_j\\ 1 & x_m & y_m\end{vmatrix},$$

$$\Delta_j = \frac{1}{2} \begin{vmatrix} 1 & x & y \\ 1 & x_m & y_m \\ 1 & x_i & y_i \end{vmatrix}, \qquad \Delta_m = \frac{1}{2} \begin{vmatrix} 1 & x & y \\ 1 & x_i & y_i \\ 1 & x_j & y_j \end{vmatrix}$$

把上面后三个行列式按第一行展开并代入式（5-20），可以看到三角形自然坐标与形函数 $N_i(x,y)$ 完全相同，即

$$L_i = N_i(x,y) \qquad (i,j,m)$$

其中

$$N_i(x,y) = \frac{1}{2\Delta_i}(a_i + b_i x + c_i y) \qquad (i,j,m)$$

式中，

$$\begin{cases} a_i = x_j y_m - x_m y_j, & b_i = y_j - y_m, & c_i = x_m - x_j \\ a_j = x_m y_i - x_i y_m, & b_j = y_m - y_i, & c_j = x_i - x_m \\ a_m = x_i y_j - x_j y_i, & b_m = y_i - y_j, & c_m = x_j - x_i \end{cases}$$

从中可以看出，(x,y) 与 (L_i, L_j, L_m) 是一一对应的，可以用 (L_i, L_j, L_m) 作为坐标表示三角形 e 上的点 (x,y)，并称 (L_i, L_j, L_m) 为点 (x,y) 的面积坐标，如图 5-6a 所示。

由于 (L_i, L_j, L_m) 中只有两个是独立的，如果规定 L_j、L_m 是独立变量，则

$$L_i = 1 - L_j - L_m$$

任何一个三角形在面积坐标中均成为图 5-6b 所示的正规三角形，这极大地方便了多项式的积分计算。有限元法的三角形单元常用的两个积分公式如下所示。

$$\iint_e L_1^\alpha L_2^\beta L_3^\gamma \mathrm{d}x\mathrm{d}y = \frac{\alpha!\beta!\gamma!}{(\alpha+\beta+\lambda+2)!} 2\Delta_e \tag{5-21}$$

$$\int_{\overline{ij}} L_i^\alpha L_j^\beta \mathrm{d}s = \frac{\alpha!\beta!}{(m+n+1)!} l_{ij} \tag{5-22}$$

式中，α、β、γ 是非负整数，l_{ij} 是三角形 e 的边 $\overline{ij}$ 的长度。上述积分公式推导过程在此处就不加以赘述了。

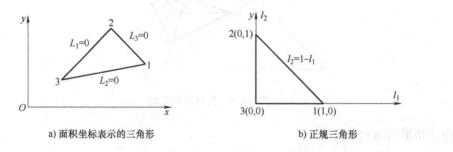

a) 面积坐标表示的三角形   b) 正规三角形

图 5-6 面积坐标与直角坐标变换图

（2）单元应变和应力 在单元的位移函数确定之后，就可以根据弹性力学几何方程和物理方程求得单元应力和应变。

$$\{\varepsilon\} = \begin{Bmatrix} \varepsilon_x \\ \varepsilon_y \\ \gamma_{xy} \end{Bmatrix} = \begin{Bmatrix} \dfrac{\partial u}{\partial x} \\ \dfrac{\partial v}{\partial y} \\ \dfrac{\partial u}{\partial y} + \dfrac{\partial v}{\partial x} \end{Bmatrix}$$

$$= \frac{1}{2A} \begin{bmatrix} b_i & 0 & b_j & 0 & b_m & 0 \\ 0 & c_i & 0 & c_j & 0 & c_m \\ c_i & b_i & c_j & b_j & c_m & b_m \end{bmatrix} \begin{Bmatrix} u_i \\ v_i \\ u_j \\ v_j \\ u_m \\ v_m \end{Bmatrix} = [[B_i] \quad [B_j] \quad [B_m]]\{\delta\}^e$$

$$= [B]\{\delta\}^e \tag{5-23}$$

式中，$[B]$ 为式（5-5）中的几何矩阵，也称应变矩阵，它反映了单元内任一点的应变与节点位移间的关系。

类似地，根据弹性材料物理方程可知

$$\{\sigma\} = [D]\{\varepsilon\} = [D][B]\{\delta\}^e = [S]\{\delta\}^e = [[S_i] \quad [S_j] \quad [S_m]]\{\delta\}^e \tag{5-24}$$

式中，$[S]$ 称为应力矩阵，它反映了单元内任一点的应力与节点位移间的关系。由于三节点三角形单元形函数的 C^0 连续，导致相邻单元的边界处存在应变及应力不连续的现象。随着单元网格的细化，单元间的应变突变现象会逐渐缓和，并逐渐收敛于精确解。

3. 单元分析及单元刚度矩阵推导

单元分析的目的是为了形成单元的刚度矩阵，单元刚度矩阵的具体形成方法有直接法、变分法等。本节根据最小势能原理推导出单元刚度矩阵，由于虚功原理与最小势能原理的等效性，也可采用虚功方程推导出三角形单元的刚度矩阵，两种方法的刚度矩阵具体推导过程如下：

（1）最小势能原理推导刚度矩阵　假设三角形单元的厚度为 t，已知三角形单元的形函数 N 和相应的几何矩阵 B，可直接根据式（5-7）计算三角形单元的刚度矩阵。

$$[k]^e = \int_V [B]^T[D][B]\,\mathrm{d}V$$

$$= \iiint_V [B]^T[D][B]\,\mathrm{d}x\mathrm{d}y\mathrm{d}z$$

$$= \iint [B]^T[D][B]\,t\mathrm{d}x\mathrm{d}y$$

由于积分号下的几何矩阵 $[B]$ 和弹性矩阵 $[D]$ 均与坐标无关，故可将积分计算出来，得到

$$[k]^e = [B]^T[D][B]t\Delta \tag{5-25}$$

对于三节点三角形单元，每个节点有两个自由度，三个节点共有 6 个自由度，因此，其单元刚度矩阵是一个 6×6 的对称矩阵，可写成分块形式：

$$[k]^e = \begin{bmatrix} [k_{ii}]^e & [k_{ij}]^e & [k_{im}]^e \\ [k_{ji}]^e & [k_{jj}]^e & [k_{jm}]^e \\ [k_{mi}]^e & [k_{mj}]^e & [k_{mm}]^e \end{bmatrix} \tag{5-26}$$

代入 $[B]^{\mathrm{T}}$ 和 $[B]$ 得任一子块矩阵

$$[k_{rs}]^e = [B_r]^{\mathrm{T}} [D][B_s]t\Delta = \frac{Et}{4(1-\mu^2)\Delta}\begin{bmatrix} k_1 & k_2 \\ k_3 & k_4 \end{bmatrix}, \quad (r,s=i,j,m)$$

其中

$$k_1 = b_r b_s + \frac{1-\mu}{2}c_r c_s, \qquad k_2 = \mu c_r b_s + \frac{1-\mu}{2}b_r c_s,$$

$$k_3 = \mu b_r c_s + \frac{1-\mu}{2}c_r b_s, \qquad k_4 = c_r c_s + \frac{1-\mu}{2}b_r b_s。$$

单元刚度矩阵中的元素决定于该单元的形状、大小和弹性常数，与单元的位置无关，即不随坐标轴的平移而改变。

（2）**虚位移原理推导刚度矩阵** 为了能够用结构力学方法求解连续介质的应力，需通过单元节点上的等效集中力代替分布于单元边界上的应力，并称其为节点力。用 F_{xi}，F_{yi} 表示 i 节点的节点力。节点力的个数和方向必须与节点位移保持一致。

下面讨论单元内部的应力与单元的节点力之间的关系，导出节点位移与节点力之间的表达式。由应力推算节点力，需要利用平衡方程。用虚功方程表示平衡方程，即外力在虚位移上所做的虚功等于应力在虚应变上做的虚应变功。

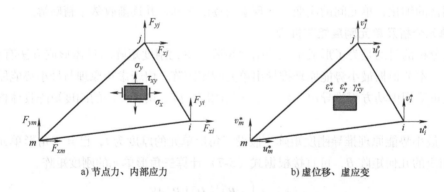

a) 节点力、内部应力   b) 虚位移、虚应变

图 5-7　三角形单元虚功计算示意图

考虑图 5-7 所示三角形单元的实际受力，节点力和内部应力分别为

$$\{F\} = \begin{bmatrix} F_{xi} & F_{yi} & F_{xj} & F_{yj} & F_{xm} & F_{ym} \end{bmatrix}^{\mathrm{T}} \tag{5-27}$$

$$\{\sigma\} = \begin{bmatrix} \sigma_x & \sigma_y & \tau_{xy} \end{bmatrix}^{\mathrm{T}} \tag{5-28}$$

记三角形节点的虚位移及相应的虚应变为

$$\{\delta^*\}^e = \begin{bmatrix} u_i^* & v_i^* & u_j^* & v_j^* & u_m^* & v_m^* \end{bmatrix}^{\mathrm{T}} \tag{5-29}$$

$$\{\varepsilon^*\} = \begin{bmatrix} \varepsilon_x^* & \varepsilon_y^* & \gamma_{xy}^* \end{bmatrix}^{\mathrm{T}} \tag{5-30}$$

那么，节点力在节点虚位移上所做的虚功为

$$T = u_i^* F_{xi} + v_i^* F_{yi} + u_j^* F_{xj} + v_j^* F_{yj} + u_m^* F_{xm} + v_m^* F_{ym}$$

$$= \begin{bmatrix} u_i^* & v_i^* & u_j^* & v_j^* & u_m^* & v_m^* \end{bmatrix} \begin{Bmatrix} F_{xi} \\ F_{yi} \\ F_{xj} \\ F_{yj} \\ F_{xm} \\ F_{ym} \end{Bmatrix}$$

$$= \{\delta^*\}^{eT} \{F\}^e$$

计算内力虚功时，从弹性体中截取微小矩形，边长为 dx 和 dy，厚度为 t，图 5-8 所示为微小矩形的实际应力和虚变形。

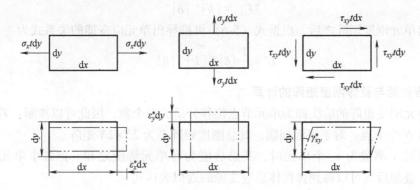

图 5-8　应力和应变示意图

应力在该微小矩形虚应变上所做的功为

$$dU = (\sigma_x t dy) \times (\varepsilon_x^* dx) + (\sigma_y t dx) \times (\varepsilon_y^* dy) + (\tau_{xy} t dx) \times (\gamma_{xy}^* dy)$$

$$= \begin{bmatrix} \varepsilon_x^* & \varepsilon_y^* & \gamma_{xy}^* \end{bmatrix} \begin{Bmatrix} \sigma_x \\ \sigma_y \\ \tau_{xy} \end{Bmatrix} t dx dy$$

整个单元 e 弹性体的内力虚功为

$$U = \iint dU = \iiint \{\varepsilon^*\}^T \{\sigma\} dx dy dz = \iint \{\varepsilon^*\}^T \{\sigma\} t dx dy$$

根据虚功原理，得

$$\{\delta^*\}^{eT} \{F\}^e = \iint \{\varepsilon^*\}^{eT} \{\sigma\} t dx dy \tag{5-31}$$

这就是弹性平面问题的虚功方程，实质是外力与应力之间的平衡方程。虚应变及应力公式如下：

$$\{\varepsilon^*\}^T = ([B]\{\delta^*\}^e)^T = \{\delta^*\}^{eT} [B]^T$$

$$\{\sigma\} = [D][B]\{\delta\}^e$$

将上述两个公式代入式（5-31），可得

$$\{\delta^*\}^{eT}\{F\}^e = \iint \{\varepsilon^*\}^{eT}\{\sigma\} t\mathrm{d}x\mathrm{d}y$$

$$= \iint \{\delta^*\}^{eT}[B]^T[D][B]\{\delta\}^e t\mathrm{d}x\mathrm{d}y$$

$$= \{\delta^*\}^{eT}\iint [B]^T[D][B] t\mathrm{d}x\mathrm{d}y \{\delta\}^e$$

$$= \{\delta^*\}^{eT}[k]^e \{\delta\}^e$$

式中，

$$[k]^e = \iiint_V [B]^T[D][B]\mathrm{d}x\mathrm{d}y\mathrm{d}z = [B]^T[D][B]t\Delta \tag{5-32}$$

采用虚位移原理推导出的单元刚度矩阵与基于最小势能原理推导出的单元刚度矩阵完全一样。单元刚度矩阵表征了单元节点位移与节点力之间的关系，即

$$\{F\}^e = [k]^e \{\delta\}^e \tag{5-33}$$

计算出单元刚度矩阵之后，根据式（5-6）可推导出单元应变能的关系式为

$$U^e = \frac{1}{2}\{\delta\}^{eT}[k]^e \{\delta\}^e \tag{5-34}$$

4. 总应变能与整体刚度矩阵的计算

由于单元刚度矩阵的阶次即为单元节点位移分量的总个数，因此可以推断：若弹性体离散化后共有 N 个节点，对于平面问题，其总刚度矩阵必为 $2N\times 2N$ 矩阵。

当求解域 V 离散为 n_e 个单元时，其总势能为各单元势能之和。把各个单元的应变能式（5-34）叠加后就可以得到弹性体总应变能的近似表达式

$$U = \sum_{e=1}^{n_e} U^e = \frac{1}{2}\{u\}^T \left(\sum_{e=1}^{n_e} [k]^e \right) \{u\} = \frac{1}{2}\{u\}^T[K]\{u\} \tag{5-35}$$

约束条件为

$$u = \bar{u}$$

式（5-35）中 $[K]$ 称为总体刚度矩阵：

$$[K] = \sum_{e=1}^{n_e} [k]^e \tag{5-36}$$

式（5-36）中总体刚度矩阵 $\sum_{e=1}^{n_e}[k]^e$ 是对所有单元的刚度矩阵进行求和，其具体过程为将所有单元刚度矩阵扩大进行矩阵叠加。

5. 等效节点载荷计算

作用在弹性体上的载荷可以分成三种类型，即集中力、分布表面力和分布体积力。为了能够应用结构力学的方法求解连续介质的应力，连续弹性体需离散为单元组合体。为简化受力情况，需把连续弹性体承受的任意分布载荷都向离散单元组合体的节点移置（分解），形成节点载荷。如果弹性体承受的载荷全都是集中力，则可将所有集中力的作用点取为节点，避免了载荷移置的问题，即集中力就是节点载荷。但实际问题往往遭受分布表面力和分布体积力，都不可能只作用在节点上。因此，分布表面力和分布体积力必须进行载荷移置。此外，若集中力的作用点不是离散体的节点，则该集中力也要向节点移置。

在载荷移置到节点的过程中，必须遵循静力等效的原则。静力等效是指原载荷与节点载荷在任意虚位移上做的虚功均相等。在一定的位移模式下，移置结果是唯一的，且总能符合静力等效原则。

载荷移置是在结构的局部区域内进行的，根据圣维南原理，这种移置可能在局部产生误差，但不会影响整个结构的力学特性。

（1）集中力的移置　集中力的移置是表面分布力和体积分布力移置的基础。如图 5-9 所示，设平面单元 e 中某一点（x,y）受到集中力 P_c 的作用。

$$P_c = \begin{bmatrix} P_{cx} & P_{cy} \end{bmatrix}^{\mathrm{T}}$$

设 P_c 移置后产生的等效节点载荷为

$$\{R\}_{P_c}^e = \begin{bmatrix} R_{ix} & R_{iy} & R_{jx} & R_{jy} & R_{mx} & R_{my} \end{bmatrix}^{\mathrm{T}}$$

如果节点发生虚位移 $\{\delta^*\}^e$，则单元内任一点的虚位移为

$$\{u^*\} = [N]\{\delta^*\}^e$$

集中力所做的虚功为

$$\{u^*\}^{\mathrm{T}}\{P_c\}$$

等效节点载荷所做的虚功为

$$\{\delta^*\}^{e\mathrm{T}}\{R\}_{P_c}^e$$

根据能量等效原则，有

$$\{\delta^*\}^{e\mathrm{T}}\{R\}_{P_c}^e = \{u^*\}^{\mathrm{T}}\{P_c\} = \{\delta^*\}^{e\mathrm{T}}[N]^{\mathrm{T}}\{P_c\}$$

由于虚位移的任意性，虚位移可从上式两边同时消去，于是有

$$\{R\}_{P_c}^e = [N]^{\mathrm{T}}\{P_c\} \tag{5-37}$$

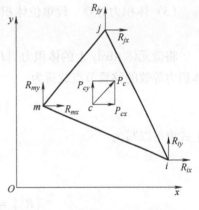

图 5-9　集中载荷的等效移置

从式（5-37）可见，载荷移置的结果仅与单元形函数有关。当形函数确定之后，移置的节点载荷就唯一确定了。

（2）表面分布力等效　设厚度为 t 的平面单元 ij 边界上作用有法向分布面力为 q，边界上任意点处的强度用到向量表示为 $\{q\} = \{q_x, q_y\}^{\mathrm{T}}$，如图 5-10 所示。从网格图上看，表面分布力作用于棱边，但实际上单元有一定的厚度。若将微元面积 $\mathrm{d}A = t\mathrm{d}l$ 上的表面力 $\{q\}\mathrm{d}A$ 视为集中力，利用式（5-34）并积分，可得与表面力等效的移置节点载荷为

$$\{R\}_q^e = \int [N]^{\mathrm{T}}\{q\}t\mathrm{d}l$$

上式也可写为

$$\{R\}_q^e = \begin{Bmatrix} R_i \\ R_j \\ R_m \end{Bmatrix}_q^e = \begin{Bmatrix} \int [N]^{\mathrm{T}}\{q\}t\mathrm{d}l \\ \int [N]^{\mathrm{T}}\{q\}t\mathrm{d}l \\ \int [N]^{\mathrm{T}}\{q\}t\mathrm{d}l \end{Bmatrix} \tag{5-38}$$

根据形函数的特点，在 ij 边上有 $N_m = 0$，所以 $\{R_m\}_q^e = 0$。因此，在 ij 边上作用的表面力只能移置到该边的两个节点上。

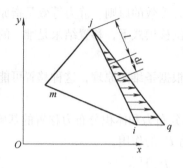 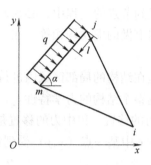

a) 三角形单元受非均布表面力   b) 三角形单元受均布表面力

图 5-10　表面分布力等效移置示意图

（3）体积力等效　设单位体积内承受的体积力为

$$\{P_v\} = \{P_{vx} \quad P_{vy}\}^T$$

将微元体 $t\mathrm{d}x\mathrm{d}y$ 上的体积力 $\{P_v\}t\mathrm{d}x\mathrm{d}y$ 视为集中力，则利用式（5-34）并积分，可得与体积力等效的移置节点载荷为

$$\{R\}_{P_v}^e = \iint_s [N]^T \{P_v\} t\mathrm{d}x\mathrm{d}y$$

上式也可以写为

$$\{R\}_{P_v}^e = \begin{Bmatrix} R_i \\ R_j \\ R_m \end{Bmatrix}_{P_v}^e = \begin{Bmatrix} \iint_s [N]^T \{P_v\} t\mathrm{d}x\mathrm{d}y \\ \iint_s [N]^T \{P_v\} t\mathrm{d}x\mathrm{d}y \\ \iint_s [N]^T \{P_v\} t\mathrm{d}x\mathrm{d}y \end{Bmatrix} \tag{5-39}$$

上面介绍了三种外载荷向节点移置的方法。根据叠加原理，一个单元上的总的节点载荷应为上述三种载荷移置结果之和，即

$$\{R\}^e = \{R\}_{P_c}^e + \{R\}_q^e + \{R\}_{P_v}^e \tag{5-40}$$

如果一个节点与多个单元相关，则节点载荷应为所有相关单元向该节点移置的载荷的叠加。因此，对于整体结果而言，有

$$\{R\} = \sum_{e=1}^{n_e} \{R\}^e \tag{5-41}$$

式中，n_e 为结构的单元数量；$\{R\}$ 为式（5-9）右端的节点载荷阵列。

5.1.3　求解单元节点位移

上述内容已为求解有限元基本方程做好了各项准备，根据有限元法的基本方程式（5-9），以 $\{u\}$ 为未知量，以 $[K]$ 为系数矩阵的线性方程组，其中的每一个方程式表示节点在一个自由度方向的平衡条件。因此，基本方程式（5-9）是弹性体所有节点平衡方程的汇集。

基本方程式（5-9）的求解相当于整体刚度矩阵 $[K]$ 的求逆过程。但是，从数学上看，未经处理的总体刚度矩阵 $[K]$ 是对称、半正定的奇异矩阵，它的行列式值为零，不能直接求逆；从物理意义上看，在进行整体结构分析时，结构处于自由状态，在节点载荷 $\{R\}$ 作用下，结构可以产生任意的刚体位移。所以，在已知节点载荷 $\{R\}$ 作用下，仍不能通过平衡方程唯一地求解出节点位移 $\{u\}$。为了使问题可解，必须对结构施加足够的位移约束，也就是给定结构的位移边界条件。首先要通过施加适当的约束，消除结构的刚体位移，再根据问题要求设定其他已知位移。因此，处理位移边界条件在有限元分析步骤中十分重要。

约束的种类包括使某些自由度上位移为零，$u_i = 0$，或给定其确定的位移值，$u_i = u^*$，还有给定支承刚度等，这里就不一一介绍了。

给定约束之后，用适当的数值方法就能求出模型中所有节点的位移 $\{u\}$。线性方程组的数值解法，目前主要有高斯法、三角分解法、对称消元法、带消元法等，详细介绍请参见数值分析的有关书籍。

5.1.4　由单元的节点位移计算单元的应变和应力

求解式（5-9）计算出基本未知量 $\{u\}$ 之后，便可以利用式（5-19）、式（5-23）、式（5-24）求出单元内任一点的位移及单元应变和应力。

本章所建立的有限元方法，从变分原理看，是以最小势能原理为基础，从求解方法看，是以单元节点位移为广义坐标，通过分片假定形函数法，得到求解方程式（5-9）。此方程是以节点位移为未知数的矩阵方程，所以其求解为矩阵位移法。

对于由最小势能原理建立的求解方程，可以注意到以下两点：

1）此原理指出的是系统的总势能取最小值，总势能是由所有单元势能组合而成，它不代表某一个单元的势能。所以对一个单元，式（5-9）不成立。

2）最小势能原理变分的结果给出的欧拉方程是平衡方程，所以，式（5-9）是在整个定义域上节点的平衡方程。外力边界条件由式（5-40）的后两个积分项转换为等效节点力，引入求解方程。

对于位移单元，计算所得整个定义域边界上的法向应力及切应力很难与给定的表面应力一致。

5.2　等参单元技术

在工程实际中遇到的求解域通常都存在不规则的形状，如图 5-1 所示。通过四边形单元难以进行非规则求解域的离散，三角形单元虽可实现具有斜线边界的非规则求解域的离散，但对于曲线边界的非规则求解域，单元形状的近似仍会给有限元分析带来一定的几何离散误差。针对上述问题，可采用曲边单元进行曲边边界的非规则求解域的有限元离散。曲边单元无法像三角形单元那样可直接建立位移函数，而是先进行将曲边单元映射为直边单元的坐标变换，然后对直边单元进行积分运算，得到直边单元的计算结果，最后通过坐标变换得到原曲边单元的单元刚度等特性矩阵。在有限元法中，最普遍的坐标变换方法是等参变换，借助于等参变换，可以方便地对任意几何形状的工程问题和物理问题进行有限元离散。

5.2.1　等参单元

在有限元分析过程中，大多数情况下都需要使用三个参考系：整体坐标系、局部坐标系和自然坐标系。整体坐标系用以表示每个节点的位置和每个单元的方向，并用来施加边界条件和载荷。有限元法所求出的解，如节点的位移，一般用整体坐标表示。局部坐标系则用以构造单元的几何关系，自然坐标系则用于单元形函数的积分计算。

在杆件系统中，杆单元和平面梁单元都属于一维单元，如图 5-11a 所示。整体坐标 X 和局部坐标 x 的关系为 $X = X_i + x$。

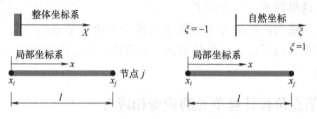

a) 整体坐标 X 和局部坐标 x 的关系　　b) 局部坐标 x 和自然坐标 ξ 的关系

图 5-11　整体坐标系和局部坐标系之间的关系

按照拉格朗日插值方法，一维二节点杆单元的形函数如下：

$$S_i = \frac{X_j - X}{l} = \frac{X_j - (X_i + x)}{l} = 1 - \frac{x}{l} \tag{5-42}$$

$$S_j = \frac{X - X_i}{l} = \frac{(X_i + x) - X_i}{l} = \frac{x}{l} \tag{5-43}$$

在上述两个公式中，局部坐标 x 的范围为 0 到 l，即 $0 \leqslant x \leqslant l$。

当进行单元刚度矩阵计算和载荷移置时，一般都要对形函数进行积分运算。为了便于数值积分运算，这里引入自然坐标的概念。所谓自然坐标，实际上是局部坐标的无量纲形式。如图 5-11b 所示，若令

$$\xi = \frac{2x}{l} - 1$$

式中，x 是局部坐标，然后可以指定节点 i 的坐标为 -1，节点 j 的坐标为 1。将用 ξ 表示的 x 代入方程式（5-42）和式（5-43），能够得到杆单元的自然线性形函数：

$$S_i = \frac{1}{2}(1 - \xi)$$

$$S_j = \frac{1}{2}(1 + \xi)$$

自然线性形函数与线性形函数具有相同的性质，即形函数在单元相应节点上取值为 1，而在其相邻节点上取值为 0。

因此，可以使用自然线性形函数表示杆单元内任一点的位移函数

$$\{u\}^e = S_i u_i + S_j u_j = \frac{1}{2}(1 - \xi) u_i + \frac{1}{2}(1 + \xi) u_j = \begin{bmatrix} N_i & N_j \end{bmatrix} \begin{Bmatrix} u_i \\ u_j \end{Bmatrix} = [N]\{\delta\}^e \tag{5-44}$$

同时注意，也可以通过形函数 S_i 和 S_j 实现从整体坐标 X 或局部坐标 x 到 ξ 的变换。即

$$X = S_i X_i + S_j X_j = \frac{1}{2}(1-\xi)X_i + \frac{1}{2}(1+\xi)X_j \tag{5-45}$$

或

$$x = S_i x_i + S_j x_j = \frac{1}{2}(1-\xi)x_i + \frac{1}{2}(1+\xi)x_j \tag{5-46}$$

从式（5-44）、式（5-45）和式（5-46）可以观察到，已经采用一组单一的参数（比如 S_i，S_j）来定义未知量 $\{u\}$，并用同样的参数（S_i，S_j）来表示几何关系。应用这种思想的有限元方法常常称为等参公式，以这种方程表示的单元称为等参单元。这种单元除了便于进行积分运算之外，还便于复杂边界求解域的表达，因此这种单元是应用最为广泛的一类单元。在国内外流行的大型通用有限元程序中，等参数单元已经成为单元库的主体。但是，由于等参方式构造的插值函数只能做到相容性条件的满足，它的一阶导数在相邻单元的公共边上不连续。原则上等参单元只适用于二阶偏微分方程所描述的工程和物理问题，如应力分析、稳定温度场、电磁场分析等，而对于四阶偏微分方程所描述的板壳弯曲等高阶问题，等参单元一般不适用。

5.2.2　等参单元的数值积分策略

采用等参数单元技术时，单元的刚度矩阵和等效节点力的计算公式都需要做如下形式的积分运算

$$\int_{-1}^{1} f(\xi)\,\mathrm{d}\xi, \quad \int_{-1}^{1}\int_{-1}^{1} f(\xi,\eta)\,\mathrm{d}\xi\mathrm{d}\eta, \quad \int_{-1}^{1}\int_{-1}^{1}\int_{-1}^{1} f(\xi,\eta,\varsigma)\,\mathrm{d}\xi\mathrm{d}\eta\mathrm{d}\varsigma$$

显然，被积分函数 f 一般是很复杂的，往往不能得到它的显式原函数。因此，在有限元法的计算过程中，需采用数值积分的方式进行被积函数积分值的计算，即在单元中选取某些点，称为积分点，求出被积函数 f 在这些积分点处的函数值，然后用相应的加权系数乘上这些函数值，再求出总和作为近似的被积函数的积分值。

数值积分有两类方法：第一类方法的积分点是等间距的，如辛普森方法；第二类方法的积分点是不等间距的，如高斯积分方法。在有限元法中，由于被积分函数很复杂，一般采用高斯积分法，可用较少的积分点达到较高的数值精度。

1. 一维高斯求积公式

一维高斯积分公式为

$$\int_{-1}^{1} f(\xi)\,\mathrm{d}\xi = \sum_{i=1}^{n} W_i f(\xi_i) \tag{5-47}$$

式中，n 为积分取样点的数目，ξ_i 是取样点的局部坐标值，W_i 是与取样点数相关的求积系数，或称加权系数，ξ_i 和 W_i 是根据计算精度的要求而选定的，不同积分阶次的 ξ_i 和 W_i 见表 5-1。

积分点数目 n 的选取与被积函数 $f(\xi)$ 有关。理论上，如果被积函数是（$2n-1$）次或更低阶次的多项式，取 n 个积分点就能得到精确结果。当 $f(\xi)$ 不是多项式时，则需要通过一些试算来判断选取适当的 n 值，n 不能取得过大，否则积分计算所需的时间会急剧增加。

表 5-1　高斯积分点及加权系数的数值

n	ξ_i	W_i
1	$\xi_1 = 0$	$W_1 = 2$
2	$\xi_1 = -0.5777350269$ $\xi_2 = 0.5777350269$	$W_1 = 1.00000000$ $W_2 = 1.00000000$
3	$\xi_1 = -0.774596669$ $\xi_2 = 0$ $\xi_3 = 0.774596669$	$W_1 = 0.55555556$ $W_2 = 0.88888889$ $W_3 = 0.55555556$
4	$\xi_1 = -0.861136312$ $\xi_2 = -0.339981044$ $\xi_3 = 0.339981044$ $\xi_4 = 0.861136312$	$W_1 = 0.3478548$ $W_2 = 0.6521452$ $W_3 = 0.6521452$ $W_4 = 0.3478548$
5	$\xi_1 = -0.906179846$ $\xi_2 = -0.538469310$ $\xi_3 = 0$ $\xi_4 = 0.538469310$ $\xi_5 = 0.906179846$	$W_1 = 0.2369269$ $W_2 = 0.4786287$ $W_3 = 0.5688889$ $W_4 = 0.4786287$ $W_5 = 0.2369269$

2. 二维及三维高斯求积公式

为了计算下列二重积分

$$\int_{-1}^{1} \int_{-1}^{1} f(\xi, \eta) \, d\xi d\eta \tag{5-48}$$

先令 η 保持常数，计算 ξ 方向的积分

$$\int_{-1}^{1} f(\xi, \eta) \, d\xi = \sum_{i=1}^{n} W_i f(\xi_i, \eta)$$

再沿 η 方向积分，得到

$$\int_{-1}^{1} \sum_{i=1}^{n} W_i f(\xi_i, \eta) \, d\eta = \sum_{j=1}^{n} W_j \sum_{i=1}^{n} W_i f(\xi_i, \eta_j) = \sum_{j=1}^{n} \sum_{i=1}^{n} W_i W_j f(\xi_i, \eta_j) \tag{5-49}$$

类似地，可以求出三重积分

$$\int_{-1}^{1} \int_{-1}^{1} \int_{-1}^{1} f(\xi, \eta, \varsigma) \, d\xi d\eta d\varsigma = \sum_{m=1}^{n} \sum_{j=1}^{n} \sum_{i=1}^{n} W_i W_j W_m f(\xi_i, \eta_j, \varsigma_m) \tag{5-50}$$

式中，W_i、W_j、W_m 就是一维高斯积分的权系数，n 是每个坐标方向的积分点数目。

在上述计算中，每个坐标方向都采用了相同数目的积分点。然而，不同方向也可采用不同数目的积分点。一般而言，二维线性四节点单元在每个坐标方向上使用两个高斯点，二维二次八节点单元在每个坐标方向上用三个高斯积分点。这种高斯积分点数低于被积函数精确积分所需要阶次的积分方案称为缩减积分策略。

计算实践表明，利用缩减积分法则，可以在一定程度上降低单元的刚度，以补偿由于假定位移函数引起结构刚度偏大的问题，从而得到更好的计算结果。因此，在商业化的有限元软件中的很多不同类型的单元均采用缩减积分策略进行积分运算。

5.3　常用的线性有限元单元类型

在 5.1 节中，本章以三角形三节点为例介绍了结构静力学有限元的原理和方法。从中可知，在静力学有限元法中，单元形函数的选取是单元刚度矩阵推导的关键。本节介绍几种常用单元的形函数及其相应单元刚度矩阵的推导过程。

5.3.1　一维杆梁单元

1. 单元刚度矩阵

图 5-12 所示的由杆件所构成的桁架，在节点处自动划分为 6 个杆单元构成桁架的有限元模型，从中任意取出一个水平杆单元，对其进行考察，如单元（3）。单元（3）的坐标系如图 5-11 所示。

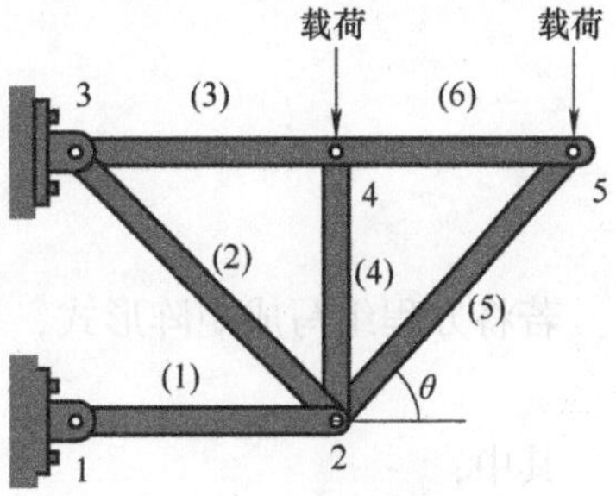

图 5-12　桁架结构

用于水平杆件的形函数为式（5-42）和式（5-43），其位移函数见式（5-44）。有了位移函数之后，就可以分析单元的应变和应力，其中应变的定义如下：

$$\varepsilon_x=\frac{\mathrm{d}u}{\mathrm{d}x}$$

由于 $\xi=\frac{2x}{l}-1$，所以 $\mathrm{d}\xi=\frac{2\mathrm{d}x}{l}$，$\mathrm{d}x=\frac{1}{2}l\mathrm{d}\xi$，将位移函数式（5-44）代入，有

$$\{\varepsilon\}=\{\varepsilon_x\}=\frac{\mathrm{d}}{\mathrm{d}x}\begin{bmatrix}\frac{1}{2}(1-\xi) & \frac{1}{2}(1+\xi)\end{bmatrix}\{u\}^e=\frac{1}{l}\begin{bmatrix}-1 & 1\end{bmatrix}\{u\}^e=[B]\{u\}^e$$

$$[K]^e=\iiint_{V^e}[B]^{\mathrm{T}}[D][B]\mathrm{d}V=\int_l[B]^{\mathrm{T}}[D][B]A\mathrm{d}x$$

$$[K]^e=\int_l[B]^{\mathrm{T}}[D][B]A\mathrm{d}x=\int_{-1}^{1}\frac{1}{l}\begin{Bmatrix}-1\\1\end{Bmatrix}E\,\frac{1}{l}\begin{bmatrix}-1 & 1\end{bmatrix}A\mathrm{d}\xi=\frac{AE}{l}\begin{bmatrix}1 & -1\\-1 & 1\end{bmatrix}\tag{5-51}$$

2. 坐标变换

在上面的分析中，其基本假定条件是：局部坐标系与整体坐标系的方向一致，以便于获得简单形式的刚度矩阵。但在实际工程问题中，单元轴的方向与整体坐标的轴成一定的夹角，即整体坐标系和局部坐标系方向通常都是不一致的，如图 5-13 所示。此外，在研究节点的平衡时，由于每个节点通常总是连接两个以上的单元，与之有关的节点力分别属于不同的单元，如果仍采用单元专有的局部坐标将不便于载荷的处理。另外，节点位移的度量也应沿着统一的坐标轴才容易体现位移的协调条件。由于所有的三角形单元都采用了方向一致的局部坐标系，因此 5.1 节所介绍的三节点三角形单元中不存在上述问题。为了解决上述问题，杆单元有限元法将局部坐标系的刚度矩阵转换到各单元统一的

总体坐标系之中。

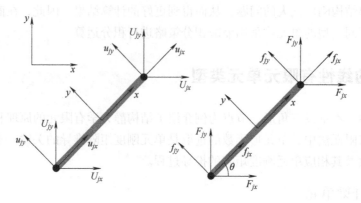

图 5-13 整体坐标和局部坐标之间的关系

观察图 5-13 可知，整体坐标和局部坐标之间的关系如下：

$$U_{iX} = u_{ix}\cos\theta - u_{iy}\sin\theta$$

$$U_{iY} = u_{ix}\sin\theta + u_{iy}\cos\theta$$

$$U_{jX} = u_{jx}\cos\theta - u_{jy}\sin\theta$$

$$U_{jY} = u_{jx}\sin\theta + u_{jy}\cos\theta$$

若将方程组写成矩阵形式，有

$$\{U\} = [T]\{u\}$$

其中，

$$\{U\} = \begin{Bmatrix} U_{iX} \\ U_{iY} \\ U_{jX} \\ U_{jY} \end{Bmatrix}, \quad [T] = \begin{bmatrix} \cos\theta & \sin\theta & 0 & 0 \\ \sin\theta & -\cos\theta & 0 & 0 \\ 0 & 0 & \cos\theta & -\sin\theta \\ 0 & 0 & \sin\theta & \cos\theta \end{bmatrix}, \quad \{u\} = \begin{Bmatrix} u_{iX} \\ u_{iY} \\ u_{jX} \\ u_{jY} \end{Bmatrix}$$

式中，$\{U\}$ 和 $\{u\}$ 分别代表整体坐标 XY 和局部参考坐标 xy 下节点 i 和 j 的位移。$[T]$ 是从局部变形转化到整体变形的变换矩阵。类似地，局部力和整体力有如下关系：

$$F_{iX} = f_{ix}\cos\theta - f_{iy}\sin\theta$$

$$F_{iY} = f_{ix}\sin\theta + f_{iy}\cos\theta$$

$$F_{jX} = f_{jx}\cos\theta - f_{jy}\sin\theta$$

$$F_{jY} = f_{jx}\sin\theta + f_{jy}\cos\theta$$

或者写成矩阵的形式

$$\{F\} = [T]\{f\}$$

以上步骤推导出了各个属性的局部坐标与整体坐标之间的关系。值得注意的是，由于杆件是二力杆，在局部坐标系中杆件 y 方向的位移和力均为零。为了便于推导单元刚度矩阵，这些值取为非零用以保持一般的矩阵描述。当将位移的 y 方向以及力设为零时，其具体刚度矩阵将变得非常清楚。根据广义胡克定律，局部内力、位移和刚度矩阵有以下关系

$$\begin{Bmatrix} f_{ix} \\ f_{iy} \\ f_{jx} \\ f_{jy} \end{Bmatrix} = \begin{bmatrix} k & 0 & -k & 0 \\ 0 & 0 & 0 & 0 \\ -k & 0 & k & 0 \\ 0 & 0 & 0 & 0 \end{bmatrix} \begin{Bmatrix} u_{ix} \\ u_{iy} \\ u_{jx} \\ u_{jy} \end{Bmatrix}$$

若写成矩阵，有

$$\{f\} = [K]\{u\}$$

将 $\{f\}$ 和 $\{u\}$ 替换成 $\{F\}$ 和 $\{U\}$，有

$$[T]^{-1}\{F\} = [K][T]^{-1}\{U\}$$

方程两端同时左乘以 $[T]$，可得

$$\{F\} = [T][K][T]^{-1}\{U\}$$

由于 $[T]$ 为正交矩阵，单元刚度矩阵在整体坐标系下的表达式可以用局部坐标系下的表达式求出，即

$$[K] = [T][K][T]^{\mathrm{T}} \tag{5-52}$$

由于 $[T]$ 矩阵中仅仅包含有坐标的倾角，当坐标轴平移时，$[T]$ 矩阵仍为矩阵 $[T]$，结构的刚度未发生改变。换言之，在局部坐标轴的平移过程中，刚度矩阵的元素值不变，矩阵的阶次也不改变。

平面直梁单元的情况与杆单元类似，也是二节点平面单元，但每个节点的自由度为 3 个，包括 2 个平移自由度和 1 个转角自由度，每个单元共计 6 个自由度，其形函数与杆单元相同，在此不再介绍其刚度矩阵的具体推导过程，读者可参看相关文献。

5.3.2　二维平面单元

1. 形函数

除了 5.1 节介绍的三角形三节点单元外，最常用的平面单元类型还有三角形六节点单元、四节点四边形单元和八节点四边形单元，其中三角形六节点单元是在三角形三节点单元的每条边上增加了一个中间节点，八节点四边形单元则是在四边形四节点单元的每条边上增加了一个中间节点，如图 5-14 所示。下面以四边形四节点单元为例，对平面等参单元形式的形函数和刚度矩阵进行具体的介绍。

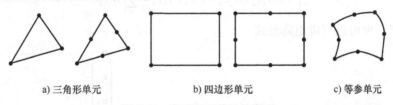

a) 三角形单元　　　　　　　　b) 四边形单元　　　　　　　c) 等参单元

图 5-14　常用平面单元的类型

如图 5-15 所示，在单元形心处，另外设立自然坐标 ξ，η。自然坐标是在单元上的参数曲线坐标，它使实际单元 i，j，m，p 在自然坐标系中被映射成为边长为 2 的标准正方形。平面内的正方形单元称为母单元或基本单元，实际单元则可看成是由母单元畸变而成的等参单元。自然坐标系中的母单元具有简单而规则的形状，而且自然坐标是无量纲的，本例中四个节点的自然坐标分别为 $(-1,-1)$，$(1,-1)$，$(1,1)$，$(-1,1)$。这样有利于建立两组坐标之间的转换关系，进

而便于构造单元的位移插值函数,并且形函数的数值积分能在简单闭区间±1中实现规则化计算。

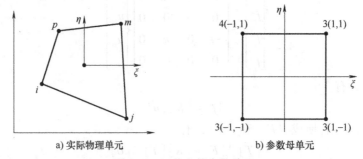

a) 实际物理单元　　　　　　　　　　　b) 参数母单元

图 5-15　四节点等参数单元

利用拉格朗日插值多项式,可以方便地写出四边形单元的形函数,如下所示:

$$
\begin{cases}
N_1(\xi,\eta) = \dfrac{1}{4}(1-\xi)(1-\eta) \\[4pt]
N_2(\xi,\eta) = \dfrac{1}{4}(1+\xi)(1-\eta) \\[4pt]
N_3(\xi,\eta) = \dfrac{1}{4}(1+\xi)(1+\eta) \\[4pt]
N_4(\xi,\eta) = \dfrac{1}{4}(1-\xi)(1+\eta)
\end{cases}
\tag{5-53}
$$

因此,对于如图 5-15 所示的单元,根据节点实际物理坐标、不同坐标系的转换关系和形函数可描述单元内任意点的位置,如下所示:

$$
\begin{cases}
x = N_1 x_1 + N_2 x_2 + N_3 x_3 + N_4 x_4 = \displaystyle\sum_{i=1}^{4} N_i x_i \\[8pt]
y = N_1 y_1 + N_2 y_2 + N_3 y_3 + N_4 y_4 = \displaystyle\sum_{i=1}^{4} N_i y_i
\end{cases}
\tag{5-54}
$$

单元的位移函数为

$$
\begin{cases}
u = N_1 u_1 + N_2 u_2 + N_3 u_3 + N_4 u_4 = \displaystyle\sum_{i=1}^{4} N_i u_i \\[8pt]
v = N_1 v_1 + N_2 v_2 + N_3 v_3 + N_4 v_4 = \displaystyle\sum_{i=1}^{4} N_i v_i
\end{cases}
\tag{5-55}
$$

式(5-55)也可以写成矩阵形式

$$
\begin{Bmatrix} u \\ v \end{Bmatrix} =
\begin{bmatrix}
N_1 & 0 & N_2 & 0 & N_3 & 0 & N_4 & 0 \\
0 & N_1 & 0 & N_2 & 0 & N_3 & 0 & N_4
\end{bmatrix}
\begin{Bmatrix} u_1 \\ v_1 \\ u_2 \\ v_2 \\ u_3 \\ v_3 \\ u_4 \\ v_4 \end{Bmatrix}
= [N]\{u\}^e
\tag{5-56}
$$

2. 单元刚度矩阵

应变分量和位移（$\varepsilon_{xx} = \partial u/\partial x$, $\varepsilon_{yy} = \partial u/\partial y$, $\gamma_{xx} = \partial u/\partial y + \partial u/\partial x$）有关，也与单元所使用的形函数有关。在从应变能推导单元刚度矩阵的过程中，需要用到位移分量关于 x 和 y 坐标的导数，这将意味着需要使用形函数关于 x 和 y 的导数。一般地，所建立的不同坐标系映射函数 $f(x,y)$ 需要满足可对 x 和 y 进行求导的基本要求。可应用链式法则对 $f(x,y)$ 关于 ξ，η 的导数进行表达，其具体形式如下所示：

$$\begin{cases} \dfrac{\partial f(x,y)}{\partial \xi} = \dfrac{\partial f(x,y)}{\partial x}\dfrac{\partial x}{\partial \xi} + \dfrac{\partial f(x,y)}{\partial y}\dfrac{\partial y}{\partial \xi} \\[3mm] \dfrac{\partial f(x,y)}{\partial \eta} = \dfrac{\partial f(x,y)}{\partial x}\dfrac{\partial x}{\partial \eta} + \dfrac{\partial f(x,y)}{\partial y}\dfrac{\partial y}{\partial \eta} \end{cases}$$

上式也可以写成标准的雅可比（Jacobian）矩阵形式：

$$\begin{Bmatrix} \dfrac{\partial f(x,y)}{\partial \xi} \\[3mm] \dfrac{\partial f(x,y)}{\partial \eta} \end{Bmatrix} = \begin{bmatrix} \dfrac{\partial x}{\partial \xi} & \dfrac{\partial y}{\partial \xi} \\[3mm] \dfrac{\partial x}{\partial \eta} & \dfrac{\partial y}{\partial \eta} \end{bmatrix} \begin{Bmatrix} \dfrac{\partial f(x,y)}{\partial x} \\[3mm] \dfrac{\partial f(x,y)}{\partial y} \end{Bmatrix} = [J]\begin{Bmatrix} \dfrac{\partial f(x,y)}{\partial x} \\[3mm] \dfrac{\partial f(x,y)}{\partial y} \end{Bmatrix} \tag{5-57}$$

由式（5-57）可以解出

$$\begin{Bmatrix} \dfrac{\partial N_i}{\partial x} \\[3mm] \dfrac{\partial N_i}{\partial y} \end{Bmatrix} = [J]^{-1} \begin{Bmatrix} \dfrac{\partial f(x,y)}{\partial \xi} \\[3mm] \dfrac{\partial f(x,y)}{\partial \eta} \end{Bmatrix}$$

式（5-57）中雅可比矩阵 $[J]$ 中的元素为

$$\frac{\partial x}{\partial \xi} = \sum_{i=1}^{4} \frac{\partial N_i}{\partial \xi} x_i, \qquad \frac{\partial y}{\partial \xi} = \sum_{i=1}^{4} \frac{\partial N_i}{\partial \xi} y_i$$

$$\frac{\partial x}{\partial \eta} = \sum_{i=1}^{4} \frac{\partial N_i}{\partial \eta} x_i, \qquad \frac{\partial y}{\partial \eta} = \sum_{i=1}^{4} \frac{\partial N_i}{\partial \eta} y_i$$

应变-位移的关系如下所示：

$$\begin{Bmatrix} \varepsilon_x \\ \varepsilon_y \\ \gamma_{xy} \end{Bmatrix} = \begin{bmatrix} \dfrac{\partial}{\partial x} & 0 \\[3mm] 0 & \dfrac{\partial}{\partial y} \\[3mm] \dfrac{\partial}{\partial y} & \dfrac{\partial}{\partial x} \end{bmatrix} \begin{Bmatrix} u \\ v \end{Bmatrix} = [L][N]\{\delta\}^e = [B]\{\delta\}^e \tag{5-58}$$

将式（5-58）的应变矩阵 $[B]$ 按节点分块表示，有 $[B] = [B_1, \quad B_2, \quad B_3, \quad B_4]$，其中

$$[B_i] = \begin{bmatrix} \dfrac{\partial N_i}{\partial x} & 0 \\[3mm] 0 & \dfrac{\partial N_i}{\partial y} \\[3mm] \dfrac{\partial N_i}{\partial y} & \dfrac{\partial N_i}{\partial x} \end{bmatrix} \qquad (i=1,2,3,4)$$

根据上述公式，可得出此单元的应变矩阵 $[B]$。类似地，单元的刚度矩阵可由下式确定

$$[K]^e = \iiint_{V_e} [B]^T [D] [B] dV = \iint_A [B]^T [D] [B] t dA$$

一般情况下，N_i 以及 $\dfrac{\partial N_i}{\partial \xi}$，$\dfrac{\partial N_i}{\partial \eta}$ 等都是 ξ，η 的函数，因而 $[B]$，$[J]$ 等都为 ξ，η 的函数，上述积分应在自然坐标系内进行，其面积元素 dA 也应以 $d\xi$，$d\eta$ 表示。

$$dA = dxdy = |J| d\xi d\eta \tag{5-59}$$

式中，$|J|$ 为雅可比矩阵 $[J]$ 的行列式。

在确定应变矩阵 $[B]$ 及面积元素的表达式（5-59）之后，就可以通过积分计算出单元的刚度矩阵为

$$[K]^e = \int_{-1}^1 \int_{-1}^1 [B]^T [D] [B] t |J| d\xi d\eta \tag{5-60}$$

式中，自然坐标 ξ，η 的极限值对应着被积函数的积分上、下限。但是，式中 $[B]$ 和 $[J]$ 皆为函数矩阵，还需求出 $[J]$ 的逆矩阵，因此很难求出被积函数原函数的解析表达式。一般情况下，参数单元的积分计算都采用数值积分进行式（5-53）的计算，通常采用高斯数值积分策略。

与上述刚度矩阵的处理相类似，读者可参考 5.1 节载荷移置原理，推导出四边形等参数单元载荷的移置计算公式。

六节点三角形单元和八节点四边形单元也都是常用的二维平面单元，其形函数和刚度矩阵的推导过程与四节点四边形等参单元类似，这里就不再介绍了。

5.3.3 三维实体单元

1. 形函数

如图 5-16 所示，常见的三维实体单元有四节点四面体单元，八节点六面体单元，以及对应边增加中间节点的十节点四面体单元和二十节点六面体单元，前两种单元属于线性单元，后两种单元是精度更高的二次单元。

根据二维等参单元的形函数推导过程，本节将对三维等参单元的形函数进行详细的推导。以一种常用二十节点三维曲面体单元为例，对三维等参单元形函数进行具体的介绍。

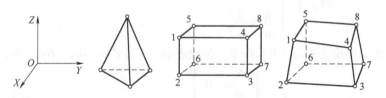

图 5-16　常见三维实体单元的形状

如图 5-17 所示，在单元内建立曲线自然坐标系，使之在单元的边界面上对应的取 $+1$ 或 -1 值。这相当于将一个曲面六面体实体单元映射为一个边长皆为 2 的正方体母单元。

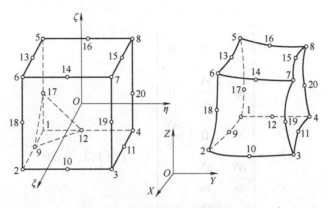

图 5-17 二十节点六面体等参单元

类似于前述平面四节点等参单元的形函数定义，可以比较容易地给出二十节点六面体等参单元的形函数 $N_i(\xi,\eta,\varsigma)$，$(i=1,2,\cdots,20)$。比如对于节点 1，其形函数为

$$N_1(\xi,\eta,\varsigma)=\frac{1}{8}(1-\xi)(1-\eta)(1-\varsigma)(-\xi-\eta-\varsigma-2)$$

这样，坐标变换式可表达为

$$x=\sum_{i=1}^{20}N_ix_i,\quad y=\sum_{i=1}^{20}N_iy_i,\quad z=\sum_{i=1}^{20}N_iz_i \tag{5-61}$$

单元的插值函数可表达为

$$u=\sum_{i=1}^{20}N_iu_i,\quad v=\sum_{i=1}^{20}N_iv_i,\quad w=\sum_{i=1}^{20}N_iw_i \tag{5-62}$$

2. 单元刚度矩阵

在线弹性变形的状态下，三维实体中任意一点的应变与其位移的几何关系为

$$\{\varepsilon\}=\begin{Bmatrix}\varepsilon_x\\\varepsilon_y\\\varepsilon_z\\\gamma_{xy}\\\gamma_{yz}\\\gamma_{zx}\end{Bmatrix}=\begin{Bmatrix}\dfrac{\partial u}{\partial x}\\[4pt]\dfrac{\partial v}{\partial y}\\[4pt]\dfrac{\partial w}{\partial z}\\[4pt]\dfrac{\partial u}{\partial y}+\dfrac{\partial v}{\partial x}\\[4pt]\dfrac{\partial v}{\partial z}+\dfrac{\partial w}{\partial y}\\[4pt]\dfrac{\partial w}{\partial x}+\dfrac{\partial u}{\partial z}\end{Bmatrix}=\begin{bmatrix}\dfrac{\partial}{\partial x}&0&0\\[4pt]0&\dfrac{\partial}{\partial y}&0\\[4pt]0&0&\dfrac{\partial}{\partial z}\\[4pt]\dfrac{\partial}{\partial y}&\dfrac{\partial}{\partial x}&0\\[4pt]0&\dfrac{\partial}{\partial z}&\dfrac{\partial}{\partial y}\\[4pt]\dfrac{\partial}{\partial z}&0&\dfrac{\partial}{\partial x}\end{bmatrix}\begin{Bmatrix}u\\v\\w\end{Bmatrix}$$

将位移插值函数代入上式，整理之后，写成矩阵形式，可得

$$\{\varepsilon\}=[B]\{\delta\}^e \tag{5-63}$$

式中，$\{\delta\}^e=\{u_1\quad v_1\quad w_1\quad u_2\quad v_2\quad w_2\quad\cdots\quad u_{20}\quad v_{20}\quad w_{20}\}^{\mathrm{T}}$ 为有 60 个元素的单元节点位移列阵，单元应变矩阵则可按节点表示为 $[B]=[[B_1]\quad[B_2]\quad\cdots\quad[B_{20}]]$，其第 i 个子矩阵

$[B_i]$ 为

$$[B_i] = \begin{bmatrix} \dfrac{\partial N_i}{\partial x} & 0 & 0 \\[2mm] 0 & \dfrac{\partial N_i}{\partial y} & 0 \\[2mm] 0 & 0 & \dfrac{\partial N_i}{\partial z} \\[2mm] \dfrac{\partial N_i}{\partial y} & \dfrac{\partial N_i}{\partial x} & 0 \\[2mm] 0 & \dfrac{\partial N_i}{\partial z} & \dfrac{\partial N_i}{\partial y} \\[2mm] \dfrac{\partial N_i}{\partial z} & 0 & \dfrac{\partial N_i}{\partial x} \end{bmatrix} \qquad (i = 1, 2, \cdots, 20)$$

根据复合函数求导的链式法则，有

$$\begin{Bmatrix} \dfrac{\partial N_i}{\partial \xi} \\[2mm] \dfrac{\partial N_i}{\partial \eta} \\[2mm] \dfrac{\partial N_i}{\partial \zeta} \end{Bmatrix} = \begin{bmatrix} \dfrac{\partial x}{\partial \xi} & \dfrac{\partial y}{\partial \xi} & \dfrac{\partial z}{\partial \xi} \\[2mm] \dfrac{\partial x}{\partial \eta} & \dfrac{\partial y}{\partial \eta} & \dfrac{\partial z}{\partial \eta} \\[2mm] \dfrac{\partial x}{\partial \zeta} & \dfrac{\partial y}{\partial \zeta} & \dfrac{\partial z}{\partial \zeta} \end{bmatrix} \begin{Bmatrix} \dfrac{\partial N_i}{\partial \xi} \\[2mm] \dfrac{\partial N_i}{\partial \eta} \\[2mm] \dfrac{\partial N_i}{\partial \zeta} \end{Bmatrix} = [J] \begin{Bmatrix} \dfrac{\partial N_i}{\partial \xi} \\[2mm] \dfrac{\partial N_i}{\partial \eta} \\[2mm] \dfrac{\partial N_i}{\partial \zeta} \end{Bmatrix} \qquad (5\text{-}64)$$

由上式可得

$$\begin{Bmatrix} \dfrac{\partial N_i}{\partial \xi} \\[2mm] \dfrac{\partial N_i}{\partial \eta} \\[2mm] \dfrac{\partial N_i}{\partial \zeta} \end{Bmatrix} = [J]^{-1} \begin{Bmatrix} \dfrac{\partial N_i}{\partial \xi} \\[2mm] \dfrac{\partial N_i}{\partial \eta} \\[2mm] \dfrac{\partial N_i}{\partial \zeta} \end{Bmatrix}$$

式（5-64）的雅可比矩阵的元素分别为

$$\frac{\partial x}{\partial \xi} = \sum_{i=1}^{20} \frac{\partial N_i}{\partial \xi} x_i, \qquad \frac{\partial y}{\partial \xi} = \sum_{i=1}^{20} \frac{\partial N_i}{\partial \xi} y_i, \qquad \frac{\partial z}{\partial \xi} = \sum_{i=1}^{20} \frac{\partial N_i}{\partial \xi} z_i$$

$$\frac{\partial x}{\partial \eta} = \sum_{i=1}^{20} \frac{\partial N_i}{\partial \eta} x_i, \qquad \frac{\partial y}{\partial \eta} = \sum_{i=1}^{20} \frac{\partial N_i}{\partial \eta} y_i, \qquad \frac{\partial z}{\partial \eta} = \sum_{i=1}^{20} \frac{\partial N_i}{\partial \eta} z_i$$

$$\frac{\partial x}{\partial \zeta} = \sum_{i=1}^{20} \frac{\partial N_i}{\partial \zeta} x_i, \qquad \frac{\partial y}{\partial \zeta} = \sum_{i=1}^{20} \frac{\partial N_i}{\partial \zeta} y_i, \qquad \frac{\partial z}{\partial \zeta} = \sum_{i=1}^{20} \frac{\partial N_i}{\partial \zeta} z_i$$

由上述式子可得出此单元的应变矩阵 $[B]$，而单元的刚度矩阵同样可由下式决定

$$[K]^e = \iiint_{V_e} [B]^{\mathrm{T}} [D] [B] \mathrm{d}x \mathrm{d}y \mathrm{d}z = \begin{bmatrix} k_{1,1} & k_{1,2} & \cdots & k_{1,20} \\ \vdots & \vdots & & \vdots \\ k_{20,1} & k_{20,2} & \cdots & k_{20,20} \end{bmatrix}$$

式中，每个子矩阵的计算公式为

$$[k_{i,j}] = \iiint_{Ve} [B_i]^{\mathrm{T}} [D] [B_j] \mathrm{d}x\mathrm{d}y\mathrm{d}z = \int_{-1}^{1} \int_{-1}^{1} \int_{-1}^{1} [B_i]^{\mathrm{T}} [D] [B_j] |J| \mathrm{d}\xi\mathrm{d}\eta\mathrm{d}\zeta \qquad (5\text{-}65)$$

5.4　板壳单元

在机械结构中，箱体、支承件、工作台等薄壁薄板结构件非常常见。这种构件通常有两个方向的尺寸比第三个方向的尺寸大一个数量级以上，一般可被简化为二维板件。根据受力状态的差异，二维板件又分为平面应力板与弯曲板两种。如果板只受到面内作用的载荷，则板处于平面应力状态；如果板在结构中受到任意力系的作用，即既有表面力的载荷，又有垂直于板面的载荷，则板处于弯曲状态。

由两个曲面限定的物体，如果曲面之间的距离比物体其他尺寸小得多，就称为壳体。壳体又分为闭合壳体和开口壳体两类。

板壳问题的有限元法分析，同前述的杆件问题、平面问题、空间问题的有限元分析一样，也分为分析域离散、单元分析、整体分析等几个环节，但该类单元一般不能满足位移的全部协调性要求，所以又可具体细分为协调单元与非协调单元两种类型。

5.4.1　弹性力学薄板理论

1. 薄板弯曲变形的基本假设

如图 5-18 所示，与梁相似，薄板通常以板的中面进行受力和变形分析。坐标平面选在中面上，z 轴垂直于中面，且坐标系满足右手螺旋法则。

薄板小挠度理论也称为薄板理论，它是以克希霍夫（Kirchhoff）假设为基础的，通常包括以下内容：

1）直法线假设：变形前垂直于中面的法线，变形后仍为直线并垂直于变形后的中面。

2）平面应力假设：板壳内与中面平行的各薄层均处于平面应力状态。又称为无挤压假设。

3）法线无伸长假设：法线上各点的挠度都等于该法线与中面相应交点的挠度。

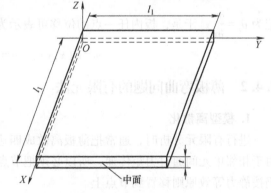

图 5-18　受弯薄平板及其坐标系

4）对平板弯曲问题，还作了中面无面内位移的假设，面内位移可当作平面应力问题考虑。

2. 板壳问题基本方程

克希霍夫假设可使三维问题的六个应力分量和六个应变分量减少为三个应力分量和三个应变分量，类似于 5.2 节的平面问题，其控制方程为

$$\varepsilon_x = \frac{\partial u}{\partial x}, \quad \varepsilon_y = \frac{\partial v}{\partial y}$$

$$\varepsilon_z = \frac{\partial w}{\partial z} = 0, \quad \gamma_{xy} = \frac{\partial u}{\partial y} + \frac{\partial v}{\partial x}$$

$$\gamma_{yz} = \frac{\partial w}{\partial y} + \frac{\partial v}{\partial z} \quad \gamma_{xz} = \frac{\partial u}{\partial z} + \frac{\partial w}{\partial x} \quad\quad (5\text{-}66)$$

由 $\frac{\partial w}{\partial z} = 0$ 可知 w 是 x、y 的函数，即

$$w = w(x,y)$$

也就是说，挠度 w 不随板的厚度变化。将式（5-66）中的 γ_{xy} 和 γ_{yz} 对 z 积分，得到

$$u = -z\frac{\partial w}{\partial x} + u_0(x,y), \quad v = -z\frac{\partial w}{\partial y} + v_0(x,y)$$

式中，$u_0(x,y)$、$v_0(x,y)$ 分别为中面沿 x 方向和 y 方向的位移。对于各向同性板，根据克希霍夫假设（2），一般可认为 $u_0 = v_0 = 0$，故而板内任一点的位移为

$$w = w(x,y), \quad u = -z\frac{\partial w}{\partial x}, \quad v = -z\frac{\partial w}{\partial y}$$

于是，可将几何方程写成如下的矩阵形式

$$\{\varepsilon\} = z\left[-\frac{\partial^2 w}{\partial x^2} \quad -\frac{\partial^2 w}{\partial y^2} \quad -\frac{\partial^2 w}{\partial x \partial y} \right]^{\mathrm{T}} \quad\quad (5\text{-}67)$$

式中，$\frac{\partial^2 w}{\partial x^2}$ 是曲面沿 x 方向的曲率，$\frac{\partial^2 w}{\partial y^2}$ 是曲面沿 y 方向的曲率，$\frac{\partial^2 w}{\partial x \partial y}$ 是曲面沿 x 方向或 y 方向的扭率。

因 $-\frac{\partial w}{\partial x}$ 表示弹性曲面绕 y 轴的转角，记为 $\theta_y = -\frac{\partial w}{\partial x}$；而 $\frac{\partial w}{\partial y}$ 表示弹性曲面绕 x 轴的转角，记为 $\theta_x = \frac{\partial w}{\partial x}$。于是，板内任一点的位移可表示为

$$w = w(x,y), \quad u = -z\theta_y, \quad v = -z\theta_x \quad\quad (5\text{-}68)$$

5.4.2 薄板弯曲问题的有限元法

1. 模型离散化

进行有限元分析时，通常把薄板离散成四边形或三角形单元，它们通过节点相互连接。由于相邻单元间通过力矩传递，所以必须把节点看成是刚节点，每个单元所受的非节点载荷仍按静力等效原则移置到节点上。

2. 三角形薄板单元插值函数

由于三角形单元能较好地适应复杂的边界形状，在实际中得到了较多的应用。下面以三角形薄板单元为例，介绍薄板弯曲问题的有限元方法。

在图 5-19 所示的三角形三节点单元中，每个节点有三个位移分量。若薄板处于小变形状态，则三角形单元的任一节点的位移可以用其挠度和两个转角表示，即每个节点有三个自由度。根据完备性原则，三角形单元插值函数应选用完全三次多项式，而一个完全的三次多项式应包含 10 个待定参数，无法通过 9 个自由度进行确定。为此，学者们提出了各种措施来解决此问题，但对任意三角形单元而言，仍无法从理论上保证用 9 个自由度来确定多项式

的待定参数，并保证该过程不会出现奇异性。

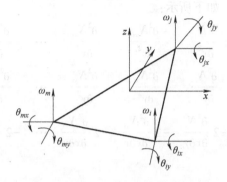

图 5-19　三节点三角形薄板单元

为了避免插值函数关于坐标轴的不对称性，通常采用面积坐标进行三角形单元插值函数的构造。此时，单元内的位移可表示成

$$w(x,y) = [N]\{\delta\}^e \tag{5-69}$$

式中，$\{\delta\}^e = [\, w_i \quad \theta_{ix} \quad \theta_{iy} \quad w_j \quad \theta_{jx} \quad \theta_{jy} \quad w_m \quad \theta_{mx} \quad \theta_{my}\,]^{\mathrm{T}}$，

$[N] = [\, N_i \quad N_{xi} \quad N_{yi} \quad N_j \quad N_{xj} \quad N_{yj} \quad N_m \quad N_{xm} \quad N_{jm}\,]^{\mathrm{T}}$ 且满足下式

$$\begin{cases} N_i = L_i + L_i^2 L_j + L_i^2 L_m - L_i L_j^2 - L_i L_m^2 \\[2mm] N_{xi} = b_j \left(L_m L_i^2 + \dfrac{1}{2} L_i L_j L_m \right) - b_m \left(L_i^2 L_j + \dfrac{1}{2} L_i L_j L_m \right) \quad (i,j,m) \\[2mm] N_{yi} = c_j \left(L_m L_i^2 + \dfrac{1}{2} L_i L_j L_m \right) - c_m \left(L_i^2 L_j + \dfrac{1}{2} L_i L_j L_m \right) \end{cases}$$

式中，L_i、L_j、L_m 分别表示三角形单元的 3 个面积坐标，如图 5-19 所示。

$$b_i = y_i - y_m, \quad c_i = x_m - x_j \quad (i,j,m \text{ 循环})$$

三角形单元内的位移函数不是 x，y 的完全三次式，但它在单元的 3 个节点处满足条件

$$w = w_i, \quad \frac{\partial w}{\partial y} = \theta_{ix}, \quad -\frac{\partial w}{\partial x} = \theta_{iy} \quad (i,j,m)$$

三角形单元内的位移插值函数包含了所有可能的刚体位移项及常应变的完全二次项，因此是完备的，但它不满足协调性条件。在边界上，若 $L_m = 0$ 的边界，则 w 是三次变化，可由两端节点的挠度 w 和公共边界上的法向导数值 $\partial w / \partial n$ 唯一确定，所以 w 是协调的。但是，由于单元边界上法向导数 $\partial w / \partial n$ 是二次变化，不能由两端节点的两个法向导数值 $\partial w / \partial n$ 唯一确定，所以相邻单元边界上的转角是不协调的。因此，上述采用面积坐标构造插值函数的三角形薄板单元是非协调单元。

对于工程实际来说，在大多数情况下，由非协调三角形单元所得到的计算精度是足够的。甚至在大多数实用的网格划分算法中，这种单元计算出的结果往往优于等阶次的协调单元。

3. 三角形薄板单元刚度矩阵

将位移插值函数代入式（5-69），可得三角形薄板单元的曲率与单元节点位移之间的关系式

$$\{\varepsilon\} = [B]\{\delta\}^e \tag{5-70}$$

式中，$[B]$ 是 3×9 的矩阵，如下所示：

$$[B] = \begin{bmatrix} \dfrac{\partial^2 N_i}{\partial x^2} & \dfrac{\partial^2 N_{xi}}{\partial x^2} & \dfrac{\partial^2 N_{yi}}{\partial x^2} & \cdots & \dfrac{\partial^2 N_{ym}}{\partial x^2} \\[2mm] \dfrac{\partial^2 N_i}{\partial y^2} & \dfrac{\partial^2 N_{xi}}{\partial y^2} & \dfrac{\partial^2 N_{yi}}{\partial y^2} & \cdots & \dfrac{\partial^2 N_{ym}}{\partial y^2} \\[2mm] -2\dfrac{\partial^2 N_i}{\partial x \partial y} & -2\dfrac{\partial^2 N_{xi}}{\partial x \partial y} & -2\dfrac{\partial^2 N_{yi}}{\partial x \partial y} & \cdots & -2\dfrac{\partial^2 N_{ym}}{\partial x \partial y} \end{bmatrix} \tag{5-71}$$

单元的刚度矩阵为

$$[k]^e = \iint_A [B]^{\mathrm{T}}[D][B]\,\mathrm{d}x\mathrm{d}y \tag{5-72}$$

式中，$[D]$ 为薄板弯曲理论的弹性矩阵，各向同性材料的弹性矩阵为

$$[D] = D_b \begin{bmatrix} 1 & \mu & 0 \\ \mu & 1 & 0 \\ 0 & 0 & (1-2\mu)/2 \end{bmatrix} \tag{5-73}$$

式中，D_b 为弹性薄板的弯曲刚度，如下所示：

$$D_b = \frac{Eh^3}{12(1-\mu^2)} \tag{5-74}$$

式中，h 为板的厚度。

在计算单元刚度矩阵式（5-72）时，利用面积坐标的积分公式可以得到刚度矩阵的解析表达式。但是，计算机有限元程序通常采用三点积分公式进行积分计算，可得到较为精确的结果。

4. 等效节点载荷

三角形薄板单元的等效节点载荷有集中载荷和均布法向载荷两种类型。

当法向集中载荷作用在单元内任一点，等效节点载荷为

$$R^e = N^{\mathrm{T}}\Big|_{\substack{x=x_0 \\ y=y_0}}\{P\} \tag{5-75}$$

式中，$\{P\}$ 是 1×1 阶的阵列。

当单元上受均布法向载荷 q 作用时，节点的等效载荷为

$$\{p\}^e = \iint_A [N]^{\mathrm{T}} q\,\mathrm{d}x\mathrm{d}y \tag{5-76}$$

通过式（5-76）可以得到均布载荷 q 作用时其等效载荷的解析表达。为了简便起见，假定单元坐标原点在三角形的形心处，则有

$$\begin{aligned} \{p\}^e &= \iint_A [N]^{\mathrm{T}} q\,\mathrm{d}x\mathrm{d}y \\ &= q\iint_A [N_i \quad N_{xi} \quad N_{yi} \quad N_j \quad N_{xj} \quad N_{yi} \quad N_m \quad N_{xm} \quad N_{ym}]^{\mathrm{T}}\mathrm{d}x\mathrm{d}y \\ &= qA\left[\frac{1}{3} \quad -\frac{1}{8}y_i \quad \frac{1}{8}x_i \quad \frac{1}{3} \quad -\frac{1}{8}y_j \quad \frac{1}{8}x_j \quad \frac{1}{3} \quad -\frac{1}{8}y_m \quad -\frac{1}{8}x_m\right]^{\mathrm{T}} \end{aligned} \tag{5-77}$$

薄板理论采用了板中面直法线假设，即节点位移中的转角不是独立变量，未能反映剪切

变形，因此该理论不适用于厚板。当放弃薄板的直法线假设，将节点位移和转角作为独立的场函数时，就可以得到适用于厚板的单元，在此不做额外的推导。

5.4.3　薄壳弯曲问题的有限元法

薄壳分析常使用的单元类型有曲面薄壳单元（包括深壳单元和扁壳单元）和平板薄壳单元。在进行壳体分析时，常采用折板代替薄壳的方法，即用三角形或矩形薄板单元的组合体代替壳体。图 5-20a 所示是由三角形板单元所组成的任意薄壳，图 5-20b 所示则是由矩形板单元组成的棱柱面薄壳。其中，三角形平板单元应用较广，实用价值大，可以适应壳体复杂的外形，而且计算得出的结果收敛性好。

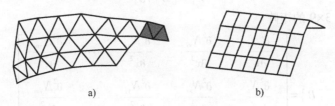

a)　　　　　　　　　　　b)

图 5-20　用折板代替薄壳

1. 局部坐标系中的单元刚度矩阵

平板薄壳单元可以看成是平面应力单元和平板弯曲单元的组合，因而其单元刚度矩阵可以由这两种单元的刚度矩阵组合而成。

三节点平板薄壳单元的节点位移如图 5-21 所示，其中图 5-21a 所示为平面应力状态，图 5-21b 所示为弯曲应力状态，局部坐标 Oxy 建立在单元所在平面内。

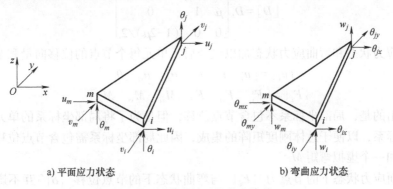

a) 平面应力状态　　　　　　　　　b) 弯曲应力状态

图 5-21　薄壳单元的节点位移

对于平面应力状态，由 5.2 节可知

$$\{f\}=\begin{Bmatrix} u \\ v \end{Bmatrix}=[N]\{\delta\}^e$$

$$\{\delta\}^e=\begin{bmatrix} u_1 & v_1 & u_2 & v_2 & u_3 & v_3 \end{bmatrix}^T$$

$$\{\varepsilon\}=[B]\{\delta\}^e$$

$$[k]^e=\iint_A [B]^T[D][B]\mathrm{d}x\mathrm{d}y$$

对于弯曲应力状态，单元应变取决于节点在 z 方向的挠度 w，绕 x 轴的转角 θ_x 及绕 y 轴

的转角 θ_y。三角形薄板单元每个节点有 3 个自由度，一共有 9 个自由度，而且有

$$\frac{\partial w}{\partial y} = \theta_{ix}, \qquad -\frac{\partial w}{\partial x} = \theta_{iy}$$

三角形薄板单元的位移插值函数可以选择以下两个多项式中的任一个

$$w(x,y) = \alpha_1 + \alpha_2 x + \alpha_3 y + \alpha_4 x^2 + \alpha_5 y^2 + \alpha_6 x^3 + \alpha_7 x^2 y + \alpha_8 xy^2 + \alpha_9 y^3$$

$$w(x,y) = \alpha_1 + \alpha_2 x + \alpha_3 y + \alpha_4 xy + \alpha_5 x^2 + \alpha_6 y^2 + \alpha_7 x^3 + \alpha_8 (x^2 y + xy^2) + \alpha_9 y^3$$

单元的节点位移向量为

$$\{\delta\}^e = \begin{bmatrix} w_i & \theta_{ix} & \theta_{iy} & w_j & \theta_{jx} & \theta_{jy} & w_m & \theta_{mx} & \theta_{my} \end{bmatrix}^T$$

由式（5-60）~式（5-65）可以得到

$$\{\varepsilon\} = [B]\{\delta\}^e \tag{5-78}$$

其中 $[B]$ 是 3×9 的矩阵。

$$[B] = \begin{bmatrix} \dfrac{\partial^2 N_i}{\partial x^2} & \dfrac{\partial^2 N_{xi}}{\partial x^2} & \dfrac{\partial^2 N_{yi}}{\partial x^2} & \cdots & \dfrac{\partial^2 N_{ym}}{\partial x^2} \\[2mm] \dfrac{\partial^2 N_i}{\partial y^2} & \dfrac{\partial^2 N_{xi}}{\partial y^2} & \dfrac{\partial^2 N_{yi}}{\partial y^2} & \cdots & \dfrac{\partial^2 N_{ym}}{\partial y^2} \\[2mm] -2\dfrac{\partial^2 N_i}{\partial x \partial y} & -2\dfrac{\partial^2 N_{xi}}{\partial x \partial y} & -2\dfrac{\partial^2 N_{yi}}{\partial x \partial y} & \cdots & -2\dfrac{\partial^2 N_{ym}}{\partial x \partial y} \end{bmatrix} \tag{5-79}$$

单元的刚度矩阵为

$$[k]^e = \iint_A [B]^T [D][B] \, dx dy \tag{5-80}$$

$$[D] = D_b \begin{bmatrix} 1 & \mu & 0 \\ \mu & 1 & 0 \\ 0 & 0 & (1-2\mu)/2 \end{bmatrix}$$

把平面应力状态和弯曲应力状态加以组合后，单元每个节点的位移向量和节点力向量为

$$\{u_i\} = \begin{bmatrix} u_i & v_i & w_i & \theta_{xi} & \theta_{yi} & \theta_{zi} \end{bmatrix}^T$$

$$\{F_i\} = \begin{bmatrix} F_{xi} & F_{yi} & F_{zi} & M_{xi} & M_{yi} & M_{zi} \end{bmatrix}^T$$

需要指出的是，局部坐标系不包含节点位移，但是为了将局部坐标系的单元刚度矩阵转换到总体坐标系，以便于总体刚度矩阵的集成，因此局部坐标系需包含节点位移，并在节点力中相应增加一个虚拟弯矩 M_{zi}。

由于平面应力状态下的节点力 $\{F_i\}$ 与弯曲状态下的节点位移 $\{\delta\}^e$ 互不影响，且弯曲应力状态下的节点力 $\{F_i\}$ 与平面应力状态下的节点位移 $\{\delta\}^e$ 互不影响，所以组合应力状态下的平板薄壳单元的单元刚度矩阵如图 5-22 和式（5-81）所示。

$$[k_{rs}] = \begin{bmatrix} k_{11}^p & k_{12}^p & 0 & 0 & 0 & 0 \\ k_{21}^p & k_{22}^p & 0 & 0 & 0 & 0 \\ 0 & 0 & k_{33}^b & k_{34}^b & k_{35}^b & 0 \\ 0 & 0 & k_{43}^b & k_{44}^b & k_{45}^b & 0 \\ 0 & 0 & k_{53}^b & k_{54}^b & k_{55}^b & 0 \\ 0 & 0 & 0 & 0 & 0 & 0 \end{bmatrix} \tag{5-81}$$

式中，子矩阵 $\left[k_{rs}^{p}\right]$ 和 $\left[k_{rs}^{b}\right]$ 分别是平面应力问题和薄板弯曲问题的相应子矩阵。三角形平板薄壳单元的刚度矩阵是 18×18 阶矩阵，矩形平板薄壳单元的刚度矩阵是 24×24 阶矩阵。

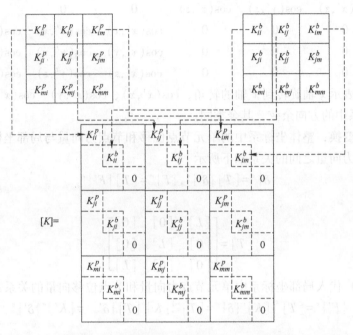

图 5-22　由平面应力和薄板弯曲的刚度矩阵组合成薄壳单元刚度矩阵

2. 单元刚度矩阵从局部坐标系到整体坐标系的转换

在推导单元刚度矩阵过程中，由于不同单元使用了方向非完全一致的局部坐标系，无法直接进行总体刚度矩阵的叠加。为了建立整个系统的刚度矩阵，需要先确定一个整体坐标系，而后将单个单元在局部坐标系中的刚度矩阵转换到整体坐标系之中，然后加以组合得到总体刚度矩阵。

现用 X、Y、Z 表示整体坐标，局部坐标仍用 x、y、z 表示，如图 5-23 所示。

仍以三角形平板薄壳单元为例，局部坐标系的节点 i 的节点位移和节点力分别为

$$\{u_i\} = \begin{bmatrix} u_i & v_i & w_i & \theta_{xi} & \theta_{yi} & \theta_{zi} \end{bmatrix}^{\mathrm{T}}$$

$$\{F_i\} = \begin{bmatrix} F_{xi} & F_{yi} & F_{zi} & M_{xi} & M_{yi} & M_{zi} \end{bmatrix}^{\mathrm{T}}$$

整体坐标系中节点 i 的节点位移和节点力为

$$\{u_i'\} = \begin{bmatrix} u_i' & v_i' & w_i' & \theta_{xi}' & \theta_{yi}' & \theta_{zi}' \end{bmatrix}^{\mathrm{T}}$$

$$\{F_i'\} = \begin{bmatrix} F_{xi}' & F_{yi}' & F_{zi}' & M_{xi}' & M_{yi}' & M_{zi}' \end{bmatrix}^{\mathrm{T}}$$

节点位移和节点力在两个坐标系中的变换为

$$\{\delta_i\} = \begin{bmatrix} L \end{bmatrix} \{\delta_i'\}, \{F_i\} = \begin{bmatrix} L \end{bmatrix} \{F_i'\}$$

式中，

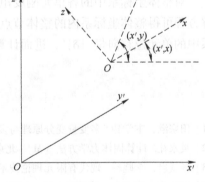

图 5-23　局部坐标系与整体坐标系

$$L = \begin{bmatrix} \cos(x',x) & \cos(y',x) & \cos(z',x) & 0 & 0 & 0 \\ \cos(x',y) & \cos(y',y) & \cos(z',y) & 0 & 0 & 0 \\ \cos(x',z) & \cos(y',z) & \cos(z',z) & 0 & 0 & 0 \\ 0 & 0 & 0 & \cos(x',x) & \cos(y',x) & \cos(z',x) \\ 0 & 0 & 0 & \cos(x',y) & \cos(y',y) & \cos(z',y) \\ 0 & 0 & 0 & \cos(x',z) & \cos(y',z) & \cos(z',x) \end{bmatrix}$$

而 (x',x) 表示 x 轴旋转到 x' 轴的转角，$\cos(x',x)$、$\cos(x',y)$、$\cos(x',z)$ 分别表示 x 轴在 $x'y'z'$ 坐标系中的方向余弦，其余类同。

通过上式的变换，整体坐标系中的单元节点位移和节点力向量与局部坐标系的单元节点位移和单元节点力向量之间的关系如下所示

$$\{\delta\}^e = [T]\{\delta'\}^e, \quad \{F\}^e = [T]\{F'\}^e \tag{5-82}$$

式中，

$$[T] = \begin{bmatrix} [L] & [0] & [0] \\ [0] & [L] & [0] \\ [0] & [0] & [L] \end{bmatrix}$$

把式（5-82）代入局部坐标系中单元节点力向量和节点位移向量的关系式，可以得到

$$\{F'\}^e = [T]^{-1}[K]^e\{\delta\}^e = [T]^{-1}[K]^e[T]\{\delta'\}^e = [K']^e\{\delta'\}^e$$

于是，有

$$[K']^e = [T]^{-1}[K]^e[T] \tag{5-83}$$

式中，$[K']^e$ 即单元在整体坐标系中的单元刚度矩阵。由于 $[T]$ 是正交矩阵 $[T]^T = [T]^{-1}$，所以由式（5-83）可得

$$[K']^e = [T]^T[K]^e[T] \tag{5-84}$$

$$[F']^e = [T]^T[F]^e \tag{5-85}$$

对整体坐标系中的各单元刚度矩阵和载荷向量进行组合，就可得到系统的整体方程，求解方程可得整体坐标系内的整体节点位移向量 $\{\delta'\}$，然后再根据式（5-82）可得局部坐标系中的单元位移向量 $\{\delta\}^e$，进而计算单元内的应力等。

参 考 文 献

[1] 田宗漱，卞学鐄. 多变量变分原理与多变量有限元方法 [M]. 北京：科学出版社，2011.

[2] 吴永礼. 计算固体力学方法 [M]. 北京：科学出版社，2003.

[3] 杨咸启，李晓玲. 现代有限元理论技术与工程应用 [M]. 北京：北京航空航天大学出版社，2007.

[4] 梁清香，张根全，陈慧琴，等. 有限元与 MARC 实现 [M]. 2 版. 北京：机械工业出版社，2005.

[5] SAEED MOAVENI. 有限元分析：ANSYS 理论与应用 [M]. 欧阳宇，王崧 译. 北京：电子工业出版社，2003.

[6] 李景湧. 有限元法 [M]. 北京：北京邮电大学出版社，1999.

[7] 王成. 有限单元法 [M]. 北京：清华大学出版社，2003.

“两弹一星”功勋
科学家：杨嘉墀

第6章 结构动力学有限元法

机械在运转时，其结构总是受到随时间变化的载荷作用，当这种动载荷与静载荷的比值较小时，它的影响可以忽略不计，只需对机械结构进行静力学分析。但是有些机械结构则不然，它受到显著的动载荷作用，这时结构必须进行动力学分析。此外，有些机械结构虽然受到动载荷作用并不显著，但由于作用载荷的频率和结构某一阶固有频率相接近，会因共振而引起结构出现显著的振幅，在结构内部产生很大的动应力，以致结构破坏或产生不允许的变形，这时也必须进行结构动力学分析。

当外载荷和结构的响应随时间的变化非常缓慢，则只需利用有限元法进行结构的静力学分析。但是，当承受载荷的结构处于非平衡状态，或由于结构的弹性和惯性在平衡位置振动时，随时间变化的载荷所引起的结构响应（位移、速度、加速度、反力、应力及应变等）也会随时间而发生变化，这时候在静力学分析中不予考虑的惯性和阻尼效应都在结构的动力学平衡方程中起重要作用。上述问题属于结构动力学问题。

6.1 弹性结构的动力学方程

在实际机械结构中，作用于结构上的载荷通常是动载荷，即载荷与时间 t 有关。此时，结构中任意一点的位移、应力和应变不仅随该点的空间位置发生变化，还随时间 t 而变化。

结构动力学问题的有限元法实质上就是将一个弹性连续体的振动问题，离散为一个以有限节点位移为广义坐标的多自由度系统的振动问题。

弹性结构动力学控制方程可以通过多种方法来建立，如牛顿（Newton）动力学方程、达朗贝尔（D'Alembert's）原理、哈密尔顿（Hamilton）原理，以及拉格朗日（Lagrange）方程等。为与前面章节的方法相衔接，本节基于达朗贝尔原理进行弹性体动力学的有限元格式的建立。

6.1.1 达朗贝尔原理和动力学方程

在分析动力学问题时，外力是时间的函数，节点的位移也是时间的函数。根据达朗贝尔原理，只要引入相应的惯性力和阻尼力，就可将动力学问题转化为相应的静力学问题，然后再采用最小势能原理来推导有限元方程。

整个弹性系统的势能包括两部分，一部分是弹性体的应变能 U，另一部分则是外力载荷的势能 V_f。

$$\Pi = U - V_f = \frac{1}{2}\int_V \sigma_{ij}\varepsilon_{ij}\mathrm{d}V - \int_V f_i u_i \mathrm{d}V - \int_{S_\sigma} \bar{p} u_i \mathrm{d}S$$

$$= \frac{1}{2}\int_V D_{ijkl}\varepsilon_{ij}\varepsilon_{kl}\mathrm{d}V - \int_V f_i u_i \mathrm{d}V - \int_{S_\sigma} \bar{p} u_i \mathrm{d}S \tag{6-1}$$

式中，D_{ijkl} 为弹性矩阵，f_i 为体积力，$\bar{p}$ 为已知的界面力。

根据达朗贝尔原理，动力学问题只需将由质量引起的惯性力 D_{ijkl} 和系统的阻尼力 $\mu\dot{u}$ 加入到势能中，便能得到动力学问题的系统总势能，如下所示：

$$\Pi = \frac{1}{2}\int_V D_{ijkl}\varepsilon_{ij}\varepsilon_{kl}\mathrm{d}V - \int_V f_i u_i \mathrm{d}V - \int_{S_\sigma} \bar{p} u_i \mathrm{d}S + \int_V \rho\ddot{u}\mathrm{d}V + \int_V \mu\dot{u}\mathrm{d}V \tag{6-2}$$

式中，ρ 是质量密度，μ 是材料的阻尼系数，$\ddot{u}$、$\dot{u}$ 表示位移对时间的二阶导数和一阶导数，即加速度和速度。

和静力学问题一样，采用有限元法时，单元的位移和应变可以表示为

$$\{u\} = [N]\{u\}^e, \quad \{\varepsilon\} = [B]\{u\}^e \tag{6-3}$$

先将位移和应变代入式（6-2）中，再用最小势能原理即可得到动力学问题的有限元方程。结构动力学有限元分析与静力学有限元分析具有类似的流程，其不同点在于动力学有限元分析在计算中必须考虑结构惯性力和阻尼影响。因此，若要对结构进行动态分析，需要写出每个单元的振动微分方程，如下所示：

$$[M]^e\{\ddot{\delta}\}^e + [C]^e\{\dot{\delta}\}^e + [K]^e\{\delta\}^e = \{R(t)\}^e \tag{6-4}$$

式中，$\{\delta\}^e$ 为单元的节点位移向量，与前述静力分析中的 $\{\delta\}^e$ 相同；$\{\dot{\delta}\}^e$ 为单元的节点速度向量；$\{\ddot{\delta}\}^e$ 为单元的节点加速度向量；$[M]^e$ 为单元的质量矩阵；$[C]^e$ 为单元的阻尼矩阵；$[K]^e$ 为单元的刚度矩阵。

$[M]^e\{\ddot{\delta}\}^e$、$[C]^e\{\dot{\delta}\}^e$ 和 $[K]^e\{\delta\}^e$ 分别表示单元的惯性力向量、阻尼力向量和弹性力向量，$\{R(t)\}_e$ 表示单元的载荷向量，是时间 t 的函数。

与静力学有限元法类似，对所有单元的质量矩阵、阻尼矩阵和刚度矩阵进行组合，即可得到弹性体系统的动力学有限元方程

$$[M]\{\ddot{u}\} + [C]\{\dot{u}\} + [K]\{u\} = \{F(t)\} \tag{6-5}$$

式中，总体刚度矩阵 $[K]$ 与外载荷阵列 $\{F\}$ 与静力学有限元方程相同，$[M]$ 为系统的总体质量矩阵，$[C]$ 为系统的总体阻尼矩阵，这两个矩阵分别由各单元的质量矩阵和阻尼矩阵组合而成。

需要说明的是，在上述最小势能原理中，变分时采用的是瞬时变分，未考虑加速度和速度的变分，所以该原理有时也称为瞬时变分原理或瞬时最小势能原理，最后得出的方程是关于时间的微分方程。因此，在求解结构动力学有限元方程时，除了位移边界条件之外，还要给定初始速度等初始条件。

6.1.2　质量矩阵

动力学有限元方程质量矩阵的计算与插值函数的形式有关，采用不同的插值函数，质量矩阵的值将有所不同。由 6.1.1 节可知，通过虚功原理可以得到质量矩阵的计算公式为

$$[M]^e = \int_{V_e} [N]^{\mathrm{T}} \rho [N] \mathrm{d}V \tag{6-6}$$

在实际工程应用中，质量矩阵有两种计算方法，分别为协调质量矩阵（Consistent Mass Matrix）和集中质量矩阵（Lumped Mass Matrix）。

1. 协调质量矩阵

按照式（6-6）进行计算，将单元的质量按有限元位移模式中的位移插值函数等效到单元的各节点上，这时单元的动能与势能是相互协调的，因此计算所得的质量矩阵称为协调质量矩阵，也被称为一致质量矩阵。这种单元质量矩阵是满阵，其计算过程比较复杂，计算耗时较长。

对于同一个单元，若其形函数不同，该单元的质量矩阵也有所不同。以三角形单元为例，假设单元厚度为 t，单元面积为 A，质量密度为 ρ，则该单元的协调质量矩阵为

$$[M]^e = \int_{V_e} [N]^{\mathrm{T}} \rho [N] \mathrm{d}V = \iint_A [N]^{\mathrm{T}} \rho [N] t \mathrm{d}x \mathrm{d}y = \frac{\rho A t}{12} \begin{bmatrix} 2 & 0 & 1 & 0 & 1 & 0 \\ 0 & 2 & 0 & 1 & 0 & 1 \\ 1 & 0 & 2 & 0 & 1 & 0 \\ 0 & 1 & 0 & 2 & 0 & 1 \\ 1 & 0 & 1 & 0 & 2 & 0 \\ 0 & 1 & 0 & 1 & 0 & 2 \end{bmatrix}$$

2. 集中质量矩阵

将单元内分布质量按重心不变的原则分配至单元各节点上，所产生的质量矩阵是不存在耦合项的对角矩阵。

对于六自由度的平面三角形单元，若其单元总质量为 $\rho A t$，则平均分配至三个节点上的质量所形成的质量矩阵为

$$[M]^e = \frac{\rho A t}{3} \begin{bmatrix} 1 & 0 & 0 & 0 & 0 & 0 \\ 0 & 1 & 0 & 0 & 0 & 0 \\ 0 & 0 & 1 & 0 & 0 & 0 \\ 0 & 0 & 0 & 1 & 0 & 0 \\ 0 & 0 & 0 & 0 & 1 & 0 \\ 0 & 0 & 0 & 0 & 0 & 1 \end{bmatrix}$$

一般而言，协调质量矩阵可较准确地反映单元内质量分布的实际情况。虽然集中质量矩阵精度不如一致质量矩阵，但不存在耦合，可大幅简化矩阵的计算，是工程中常用的质量矩阵计算方法。

对于有转动自由度的单元，它对质量的分配需进行移动和转动自由度的区分。第一种是可以将单元质量平均分配到单元的移动自由度上，转动自由度上不分配质量。从能量的角度看，可认为转动自由度的动能相比于移动自由度的动能可以被忽略。例如，对于 2 节点弯曲梁单元，其集中质量矩阵如下所示：

$$[M]^e = \frac{\rho A L}{2} \begin{bmatrix} 1 & 0 & 0 & 0 \\ 0 & 0 & 0 & 0 \\ 0 & 0 & 1 & 0 \\ 0 & 0 & 0 & 0 \end{bmatrix}$$

第二种则是除了移动自由度外，还需对对角线上的转动自由度也分配相应的质量，具体的分配方式与分析问题的类型（线性和非线性）、单元截面形式相关。

6.1.3　阻尼矩阵

1. 阻尼力与运动速度成正比

结构的阻尼计算是一个非常复杂的问题，它与材料、工况条件有关。多数情况下结构阻尼采用近似方法进行估算，有时还需要借助于实验来确定。由 6.1.1 节可知，依据虚功原理所推导出的阻尼矩阵计算公式为

$$[C]^e = \int_{V_e} [N]^T \mu [N] \mathrm{d}V \tag{6-7}$$

对比式（6-6）和式（6-7）可知，单元阻尼矩阵的计算公式与质量矩阵的计算公式相似。若假定单元中的阻尼力与位移速度成正比，则二者之间仅相差一个比例因子，此时矩阵也可以称为协调阻尼矩阵。因此，阻尼矩阵可以写为

$$[C]^e = \frac{\mu}{\rho} [M]^e = \alpha [M]^e \tag{6-8}$$

式中，$\alpha = \mu/\rho$ 为比例因子。

2. 阻尼力与应变速度成正比

有时阻尼矩阵的计算也采用阻尼应力与应变速度成正比的假设，材料内因摩擦产生的阻尼一般可简化为这种情况，阻尼应力的具体计算公式为

$$\sigma_{ij}^r = -\beta D_{ijkl}^e \frac{\partial \varepsilon_{kl}}{\partial t} \tag{6-9}$$

式中，β 是应变阻尼系数，D_{ijkl}^e 为弹性矩阵。通过式（6-9）计算阻尼应力时，相应的单元阻尼矩阵为

$$[C]^e = \beta \int_{V_e} [B]^T [D] [B] \mathrm{d}V = \beta [K]^e \tag{6-10}$$

式（6-10）表示阻尼矩阵与单元刚度矩阵成正比。

3. 瑞利阻尼

实际工程问题的阻尼矩阵一般难以实现高精度的计算，有限元法通常将黏性阻尼矩阵写成上述两种阻尼矩阵的复合形式，即

$$[C]^e = \alpha [M]^e + \beta [K]^e \tag{6-11}$$

这种阻尼称为瑞利（Rayleigh）阻尼，$[C]^e$ 称为比例阻尼矩阵，其中 α、β 是比例系数，与结构的固有频率和阻尼有关，可以通过实验进行确定。设 ω_i、ω_j 分别为结构的第 i 阶、第 j 阶固有频率，ξ_i、ξ_j 分别为结构的第 i 阶、第 j 阶振型的阻尼比，则 α 和 β 的计算式为

$$\alpha = \frac{2\omega_i\omega_j(\xi_i\omega_j - \xi_j\omega_i)}{\omega_j^2 - \omega_i^2}, \beta = \frac{2(\xi_j\omega_j - \xi_i\omega_i)}{\omega_j^2 - \omega_i^2} \tag{6-12}$$

对同一结构，取值不同的 ω 会得到不同的 α、β，ω 的选取准则可参考有关资料。在确定 α、β 之后，即可由式（6-11）确定阻尼矩阵。

6.2　弹性结构的自由振动特性

6.2.1　结构模态参数

结构的固有特性由结构本身决定，与外部载荷无关，它由一组模态参数进行定量描述。模态参数包括固有频率、模态振型、模态质量、模态刚度和模态阻尼比等，其中最重要的模态参数为固有频率、模态振型和模态阻尼比。

固有频率分析是对模态参数进行计算，其目的主要有两点：①避免结构出现共振和有害的振型；②为结构的响应分析提供必要数据。

由于结构的固有特性分析与外载荷无关，而且阻尼对固有频率和振型影响不大，因此可通过式（6-5）所推导的无阻尼自由振动方程计算结构的固有频率，其具体形式为

$$[M]^e\{\ddot{u}\}^e+[K]^e\{u\}^e=\{F(t)\}^e \tag{6-13}$$

求解 $\{F(t)\}=0$ 条件下的齐次微分方程，所得方程的通解可反映系统的自由振动特性，对其相应的特征方程进行求解，得到系统特征解，可反映结构的固有特性。

$$[M]\{\ddot{u}\}+[K]\{u\}=0 \tag{6-14}$$

由于结构的自由振动可分解为一系列简谐振动的叠加，因此式（6-14）的解可设为

$$\{u\}=\{\varPhi\}\mathrm{e}^{j\omega t}$$

式中，ω 为简谐振动圆频率，$\{\varPhi\}$ 为节点振幅列向量。

求解上式可得

$$([K]-\omega^2[M])\{\varPhi\}=0 \tag{6-15}$$

式（6-15）为广义特征值问题，求解该问题可以求出 n 个特征值 ω_1^2，ω_2^2，$\cdots$，ω_n^2 和相应的 n 个特征向量（$\boldsymbol{\phi}_1,\boldsymbol{\phi}_2,\cdots,\boldsymbol{\phi}_n$）。其中，特征值的平方根 $\omega_i(i=1,2,\cdots,n)$ 就是结构的第 i 阶固有频率，特征向量 $\boldsymbol{\phi}_i(i=1,2,\cdots,n)$ 就是结构的 i 阶模态振型，简称振型。第 i 阶模态振型是结构按频率 ω_i 振动时各自由度方向振幅间相对比例关系的量化，反映了结构振动的形态，并非是振幅绝对大小的度量。

于是，位移向量在频域中的解可表示为互相独立的 n 组振动模态的线性叠加

$$\{x\}=\sum_{i=1}^n \gamma_i\{\phi_i\}$$

式中，$\gamma_i(i=1,2,\cdots,n)$ 是取决于 i 阶振动模态的量，被称为第 i 阶振动模态坐标。

以外力不为零的强迫振动为例，对结构自由振动方程进行频域求解。将式（6-5）进行拉普拉斯变换后，可得

$$(-\omega^2[M]+j\omega[C]+[K])\{X\}=\{F\}$$

因此，s 阶振动模态的坐标为

$$\gamma_s=\frac{\{\phi_s\}^{\mathrm{T}}\{F\}}{-\omega^2 m_s+j\omega c_s+k_s} \tag{6-16}$$

可得到式（6-5）的频域解为

$$x = \sum_{i=1}^{n} \frac{\{\phi_i\}^{\mathrm{T}} \{F\} \{\phi_i\}}{-\omega^2 m_i + \mathrm{j}\omega c_i + k_i} \tag{6-17}$$

式（6-17）为线性系统在强迫振动情况下的频域解，它反映了物理坐标系和振动模态坐标系之间的变换关系，是模态分析理论中的主要公式。等式左边为机械上各点的实际振动情况，右边为 n 阶振动模态 m_r、c_r、k_r、ω_r 及 $\{\phi_r\}$ 的累加，这就是所谓的模态叠加原理，上述参数被称为模态参数。

振型的重要特点之一是特征向量的振幅是任意的，是对结构振动基本特征形状的表征，是一个相对量。在自由振动运动方程的频域解中，解的形式代表幅值随时间而变化的形状，其基本的振动模态只发生幅值变化而未改变形状。一种常见错误概念是振型决定结构响应。由于振型是相对量，它们不能单独用来估计动力行为，因为动力响应的绝对值是由结构载荷与固有频率间的关系决定的。通过给定载荷与各阶次固有频率间的关系确定放大因子，进而确定各阶次固有模态对该载荷的响应程度。只有在各阶次模态响应幅值确定之后，才能用实际的应力或位移值进行结构动力学的相关设计，这种用模态结果确定强迫响应的方法被称为模态法。尽管振型的幅值是任意的，但振型的形状是唯一的。虽然振型是相对量，但模态量在预测定量响应或隔离有问题的固有频率时非常有用。当确定某阶次振型下的结构变形情况时，结构的相对应变、应力、内力等相对量均可通过模态分析获得。换言之，任何静力学有限元分析可以计算的物理量，均可在模态分析中进行相应物理量的计算。但是，模态分析所得计算结果都是基于振型的相对位移，只可在同一模态内进行比较，而不同模态之间的计算结果无法进行比较。在结构的设计过程中，若想消除有问题的结构固有频率，模态应变能可用以确定需要修改的结构区域。模态高应变能的单元位于高弹性变形区域，这些单元对模态变形影响最为直接。因此，改变高应变能单元的属性比改变那些低应变能单元的属性对结构固有频率和振型的影响更大。

6.2.2　结构模态参数的特征

对于一个 n 自由度系统，其第 r 阶特征值 $\lambda_r = \omega_{nr}^2$ 所对应的特征向量为 $\{u\}_r$，其第 s 阶特征值 $\lambda_s = \omega_{ns}^2$ 所对应的特征向量为 $\{u\}_s$，它们均满足方程式（6-15），因此有

$$[K]\{u\}_r = \omega_{nr}^2 [M]\{u\}_r$$

$$[K]\{u\}_s = \omega_{ns}^2 [M]\{u\}_s$$

进一步，则有

$$\{u\}_s^{\mathrm{T}} [K]\{u\}_r = \omega_{nr}^2 \{u\}_s^{\mathrm{T}} [M]\{u\}_r \tag{6-18}$$

$$\{u\}_r^{\mathrm{T}} [K]\{u\}_s = \omega_{ns}^2 \{u\}_r^{\mathrm{T}} [M]\{u\}_s \tag{6-19}$$

将方程式（6-18）进行转置，矩阵 $[M]$ 和 $[K]$ 均为对称矩阵，则可得

$$\{u\}_r^{\mathrm{T}} [K]\{u\}_s = \omega_{nr}^2 \{u\}_r^{\mathrm{T}} [M]\{u\}_s \tag{6-20}$$

将式（6-19）与式（6-20）相减，得

$$(\omega_{nr}^2 - \omega_{ns}^2)\{u\}_r^{\mathrm{T}} [M]\{u\}_s = 0 \tag{6-21}$$

根据 $\omega_{nr} \neq \omega_{ns}$，可得

$$\{u\}_r^{\mathrm{T}} [M]\{u\}_s = 0 \qquad (r \neq s) \tag{6-22}$$

同理，可以得到

$$\{u\}_r^{\mathrm{T}}[K]\{u\}_s = 0 \qquad (r \neq s) \tag{6-23}$$

式（6-22）和式（6-23）表示了系统特征向量之间的正交关系，是关于对称质量矩阵 $[M]$ 和对称刚度矩阵 $[K]$ 的加权正交。

若 $r=s$，则

$$\{u\}_r^{\mathrm{T}}[M]\{u\}_r = m_{rr} \tag{6-24}$$

$$\{u\}_r^{\mathrm{T}}[K]\{u\}_r = k_{rr} \tag{6-25}$$

式中，m_{rr} 和 k_{rr} 是两个实常数，被称为系统的第 r 阶主质量和主刚度，或广义质量和广义刚度，或模态质量和模态刚度。

由方程式（6-24）可得

$$\{u\}^{\mathrm{T}}[M]\{u\} = \begin{bmatrix} \{u\}_1^{\mathrm{T}} \\ \{u\}_2^{\mathrm{T}} \\ \vdots \\ \{u\}_n^{\mathrm{T}} \end{bmatrix} [M] \begin{bmatrix} \{u\}_1 & \{u\}_2 & \cdots & \{u\}_n \end{bmatrix}$$

$$= \begin{bmatrix} \{u\}_1^{\mathrm{T}}[M]\{u\}_1 & \{u\}_1^{\mathrm{T}}[M]\{u\}_2 & \cdots & \{u\}_1^{\mathrm{T}}[M]\{u\}_n \\ \{u\}_2^{\mathrm{T}}[M]\{u\}_1 & \{u\}_2^{\mathrm{T}}[M]\{u\}_2 & \cdots & \{u\}_2^{\mathrm{T}}[M]\{u\}_n \\ \vdots & \vdots & \vdots & \vdots \\ \{u\}_n^{\mathrm{T}}[M]\{u\}_1 & \{u\}_n^{\mathrm{T}}[M]\{u\}_2 & \cdots & \{u\}_n^{\mathrm{T}}[M]\{u\}_n \end{bmatrix}$$

$$= \begin{bmatrix} M_1 & 0 & \cdots & 0 \\ 0 & M_2 & \cdots & 0 \\ \vdots & \vdots & & \vdots \\ 0 & 0 & \cdots & M_n \end{bmatrix} = [\overline{M}] \tag{6-26}$$

$$\{u\}^{\mathrm{T}}[K]\{u\} = = \begin{bmatrix} K_1 & 0 & \cdots & 0 \\ 0 & K_2 & \cdots & 0 \\ \vdots & \vdots & & \vdots \\ 0 & 0 & \cdots & K_n \end{bmatrix} = [\overline{K}] \tag{6-27}$$

$[\overline{M}]$ 和 $[\overline{K}]$ 是主对角矩阵，称为系统主质量矩阵和主刚度矩阵，或广义质量矩阵和广义刚度矩阵，或模态质量矩阵和模态刚度矩阵。对应地，式（6-26）和式（6-27）中的 $\{u\}$ 被称为振型矩阵（Modal Matrix），其第 i 列与第 i 阶的主振型矢量相对应，即

$$\{u\} = \Phi_i \tag{6-28}$$

在多数情况下，对主振型矢量 $\{u\}$ 进行正则化可得 $[\overline{M}] = [I]$，即

$$\{u\}_r^{\mathrm{T}}[M]\{u\}_r = 1 \qquad r = 1, 2, \cdots, n \tag{6-29}$$

此时的矩阵 $[\overline{K}]$ 变为

$$[\overline{K}] = = \begin{bmatrix} \omega_1^2 & 0 & \cdots & 0 \\ 0 & \omega_2^2 & \cdots & 0 \\ \vdots & \vdots & & \vdots \\ 0 & 0 & \cdots & \omega_n^2 \end{bmatrix} = \omega_r^2 \tag{6-30}$$

6.2.3 结构模态参数的求解方法

前面已经将结构的自由振动特性归结为方程式（6-15），这是一个广义特征值方程。在结构动力学分析中，求解特征值方程具有重要意义，一方面它提供了有关结构动态特性的重要信息，另一方面它也是结构动态响应分析的基础。当有限元进行结构动力学问题求解时，由于其对应特征值方程的阶次一般都较高，只能采用数值迭代法对方程求解。下面介绍广义特征值方程的几种迭代解法。

1. 瑞利法

根据 6.2.1 节的分析可知，结构进行离散之后，其 n 个自由度的无阻尼系统特征值方程为

$$\lambda [M]\{u\} = [K]\{u\} \qquad \lambda = \omega_n^2 \tag{6-31}$$

系统的特征值和特征向量 λ_r，$\{u\}_r$（$r=1,2,\cdots,n$）满足方程式（6-31），则有

$$\lambda_r [M]\{u\}_r = [K]\{u\}_r, \qquad r=1,2,\cdots,n \tag{6-32}$$

将方程式（6-32）的两端对特征向量 $\{u\}_r^{\mathrm{T}}$ 进行左乘，并除以无量纲量 $\{u\}_r^{\mathrm{T}}[M]\{u\}_r$，得到

$$\lambda_r = \omega_{nr}^2 = \frac{\{u\}_r^{\mathrm{T}}[K]\{u\}_r}{\{u\}_r^{\mathrm{T}}[M]\{u\}_r} \quad r=1,2,\cdots,n \tag{6-33}$$

上述方程表明，特征向量的分子与第 r 阶固有模态的势能有关，分母与第 r 阶固有模态的动能有关。

对于任意向量 $\{v\}$，可令

$$\lambda_R = \omega_R^2 = R(v) = \frac{\{v\}^{\mathrm{T}}[K]\{v\}}{\{v\}^{\mathrm{T}}[M]\{v\}}$$

式中，$R(v)$ 是无量纲量，它不仅取决于矩阵 $[M]$ 和 $[K]$，而且还取决于向量 $\{v\}$。矩阵 $[M]$ 和 $[K]$ 分别反映了系统的质量和刚度特性，而向量 $\{v\}$ 是任意的。因此，对于给定的系统，$R(v)$ 只决定于向量 $\{v\}$。无量纲量 $R(v)$ 称为瑞利商（Rayleigh Quotient）。显然地，如果向量 $\{v\}$ 与系统的特征向量 $\{u\}_r$ 一致，则瑞利商就是对应的特征向量 λ_r。

所以，只要构造的向量 $\{v\}$ 接近于要求的第 r 阶的特征向量 $\{u\}_r$，就可以得到比较精确的特征值 λ_r 的近似值。通常，瑞利法用于计算系统的基频或第一阶固有频率。实际计算结果表明，按系统的静变形曲线作为假定的第一阶振型向量，再用式（6-20）计算，得到的系统一阶固有频率具有较高的精度。由于假设的振型与振动的一阶振型形状未完全相等，需对系统附加一定的约束方可获得所假定的振型。因此，用瑞利法计算得到的固有频率总是偏高的。

2. 里茨法

瑞利法只适用于系统的第一阶固有频率的近似计算，系统前几阶的固有频率和主振型的近似计算，则需使用里茨（Ritz）法。

里茨法是一种缩减系统自由度的近似解法。设系统的自由度数目为 n，其物理坐标为 $(x_1,\cdots,x_n)$ 并记为列阵 $\{q\}$。可以利用下式将系统的自由度由 n 缩减为 $n_1(n_1<n)$。

$$\{u\} = x_1\varphi_1 + x_2\varphi_2 + \cdots + x_{n1}\varphi_{n1} = [\varphi]\{x\} \tag{6-34}$$

式（6-34）可以理解为把系统原有 n 个独立坐标所组成的向量 u 表示成 n_1 个列阵的线性组合，而各向量的权系数为系统的 n_1 个新坐标。于是，系统的自由度数就由原来的 n 个缩减为 n_1 个。采用新坐标 $\{x\}$ 之后，仍可建立系统的运动微分方程。为此要计算系统的动能与势能，与原坐标 $\{q\}$ 所对应的系统的动能与势能分别为

$$T = \frac{1}{2}\{q\}^{\mathrm{T}}[M]\{q\} \tag{6-35}$$

$$U = \frac{1}{2}\{q\}^{\mathrm{T}}[K]\{q\} \tag{6-36}$$

根据坐标变化关系式（6-34），有

$$\{\dot{u}\} = [\varphi]\{\dot{x}\} \tag{6-37}$$

因此，动能和势能的表达式变为

$$T = \frac{1}{2}\{q\}^{\mathrm{T}}[M]\{q\} = \frac{1}{2}\{\dot{x}\}^{\mathrm{T}}[\varphi][M][\varphi]\{\dot{x}\} = \frac{1}{2}\{\dot{x}\}^{\mathrm{T}}[M]^{*}\{\dot{x}\} \tag{6-38}$$

$$U = \frac{1}{2}\{q\}^{\mathrm{T}}[K]\{q\} = \frac{1}{2}\{\dot{x}\}^{\mathrm{T}}[\varphi][K][\varphi]\{\dot{x}\} = \frac{1}{2}\{\dot{x}\}^{\mathrm{T}}[K]^{*}\{\dot{x}\} \tag{6-39}$$

式中，$[M]^{*}$，$[K]^{*}$ 分别为新坐标 x 系中的 $n_1 \times n_1$ 维质量矩阵和刚度矩阵。根据拉格朗日方程，新坐标所描述的运动微分方程为

$$[M]^{*}\{\ddot{x}\} + [K]^{*}\{x\} = 0 \tag{6-40}$$

令 $x = A^{*}\sin(\omega^{*}t + \varphi^{*})$，代入式（6-40）得

$$([K]^{*} - \omega^{*}[M]^{*})A^{*} = 0 \tag{6-41}$$

式（6-41）可求得 n_1 个固有频率和 n_1 个主振型。所求的 n_1 个固有频率可作为原系统 n 个固有频率中前 n_1 阶的近似值，而系统的前 n_1 阶主振型可由下式进行近似：

$$A_r = [\varphi]A_r^{*} \quad (r = 1, 2, \cdots, n_1) \tag{6-42}$$

从上述过程可知，若选取的各向量恰好是系统的前 n_1 阶主振型，则所求出的 ω_1^{*}，ω_2^{*}，$\cdots$，$\omega_{n_1}^{*}$ 即是系统前 n_1 阶固有频率的精确值。在进行近似分析时，前 n_1 阶主振型并无法预先确定，因此 ω_1^{*}，ω_2^{*}，$\cdots$，$\omega_{n_1}^{*}$ 只是系统前 n_1 阶固有频率的近似值。

3. 瑞利-里茨法

瑞利-里茨（Rayleigh-Ritz）法是里茨法的一种延伸，其基本假设为：通过多个假定振型的叠加，可比瑞利法中单个假定振型更接近于系统的固有振型。若合适地选择假定振型，则该方法不仅可以得到基频的近似值，而且可以近似地得到高阶固有频率与高阶振型。假设振型的个数是任意的，所求固有频率的个数与假设振型的个数相等。尽管这种处理方式会导致更大的计算量，但却可得到更精确的近似结果。

瑞利-里茨法的理论依据是各特征值是瑞利商的极值或驻值。选择 m 个线性无关的 Ritz 基向量，它们张成一个 m 维子空间 V_m，而瑞利商在子空间 V_m 中存在 m 个极值点，这 m 个极值点就是系统前 m 阶特征值在 V_m 子空间中的最佳近似值，同时也求得了相应的特征向量近似值。

下面介绍瑞利-里茨法的具体过程。

设 $\{q\}$ 是 V_m 子空间中的任一向量，则它可表示为 m 个 Ritz 基向量的线性组合，即

$$\{q\} = z_1 q_1 + z_2 q_2 + \cdots + z_m q_m = [Q_m]\{z\} \tag{6-43}$$

Q_m 和 z 分别称为 Ritz 基向量和 Ritz 向量的坐标。向量 $\{q\}$ 的瑞利商如下式所示

$$\{\rho\} = \frac{\{q\}^T [K]\{q\}}{\{q\}^T [M]\{q\}} = \frac{\{z\}^T [K]^*\{z\}}{\{z\}^T [M]^*\{z\}} \tag{6-44}$$

式中,

$$[K]^* = [Q_m]^T [K]^* [Q_m]$$

$$[M]^* = [Q_m]^T [M]^* [Q_m]$$

上述两个矩阵分别是矩阵 $[K]$ 和 $[M]$ 在 Ritz 基向量所张子空间 V_m 上的投影,并且是 $m \times m$ 阶矩阵。

由式(6-44)可知,瑞利商是 Ritz 坐标向量 $\{z\}$ 的函数,因此它的极值条件可表示为

$$\frac{\partial \{\rho\}}{\partial \{z\}} = 0$$

将式(6-44)代入上式后,可得

$$\frac{\partial \{\rho\}}{\partial \{z\}} = \frac{2[K]^*\{z\}(\{z\}^T [M]^*\{z\}) - 2(\{z\}^T [K]^*\{z\})[M]^*\{z\}}{(\{z\}^T [M]^*\{z\})^2}$$

$$= \frac{2[K]^*\{z\} - 2\rho [M]^*\{z\}}{\{z\}^T [M]^*\{z\}} = 0$$

由此可得

$$[K]^*\{z\} = \{\rho\} [M]^*\{z\} \tag{6-45}$$

这是 m 阶广义特征值问题,它的特征解为 z_i 和 ρ_i,此时特征向量也满足如下的正交条件

$$\{z\}^T [M]^*\{z\} = [I]$$
$$\{z\}^T [K]^*\{z\} = \text{diag}[\rho_r] \quad r = 1, 2, \cdots, m \tag{6-46}$$

由式(6-46)可得原 n 阶广义特征问题的前 m 阶特征解的近似值

$$\begin{cases} \overline{\lambda}_r = \rho_r \\ \overline{\varphi}_r = \{Q_m\} z_r \end{cases} \quad r = 1, 2, \cdots, m \tag{6-47}$$

由式(6-47)可见,近似特征向量是 Ritz 基向量的线性组合。

当仅需获得前若干阶特征解时,即 $m \ll n$,瑞利-里茨法可使一个大型特征问题变成一个小型特征问题,因此很多工程问题采用瑞利-里茨法进行模态分析以提高求解效率。瑞利-里茨法的具体计算步骤如下。

1)选择 m 个线性无关的 Ritz 基向量 $\{Q_m\}$。

2)计算 $[M]^*$ 和 $[K]^*$

$$[K]^* = \{Q_m\}^T [K]^* \{Q_m\}$$

$$[M]^* = \{Q_m\}^T [M]^* \{Q_m\}$$

3)求降阶的广义特征问题

$$[K]^*\{z\} = \{\rho\} [M]^*\{z\}$$

4)计算前 m 阶特征解的近似值。

$$\begin{cases} \bar{\lambda}_r = \rho_r \\ \bar{\varphi}_r = \{Q_m\} z_r \end{cases} \qquad r = 1, 2, \cdots, m \tag{6-48}$$

6.3　弹性结构的动力响应

式（6-5）所示的结构动力学有限元方程是关于时间的常微分方程，它的解（节点位移、速度、加速度）是时间的连续函数。在数学上，式（6-5）表示了一组二阶常微分方程，原则上可把它转化为一阶常微分方程组，用标准的常微分方程求解方法进行求解。然而，当系统阶数很大时，需根据矩阵 $[M]$、$[C]$ 和 $[K]$ 的特点，采用一些有效的数值计算方法进行求解。结构动力学数值解法的一般流程为：将时间域离散为一系列的时间点，这些时间点将时间域分为若干个时间间隔，然后去求所在的离散时间点上能够满足式（6-5）的解。

动力学有限元方程的求解算法主要有两种：一种是直接积分法，另一种则是坐标变换法。直接积分法也称为逐步积分法，是指无需对方程式（6-5）进行坐标变换，而是将本来在任何连续时刻大都应满足动力平衡方程的位移 $u(t)$，代之以仅在离散时刻 t_0，t_1，t_2，$\cdots$ 满足这一方程的位移 $u(t_i)$，从而获得有限个时刻上的近似动力学平衡方程，且在时间间隔内以所假设的位移、速度和加速度的变化规律代替实际未知的情况。直接积分法还可进一步演化出多种不同的数值解法，不同的解法之间的差别主要在于差分格式和时间间隔内所假定的位移、速度、加速度变化。常用的直接积分法有中心差分法、威尔逊（Wilson）法、纽马克（Newmark）法等。而坐标变换法则按照线性空间所选择的基，又分为振型叠加法和里茨（Ritz）向量直接叠加法。

6.3.1　中心差分法

假设 $t = 0$ 时刻的位移、速度和加速度 u_0、$\dot{u}_0$、$\ddot{u}_0$ 均已知，求解的时间区间 T 被划分为 n 等分，即 $\Delta t = T/n$，则所要建立的积分格式是从已知的 0，Δt，$2\Delta t$，$\cdots$ 各时刻的位移、速度等物理量进行相应时间步物理量的求解，直至 $t = T$ 且最终得到结构动力学响应的全过程。

在中心差分法中，按中心差分格式可将速度和加速度向量离散化为

$$\{\dot{u}\}_t = (\{u\}_{t+\Delta t} - \{u\}_{t-\Delta t})/(2\Delta t) \tag{6-49}$$

$$\{\ddot{u}\}_t = (\{u\}_{t+\Delta t} - 2\{u\}_t + \{u\}_{t-\Delta t})/\Delta t^2 \tag{6-50}$$

将方程式（6-5）考虑为 t 时刻的结构动力学平衡方程，可得

$$[M]\{\ddot{u}\}_t + [C]\{\dot{u}\}_t + [K]\{u\}_t = \{F(t)_t\} \tag{6-51}$$

将式（6-49）和式（6-50）代入式（6-51）中，可推导出

$$\left(\frac{[M]}{\Delta t^2} - \frac{[C]}{2\Delta t}\right)\{u\}_{t+\Delta t} = \{F(t)_t\} - \left([K] - \frac{2[M]}{\Delta t^2}\right)\{u\}_t - \left(\frac{[M]}{\Delta t^2} - \frac{[C]}{2\Delta t}\right)\{u\}_{t-\Delta t} \tag{6-52}$$

这样，t 时刻的结构动力学平衡微分方程就化为相邻时刻的位移所表示的代数方程组。从式（6-52）可知，根据 t 时刻已知的 $F(t)$、$\{u\}_t$ 及 $t-\Delta t$ 时刻的 $\{u\}_{t-\Delta t}$ 的值，就可解出 $\{u\}_{t+\Delta t}$ 的值。由于 $\{u\}_{t+\Delta t}$ 是通过 t 时刻的解得到的，所以式（6-52）为显式积分法。

需要说明的是，利用式（6-52）进行第一个时间步的计算时需要预先推算出 $\{u\}_{0-\Delta t}$ 的

值。根据给定的 $\{u\}_0$ 值，结合式（6-49）和式（6-50）可得

$$\{u\}_{0-\Delta t} = u_0 - \dot{u}_0 \Delta t + \frac{\Delta t^2}{2} \ddot{u}_0 \tag{6-53}$$

中心差分法是条件稳定的时间积分方案。逐步积分计算的反复计算次数决定于计算的总时间 T 及时间步长 Δt。计算步长 Δt 的合理选择，关系到方法的稳定性、精度及计算时间，这对于结构动力学方程的求解至关重要。通常，最大时间步长可取为 $2/\omega_{max}$，其中 ω_{max} 为系统的最高阶固有频率，该方法特别适用于撞击问题的结构动力学响应分析。

6.3.2 威尔逊法

中心差分方法是从函数的 Taylor 展开式中取前两项得到的，实际上此法所得函数的二阶导数为常量。威尔逊法是在线加速度法基础上所改进的一种方法，线加速度法的基本假定为：在步长 Δt 时间内，函数的二阶导数是线性变化的。设加速度的变化率为

$$b = \frac{1}{\Delta t}(\{\ddot{u}\}_{t+\Delta t} - \{\ddot{u}\}_t)$$

则

$$\{\ddot{u}\}_{t+\Delta t} = \{\ddot{u}\}_t + b\Delta t \tag{6-54}$$

进行一次积分可得

$$\{\dot{u}\}_{t+\Delta t} = \{\dot{u}\}_t + \{\ddot{u}\}_t \Delta t + \frac{1}{2}b\Delta t$$

$$= \{\dot{u}\}_t + \{\ddot{u}\}_t \Delta t + \frac{\{\ddot{u}\}_{t+\Delta t} - \{\ddot{u}\}_t}{2}\Delta t$$

$$= \{\dot{u}\}_t + \frac{\Delta t}{2}(\{\ddot{u}\}_{t+\Delta t} + \{\ddot{u}\}_t)$$

再一次积分可得

$$\{u\}_{t+\Delta t} = \{u\}_t + \{\dot{u}\}_t \Delta t + \frac{\Delta t^2}{6}(2\{\ddot{u}\}_t + \{\ddot{u}\}_{t+\Delta t})$$

由以上两式可得到如下关系

$$\begin{cases} \{\ddot{u}\}_{t+\Delta t} = \frac{6}{\Delta t^2}(\{u\}_{t+\Delta t} - \{u\}_t) - \frac{6\{u\}_t}{\Delta t} - 2\{\ddot{u}\}_t \\ \{\dot{u}\}_{t+\Delta t} = \frac{3}{\Delta t}(\{u\}_{t+\Delta t} - \{u\}_t) - 2\{\dot{u}\}_t - \frac{\Delta t}{2}\{\ddot{u}\}_t \end{cases} \tag{6-55}$$

将式（6-55）代入运动方程式（6-5），经整理可得 $t+\Delta t$ 时刻的位移 $\{u\}_{t+\Delta t}$ 的代数方程为

$$\left(\frac{6[M]}{\Delta t^2} + [K] + \frac{3}{\Delta t}[C]\right)\{u\}_{t+\Delta t} = \{F(t)\}_{t+\Delta t} + \left(\frac{6}{\Delta t^2}\{u\}_t + \frac{6}{\Delta t}\{\dot{u}\}_t + 2\{\ddot{u}\}_t\right)[M] +$$

$$\left(\frac{3}{\Delta t}\{u\}_t + 2\{\dot{u}\}_t + \frac{\Delta t}{2}\{\ddot{u}\}_t\right)[C] \tag{6-56}$$

实际计算表明，线加速度法的稳定性和计算精度都不如对它进行改进所得的威尔逊法。

威尔逊法与线加速度法的主要不同点有：威尔逊法是根据线性加速度的假设对 $t+\theta\Delta t(\theta>1)$ 时刻的加速度值 $\{\ddot{u}\}_{t+\theta\Delta t}$、速度值 $\{\dot{u}\}_{t+\theta\Delta t}$ 进行预测，然后将这些结果用线性插值法退回到 $t+\Delta t$，作为下一步计算的初值。更通俗地说，威尔逊法是前进 1.5 个时间步后，再退回 0.5 个时间步。计算结果表明，相较于线加速度法，威尔逊法在稳定性和计算精度方面的性能均更好。

从 t 到 $t+\theta\Delta t$ 的计算可以套用线加速度法，由式（6-55）可得

$$\begin{cases} \{\ddot{u}\}_{t+\theta\Delta t}=\dfrac{6}{\theta^2\Delta t^2}(\{u\}_{t+\theta\Delta t}-\{u\}_t)-\dfrac{6\{u\}_t}{\theta\Delta t}-2\{\ddot{u}\}_t \\[3mm] \{\dot{u}\}_{t+\theta\Delta t}=\dfrac{3}{\theta\Delta t}(\{u\}_{t+\theta\Delta t}-\{u\}_t)-2\{\dot{u}\}_t-\dfrac{\theta\Delta t}{2}\{\ddot{u}\}_t \end{cases}$$

将上式代入到时刻 $t+\theta\Delta t$ 的动力学平衡方程得到

$$\left(\dfrac{6[M]}{\theta^2\Delta t^2}+[K]+\dfrac{3}{\theta\Delta t}[C]\right)\{u\}_{t+\theta\Delta t}=\{F(t)\}_{t+\theta\Delta t}+\left(\dfrac{6}{\theta^2\Delta t^2}\{u\}_t+\dfrac{6}{\theta\Delta t}\{\dot{u}\}_t+2\{\ddot{u}\}_t\right)[M]+$$
$$\left(\dfrac{3}{\theta\Delta t}\{u\}_t+2\{\dot{u}\}_t+\dfrac{\theta\Delta t}{2}\{\ddot{u}\}_t\right)[C] \tag{6-57}$$

下面将所得到的 $\{\ddot{u}\}_{t+\theta\Delta t}$ 通过线性插值的方式转化为 $t+\theta\Delta t$ 时刻的值。线性插值公式的具体形式如下所示

$$\dfrac{\{\ddot{u}\}_{t+\theta\Delta t}-\{\ddot{u}\}_t}{\{u\}_{t+\theta\Delta t}-\{u\}_t}=\dfrac{\Delta t}{\theta\Delta t}$$

进而可得

$$\{\ddot{u}\}_{t+\Delta t}=\{\ddot{u}\}_t+\dfrac{1}{\theta}(\{\ddot{u}\}_{t+\theta\Delta t}-\{\ddot{u}\}_t) \tag{6-58}$$

由式（6-57）解得 $\{u\}_{t+\theta\Delta t}$，再代入 $\{\ddot{u}\}_{t+\theta\Delta t}$ 的表达式即可解得 $\{\ddot{u}\}_{t+\theta\Delta t}$，随后将所求的 $\{\ddot{u}\}_{t+\theta\Delta t}$ 代入插值公式中可得 $t+\theta\Delta t$ 时刻的加速度 $\{\ddot{u}\}_{t+\theta\Delta t}$ 的计算式，如下所示

$$\{\ddot{u}\}_{t+\Delta t}=\dfrac{6}{\theta^3\Delta t^2}(\{u\}_{t+\Delta t}-\{u\}_t)-\dfrac{6}{\theta^2\Delta t}\{\dot{u}\}_t+\left(1-\dfrac{3}{\theta}\right)\{\ddot{u}\}_t \tag{6-59}$$

根据线加速度的假设进行一次积分可得

$$\{\dot{u}\}_{t+\Delta t}=\{\dot{u}\}_t+\dfrac{\Delta t}{2}(\{\ddot{u}\}_t+\{\ddot{u}\}_{t+\Delta t}) \tag{6-60}$$

再进行一次积分可得

$$\{u\}_{t+\Delta t}=\{u\}_t+\{\dot{u}\}_t\Delta t+\dfrac{\Delta t^2}{6}(2\{\ddot{u}\}_t+\{\ddot{u}\}_{t+\Delta t}) \tag{6-61}$$

根据稳定性分析，当 $\theta>1.37$ 时，威尔逊法是绝对稳定的，一般情况下取 $\theta=1.4$。另外，威尔逊法对高频振动的响应会出现人为的衰减，因此，对于高阶振动的问题，应选取较小的时间步长。

纽马克法也是按线性加速度原理提出的一种积分法，它与威尔逊法相类似，在此就不加以赘述了。

6.3.3 模态叠加法

无论是中心差分法，还是威尔逊法和纽马克法，在进行结构动力学方程的求解时均存在

计算量过大的问题。为了减少计算量，可通过数学变换的方式对原来的方程进行降阶处理，模态叠加法就是一种常用的结构动力学方程降阶方法。

模态叠加法又称振型叠加法，它以系统无阻尼的模态为基，通过坐标变换使方程式（6-5）解耦，进而通过叠加各阶模态的贡献以求得系统的响应。

取线性变换：

$$\{u\} = y_1\{\varphi_1\} + y_2\{\varphi_2\} + \cdots + y_q\{\varphi_q\} = [\varphi]\{y\} \qquad (6\text{-}62)$$

式中，$[\varphi]$ 为结构的主模态矩阵，阶次为 $n \times q$，而 $\{y\}$ 是 q 维的模态基坐标向量，形成一个 q 维的模态空间。

将式（6-62）及相应的一阶导数、二阶导数代入式（6-5）所示的结构动力学方程，并前乘 $[\varphi]^T$，可得

$$[\varphi]^T[M][\varphi]\{\ddot{y}\} + [\varphi]^T[C][\varphi]\{\dot{y}\} + [\varphi]^T[K][\varphi]\{y\} = [\varphi]^T\{F(t)\}$$

由 6.2 节可知：

$$[\varphi]^T[M][\varphi] = \begin{bmatrix} M_1 & & & \\ & M_2 & & \\ & & \cdots & \\ & & & M_n \end{bmatrix}$$

$$[\varphi]^T[C][\varphi] = \begin{bmatrix} C_1 & & & \\ & C_2 & & \\ & & \cdots & \\ & & & C_n \end{bmatrix}$$

$$[\varphi]^T[K][\varphi] = \begin{bmatrix} K_1 & & & \\ & K_2 & & \\ & & \cdots & \\ & & & K_n \end{bmatrix}$$

在上述公式中，M_1、M_2、$\cdots$、M_n 是主质量，C_1、C_2、$\cdots$、C_n 是基于给定假设条件的主阻尼系数，K_1、K_2、$\cdots$、K_n 是主刚度。而

$$[\varphi]^T\{F(t)\} = \begin{Bmatrix} Q_1(t) \\ Q_2(t) \\ \vdots \\ Q_n(t) \end{Bmatrix}$$

式中，$Q_1(t)$、$Q_2(t)$、$\cdots$、$Q_n(t)$ 是与主坐标 $\{y\}$ 一一对应的激励力。

经过上述的解耦过程，结构的动力学方程可重写为

$$\begin{cases} M_1\ddot{y}_1 + C_1\dot{y}_1 + K_1 y_1 = Q_1 \\ M_2\ddot{y}_2 + C_2\dot{y}_2 + K_2 y_2 = Q_2 \\ \vdots \\ M_n\ddot{y}_n + C_n\dot{y}_n + K_n y_n = Q_n \end{cases} \qquad (6\text{-}63)$$

将每一个 $\{y\}$ 或 $\{y\}^{\mathrm{T}}$ 向量除以其对应的主质量平方根，则可以将主坐标 y 变换成正则坐标 z：

$$\begin{cases} \ddot{z}_1 + 2\xi\omega_{n1}\dot{z}_1 + \omega_{n1}^2 z_1 = P_1 \\ \ddot{z}_2 + 2\xi\omega_{n2}\dot{z}_2 + \omega_{n2}^2 z_2 = P_2 \\ \qquad\qquad\vdots \\ \ddot{z}_n + 2\xi\omega_{nn}\dot{z}_n + \omega_{nn}^2 z_n = P_n \end{cases}$$

上式也可简写为

$$\ddot{z}_i + 2\xi\omega_{ni}\dot{z}_i + \omega_{ni}^2 z_i = P_i \tag{6-64}$$

式中，

$$\begin{cases} \xi_i = c_i/(2M_i\omega_{ni}) \\ \omega_{ni} = \sqrt{K_i/M_i} \\ P_i = Q_i/\sqrt{M_i} \end{cases}$$

获取解耦的动力学方程式（6-63）或式（6-64）之后，就可使用单自由度系统的求解方法进行结构动力学响应的求解。

在许多机械工程问题中，虽然结构的自由度数目很多，但一般情况下由外加激励所引起的高频成分很微弱，或是由于系统的高频振动未被激发，因此机械结构的动力学响应一般只有较低的几阶振型分量。这样，结构的动力学响应计算可大为简化。

概括地说，采用模态叠加法进行机械结构动力学响应的计算步骤如下。

1）建立系统动力学方程，写出系统振动微分方程。

2）求解机械结构系统的特征方程，得到机械系统前 q 阶特征对 ω_i、$\{\varphi_i\}$（$i = 1, 2, \cdots, q$），构成相应的振型矩阵。

3）把初始位移、速度变换到主坐标上的相应值。

4）把外激励变换到主坐标上的相应值。

5）求出机械系统在主坐标上的响应。

6）把主坐标的响应值再变换至实际机械系统的广义坐标系，通过模态叠加最终得到机械结构动力响应的结果。

参 考 文 献

［1］胡宗武. 工程振动分析基础［M］. 上海：上海交通大学出版社，1999.

［2］吴永礼. 计算固体力学方法［M］. 北京：科学出版社，2003.

［3］梁清香. 有限元与 MARC 实现［M］. 2 版. 北京：机械工业出版社，2005.

［4］唐友刚. 高等结构动力学［M］. 天津：天津大学出版社，2002.

［5］陈玲莉. 工程结构动力学分析数值方法［M］. 西安：西安交通大学出版社，2006.

"两弹一星"功勋
科学家：钱学森

第7章 结构热力学有限元法

在机械工程中，研究结构在受热情况下的温度场和热应力是结构分析的一个重要课题。例如，在数控机床加工过程中，加工精度受到"机床—夹具—刀具—工件"这个工艺系统各个环节热变形的影响。统计表明：在精密加工过程中，机床热变形所引起的误差占制造总误差的40%~70%。分析工艺系统热变形产生的原因，对工艺系统各环节的热变形进行定量研究，已成为提高加工中心加工精度的重要途径。温度场有稳态温度场和瞬态温度场之分，不随时间变化的温度场称为稳态温度场，也称定常温度场；随时间变化的温度场称为瞬态温度场，也称非稳态温度场或非定常温度场。温度作为一种热负荷，会使结构的材料性质发生变化并产生热应力，最终致使结构因热应力而发生破坏。

求解热传导问题，实质上归结为对温度场控制方程的求解。对实际工程问题而言，不仅需要求出满足温度场控制方程的通解，更重要的是求得既满足温度场控制方程又满足实际问题附加条件的特解。前述使温度场控制方程获得特解（唯一解）的附加条件，在数学上被称为定解条件。一般来说，瞬态热传递问题的定解条件有两个：初始时刻温度分布、边界温度或换热情况。温度场控制方程连同初始条件和边界条件才能够完整描述一个具体的热传递问题。

在分析稳态热传导问题时，不需要考虑物体的初始温度分布对最后稳定温度场的影响，因此不必考虑温度场的初始条件，而只需考虑换热边界条件。计算稳态温度场实际上是求解偏微分方程的边值问题。温度场是标量场，将物体离散成有限单元后，每个单元节点上只有单个温度未知数，比结构力学问题简单。在进行结构热力学有限元计算时，温度场有限元形函数与结构力学有限元的形函数完全一致，单元内部的温度分布由单元的形函数和单元节点温度所确定。由于实际工程问题中的换热边界条件比较复杂，在很多场合中难以进行度量，如何定义正确的换热边界条件是结构热力学有限元计算的难点之一。

7.1 热传导问题的有限元基本方程

7.1.1 热传导问题的基本方程

1. 热传导基本方程

本章内容关心的是在介质内部温度是如何随位置变化的，无论这种变化是由介质的边界条件引起的，还是介质内部产生的。同时，本章还对系统包括边界在内的不同点热流速率感兴趣。如果读者预先了解了有关温度分布的知识，就可通过本章知识计算与热应力相应的机械和结构单元中的热变形。热量是通过热传导、热对流和热辐射三种形式进行传递的，如图 7-1 所示。其中热传导是由于介质内部存在温度梯度而引起的能量交换。本章主要讨论热传递中的热传导方式，并尽可能地用到热对流或热辐射的边界条件。

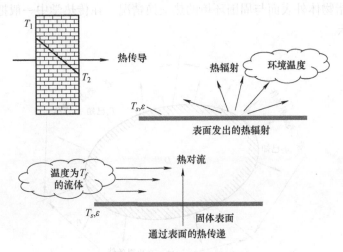

图 7-1　热传递的不同方式

为了能正确地对热传递问题进行建模，需要完全理解能量守恒原理，其具体含义为：通过边界进入系统的热能速率减去通过它的边界散发的能量速率，再加上系统内产生的能量速率，必须等于系统内所存储的能量速率。

物体内部的温度分布取决于物体内部的热量交换，以及物体与外部介质之间的热量交换，一般认为该温度分布与时间相关。如图 7-2 所示，取问题内部的一微小体，对该微小体应用能量守恒原理，可以得到稳态边界条件下的热传导方程。微小物体内部的热交换可采用以下的热传导方程（Fourier 方程）进行描述

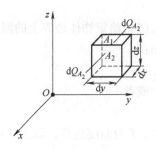

图 7-2　稳态边界条件下
热传导方程的推导

$$\rho c \frac{\partial T}{\partial t} = \frac{\partial}{\partial x}\left(\kappa_x \frac{\partial T}{\partial x}\right) + \frac{\partial}{\partial y}\left(\kappa_y \frac{\partial T}{\partial y}\right) + \frac{\partial}{\partial z}\left(\kappa_z \frac{\partial T}{\partial z}\right) + q_v \tag{7-1}$$

式中，ρ 为介质密度，kg/m^3；c 为材料比热容，$J/(kg \cdot K)$；κ_x，κ_y，κ_z 为导热系数，$W/(m \cdot K)$；T 为物体的瞬态温度，℃；t 为时间，s；q_v 为内热源强度，W/m^3，表示单位时间内单位体积所生成或吸收的热量，生热时 q_v 为正，吸热时 q_v 为负。通常 κ、ρ、c 和 q_v 作为常数处理。

对于各向同性材料，不同方向上的导热系数相同，热传导方程可写为以下形式：

$$\rho c \frac{\partial T}{\partial t} = \kappa\left(\frac{\partial^2 T}{\partial x^2} + \frac{\partial^2 T}{\partial y^2} + \frac{\partial^2 T}{\partial z^2}\right) + q_v \tag{7-2}$$

2. 定解条件

除了热传导方程，计算物体内部的温度分布，还需要指定初始条件和边界条件。初始条件是指物体最初的温度分布情况，即

$$T \big|_{t=0} = T_0$$

或者

$$T \big|_{t=0} = T_0(x,y,z) \tag{7-3}$$

边界条件是指物体外表面与周围环境的热交换情况。在传热学中一般把边界条件分为三类，如图 7-3 所示。

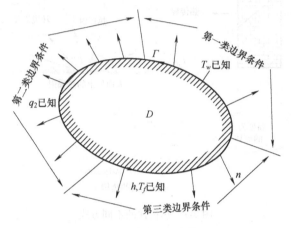

图 7-3 传热边界条件

（1）给定物体边界上的温度，称为第一类边界条件 物体表面上的温度或温度函数为已知：

$$T \big|_{\Gamma_1} = T_w$$

或者

$$T \big|_{\Gamma_1} = f(x,y,z,t) \tag{7-4}$$

式中，T 为温度边界，取逆时针方向为正，T_w 为已知壁面温度（常数）；$f(x,y,z,t)$ 为已知壁面温度函数，随时间和位置而改变。

（2）给定物体边界上的热量输入或输出，称为第二类边界条件 已知物体表面上热流密度，有时也称热流率，或称热负荷，用公式表示为

$$q \big|_{\Gamma_2} = -\kappa \frac{\partial T}{\partial \boldsymbol{n}} \bigg|_{\Gamma_2} = \left(\kappa_x \frac{\partial T}{\partial x} n_x + \kappa_y \frac{\partial T}{\partial y} n_y + \kappa_z \frac{\partial T}{\partial z} n_z \right) \bigg|_{\Gamma_2} = q_2$$

或者

$$q \big|_{\Gamma_2} = -\kappa \frac{\partial T}{\partial \boldsymbol{n}} \bigg|_{\Gamma_2} = \left(\kappa_x \frac{\partial T}{\partial x} n_x + \kappa_y \frac{\partial T}{\partial y} n_y + \kappa_z \frac{\partial T}{\partial z} n_z \right) \bigg|_{\Gamma_2} = q_2(x,y,z,t) \tag{7-5}$$

式中，$\boldsymbol{n}$ 为物体边界的外法线向量；q_2 表示热流率，$\mathrm{W/m}^2$，为已知常数，$q(x,y,z,t)$ 表示已知的热流率函数，在数值计算中一般通过分段取平均值方式作为常数；κ 是沿边界法线方向的导热系数。

（3）给定对流换热条件或辐射换热条件，称为第三类边界条件 物体与其相接触的流体介质之间的对流换热系数和介质的温度为已知。

$$-\kappa \frac{\partial T}{\partial \boldsymbol{n}} \bigg|_{\Gamma_3} = \left(\kappa_x \frac{\partial u}{\partial x} n_x + \kappa_y \frac{\partial u}{\partial y} n_y + \kappa_z \frac{\partial u}{\partial z} n_z \right) \bigg|_{\Gamma_3} = h(T_f - T_w) \big|_{\Gamma_3} \tag{7-6}$$

式中，h 为换热系数，$W/(m^2 \cdot K)$；T_w 是物体表面的温度；T_f 是介质温度。

因此，辐射换热条件也可表示为

$$-\kappa \left.\frac{\partial T}{\partial \boldsymbol{n}}\right|_{\Gamma_3} = \varepsilon f \sigma_0 (T_r^4 - T_w^4) \left.\right|_{\Gamma_3} \tag{7-7}$$

式中，$\varepsilon = \varepsilon_1 \varepsilon_2$，是两个相互辐射物体的黑度系数乘积，$f$ 是与两辐射物体形状有关的平均角系数（形状因子），σ_0 是斯特潘-玻尔兹曼（Stefan-Bolzman）常数，T_r 是辐射源的温度。

式（7-7）也可以写成如下形式

$$-\kappa \left.\frac{\partial T}{\partial \boldsymbol{n}}\right|_{\Gamma_3} = \varepsilon f \sigma_0 (T_r^4 - T_w^4) \left.\right|_{\Gamma_3} = \chi (T_r - T_w) \tag{7-8}$$

式中，$\chi = \varepsilon f \sigma_0 (T_r^2 + T_w^2)(T_r + T_w)$。

观察热传导的场控制方程和定解条件，可知热传导问题的未知物理量为温度，可通过单个偏微分方程进行描述。

7.1.2　热传导问题的等价泛函

1. 热传导问题的等价泛函

在弹性理论中，建立有限元相关的公式可以用泛函的变分来实现。势能是最简单的泛函，在运用最小势能原理时，要预先满足位移的边界条件，这种条件在变分原理中称为固定边界条件，也称强加边界条件，而外力边界条件是不必预先满足的，它可由变分得到满足，因此这个条件也称为变分的自然条件。在热传导问题中，第一类边界条件可作为固定边界条件，其基本方程和第二类、第三类边界条件则可以用下列泛函的变分导出。

为了用变分法推导出结构热力学有限元公式，需人为构造出相应的温度场泛函表达式，且该泛函表达式必须包括控制方程式（7-1）、初始条件式（7-3）和边界条件式（7-4），式（7-5），式（7-6），式（7-7）的全部内容。

为了构造这个泛函，需对控制方程、初始条件和边界条件进行规范化处理，即

$$\frac{\partial}{\partial x}\left(\kappa_x \frac{\partial T}{\partial x}\right) + \frac{\partial}{\partial y}\left(\kappa_y \frac{\partial T}{\partial y}\right) + \frac{\partial}{\partial z}\left(\kappa_z \frac{\partial T}{\partial z}\right) = -q_B \tag{7-9}$$

$$-\kappa \left.\frac{\partial T}{\partial \boldsymbol{n}}\right|_{\Gamma_3} = h(T_f - T_w) \left.\right|_{\Gamma_3} \qquad (\text{对流边界 } \Gamma_3)$$

$$-\kappa \left.\frac{\partial T}{\partial \boldsymbol{n}}\right|_{\Gamma_3} = \chi(T_r - T_w) \left.\right|_{\Gamma_3} \qquad (\text{辐射边界 } \Gamma_3)$$

$$-\kappa \left.\frac{\partial T}{\partial \boldsymbol{n}}\right|_{\Gamma_2} = q_2(x, y, z, t) \left.\right|_{\Gamma_2} \qquad (\text{传导边界 } \Gamma_2)$$

$$T \left.\right|_{\Gamma_1} = f(x, y, z, t) \qquad (\text{给定温度边界 } \Gamma_1)$$

$$T \left.\right|_{t=0} = T_0(x, y, z) \qquad (\text{初始条件})$$

当求解稳态温度场时，$q_B = q_v$；当求解瞬态温度场时，$q_B = q_v - \rho c \dfrac{\partial T}{\partial t}$。

根据上述各式，与瞬态温度场问题等价的泛函表达式为

$$\Pi = \int_V \frac{1}{2} \left\{ \kappa_x \left(\frac{\partial T}{\partial x} \right)^2 + \kappa_y \left(\frac{\partial T}{\partial y} \right)^2 + \kappa_z \left(\frac{\partial T}{\partial z} \right)^2 \right\} \mathrm{d}V - \int_{\Gamma_3} h \left(T_f T_w - \frac{1}{2} T_w^2 \right) \mathrm{d}S -$$

$$\int_{\Gamma_3} \chi f \sigma \left(T_r^4 T_w - \frac{1}{5} T_w^5 \right) \mathrm{d}S - \int_{\Gamma_2} T_w q_2 \mathrm{d}S - \int_V T q_B \mathrm{d}V \qquad (7\text{-}10)$$

式中，T 是物体内部温度，T_w 是物体表面边界温度，它们均为待求量。

2. 热传导问题的变分表达式

对式（7-10）进行变分运算并求极值，有

$$\delta\Pi = 0 \qquad (7\text{-}11)$$

即

$$\delta\Pi = \int_V \left\{ \kappa_x \frac{\partial T}{\partial x} \delta \left(\frac{\partial T}{\partial x} \right) + \kappa_y \frac{\partial T}{\partial y} \delta \left(\frac{\partial T}{\partial y} \right) + \kappa_z \frac{\partial T}{\partial z} \delta \left(\frac{\partial T}{\partial z} \right) \right\} \mathrm{d}V - \int_{\Gamma_3} h \left(T_w - T_f \right) \delta T_w \mathrm{d}S -$$

$$\int_{\Gamma_3} \chi \left(T_r - T_w \right) \delta T_w \mathrm{d}S - \int_{\Gamma_2} q_2 \delta T_w \mathrm{d}S - \int_V q_B \delta T \mathrm{d}V$$

$$= 0 \qquad (7\text{-}12)$$

如将式（7-12）第一项用矩阵形式表示，则变为

$$\int_V \{ T' \}^{\mathrm{T}} [\kappa] \{ T' \} \mathrm{d}V - \int_{\Gamma_3} h \left(T_f - T_w \right) \delta T_w \mathrm{d}S - \int_{\Gamma_3} \chi \left(T_r - T_w \right) \delta T_w \mathrm{d}S -$$

$$\int_{\Gamma_2} q_2 \delta T_w \mathrm{d}S - \int_V q_B \delta T \mathrm{d}V$$

$$= 0 \qquad (7\text{-}13)$$

式中，

$$T' = (\partial T / \partial x \quad \partial T / \partial y \quad \partial T / \partial z)^{\mathrm{T}} \qquad (7\text{-}14)$$

$$[\kappa] = \begin{bmatrix} \kappa_x & 0 & 0 \\ 0 & \kappa_y & 0 \\ 0 & 0 & \kappa_z \end{bmatrix} \qquad (7\text{-}15)$$

$[\kappa]$ 为传热系数矩阵。

在传热学中，上述变分原理被称为最小熵产生原理。

7.1.3 热传导有限元方程的推导

1. 求解域离散

如图 7-4 所示，用选定的单元类型将温度场域离散成 N 个网格单元，则变分式（7-12）的离散形式为

$$\delta\Pi = \sum_{e=1}^{N} \delta\Pi_e = 0 \qquad (7\text{-}16)$$

2. 单元温度函数构造

与静力学有限元法中介绍的位移函数计算方法一样，只须将插值位移函数中的单元节点位移量更换为单元节点温度量即可，如下所示：

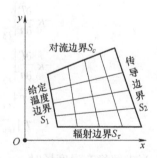

图 7-4　温度场及划分的网格单元

$$T=[N]\{T\}^e \tag{7-17}$$

式中，T 为单元内任一点的温度，$[N]$ 为单元温度插值形函数，$\{T\}^e$ 为单元节点温度矩阵。

3. 热传导有限元方程推导

由式（7-17），可得

$$\left\{\frac{\partial T}{\partial x_i}\right\}=\begin{Bmatrix}\partial T/\partial x\\\partial T/\partial y\\\partial T/\partial z\end{Bmatrix}=\begin{bmatrix}\partial[N]/\partial x\\\partial[N]/\partial y\\\partial[N]/\partial z\end{bmatrix}\{T\}^e=[B]\{T\}^e \tag{7-18}$$

将式（7-18）代入式（7-13），可得

$$\sum_{e=1}^{N}\left\{\delta\{T\}^{e,\mathrm{T}}\int_{V_e}[B]^{\mathrm{T}}[\kappa][B]\{T\}^e\mathrm{d}V-\delta\{T\}^{e,\mathrm{T}}\int_{\Gamma_3}([N]^{\mathrm{T}}hT_f-[N]^{\mathrm{T}}h[N]\{T\}^e)\mathrm{d}S-\right.$$

$$\delta\{T\}^{e,\mathrm{T}}\int_{\Gamma_3}([N]^{\mathrm{T}}\chi T_r-[N]^{\mathrm{T}}\chi[N]\{T\}^e)\mathrm{d}S-\delta\{T\}^{e,\mathrm{T}}\int_{\Gamma_2}[N]^{\mathrm{T}}q_2\mathrm{d}S-$$

$$\left.\delta\{T\}^{e,\mathrm{T}}\int_{V}[N]^{\mathrm{T}}q_B\mathrm{d}V\right\}=0 \tag{7-19}$$

将式（7-19）按已知温度项和未知温度项加以整理，有

$$\sum_{e=1}^{N}\delta\{T\}^{e,\mathrm{T}}\int_{V_e}[B]^{\mathrm{T}}[\kappa][B]\ \mathrm{d}V\{T\}^e+\sum_{1}^{r}\delta\{T\}^{e,\mathrm{T}}\int_{\Gamma_3}[N]^{\mathrm{T}}h[N]\ \mathrm{d}S\{T\}^e+$$

$$\sum_{1}^{p}\delta\{T\}^{e,\mathrm{T}}\int_{\Gamma_3}[N]^{\mathrm{T}}\chi[N]\ \mathrm{d}S\{T\}^e$$

$$=\sum_{1}^{r}\delta\{T\}^{e,\mathrm{T}}\int_{\Gamma_3}[N]^{\mathrm{T}}hT_f\mathrm{d}S+\sum_{1}^{p}\delta\{T\}^{e,\mathrm{T}}\int_{\Gamma_3}[N]^{\mathrm{T}}\chi T_r\mathrm{d}S+$$

$$\sum_{1}^{t}\delta\{T\}^{e,\mathrm{T}}\int_{\Gamma_2}[N]^{\mathrm{T}}q_2\mathrm{d}S+\sum_{1}^{N}\delta\{T\}^{e,\mathrm{T}}\int_{V}[N]^{\mathrm{T}}q_B\mathrm{d}V \tag{7-20}$$

式（7-20）的说明如下。

1）式（7-20）等号左端的各项都含有待求的未知温度。

左端第一项，$\sum\limits_{e=1}^{N}$ 表示温度场内全部单元进行积分后的和；每个单元的节点温度列阵 $\{T\}^e$ 总和将构成整个温度场的节点温度列阵 $\{T\}$；体积分 $\int_{V_e}[B]^{\mathrm{T}}[\kappa][B]\mathrm{d}V$ 是单元热传导矩阵 $[K]_T^e$，全部单元的总和构成整个温度场的热传导矩阵 $[K]_T$。$[K]_T$ 和 $\{T\}$ 分别相当于结构力学有限元法中的整体刚度矩阵 $[K]$ 和整体节点位移列阵 $\{u\}$。

左端第二项，$\sum\limits_{1}^{r}$ 表示对 r 个对流边界单元求和，这里的 $\{T\}^e$ 仅是由对流边界单元所组成的节点温度列阵；$\int_{\Gamma_3}[N]^{\mathrm{T}}h[N]\mathrm{d}S$ 仅在对流边界单元内进行积分运算，构成单元对流矩阵 $[K]_C^e$。

左端第三项，$\sum\limits_{1}^{p}$ 表示对 p 个辐射边界单元进行求和，这里 $\{T\}^e$ 仅是辐射边界单元的

节点温度列阵; $\int_{\Gamma_3} [N]^T \chi [N] dS$ 仅在辐射边界单元的边界面上进行积分运算，构成单元辐射矩阵 $[K]_r^e$。

$[K]_C^e$ 和 $[K]_r^e$ 相当于结构力学有限元法的弹性支承，它们对整体热传导矩阵 $[K]_T$ 起着修正作用。当温度具有对流和辐射边界条件时，一定要注意计算出这两类边界单元的 $[K]_C^e$ 和 $[K]_r^e$，并叠加至 $[K]_T$。

2）式（7-20）等号右端的各项都是已知的，它们相当于结构力学有限元法中的等效节点载荷，被称为热流矢量。

右端第一项，$\int_{\Gamma_3} [N]^T h T_f dS$ 是由对流所引起的节点热流矢量 R_c^e，它们只作用在对流边界节点上。

右端第二项，$\int_{\Gamma_3} [N]^T \chi T_r dS$ 是由辐射所引起的节点热流矢量 R_r^e，它们只作用在辐射边界节点上。

右端第三项，$\int_{\Gamma_2} [N]^T q_2 dS$ 是由热传导所引起的节点热流矢量 R_s^e，它们只作用在传导边界节点上。

右端第四项，$\int_V [N]^T q_B dV$ 分为稳态温度场和瞬态温度场两种情况。

当 T 为稳态温度场时，$q_B = q_v$。$\int_V [N]^T q_B dV = \int_V [N]^T q_v dV$ 是由内部热源产生的节点热流矢量 R_B^e，它相当于结构力学有限元法中由自重所引起的等效节点载荷。

当 T 为瞬态温度场时，$q_B = q_v - \rho c \dfrac{\partial T}{\partial t}$，

$$\int_V [N]^T q_B dV = \int_V [N]^T q_v dV - \int_V [N]^T \rho c [N] dV \{\dot{T}\}^e \qquad (7-21)$$

式（7-21）中右端第一项为 R_B^e，而第二项 $\int_V [N]^T \rho c [N] dV$ 构成单元热容矩阵 $[C]_T^e$，$\{\dot{T}\}^e$ 为节点温升速率列阵。$[C]_T^e \{\dot{T}\}^e$ 是由温升产生的节点热流矢量 R_{TC}^e，其相当于结构动力学有限元法中的单元阻尼力，$[C]_T^e$ 相当于阻尼矩阵，$\{\dot{T}\}^e$ 相当于节点速度向量。对全域求和，$[C]_T^e$ 与 $\{\dot{T}\}^e$ 则分别构成整个温度场的整体热容矩阵 $[C]_T$ 和整体温升速率向量 $\{\dot{T}\}$。

R_c^e、R_r^e、R_s^e 相当于结构力学有限元方程中的外加等效节点载荷。

根据上面的说明，仿照结构力学有限元法，可将式（7-18）按稳态和瞬态温度场写成如下两种形式：

稳态温度场：$T = T(x, y, z)$，有限元方程为

$$[K_T]\{T\} = \{R_T\} \qquad (7-22)$$

式中，$[K_T]$ 是由 $[K]_T$ 加 $[K]_C^e$ 和 $[K]_r^e$ 修正项构成。若没有对流和辐射边界，则 $[K_T] = [K]_T$。$\{R_T\}$ 由 R_c^e、R_r^e、R_s^e 和 R_B^e 构成。修正项的具体构成需根据实际边界情况而定。

对于瞬态温度场，$T=T(x,y,z,t)$，有限元方程为

$$[C_T]\frac{\partial T}{\partial t}+[K_T]\{T\}=\{R_T\} \tag{7-23}$$

式中，$[C_T]$ 即是 $[C]_T$，由 $[C]_T^e$ 组装而成。除了 $\{T\}$、$\{R_T\}$ 与时间有关之外，其余两项均与式（7-22）相同。

式（7-22）和式（7-23）中相关系数计算汇总如下。

热传导矩阵

$$[K]_T^e=\int_{V_e}[B]^{\mathrm{T}}[\kappa][B]\mathrm{d}V \tag{7-24}$$

对流矩阵

$$[K]_c^e=\int_{S_c}[N]^{\mathrm{T}}h[N]\mathrm{d}S \tag{7-25}$$

辐射矩阵

$$[K]_r^e=\int_{s_r}[N]^{\mathrm{T}}\chi[N]\mathrm{d}S \tag{7-26}$$

热容矩阵

$$[C]_T^e=\int_{V_e}[N]^{\mathrm{T}}\rho c[N]\mathrm{d}V \tag{7-27}$$

内部热源产生的节点热流矢量

$$\{R\}_B^e=\int_{V_e}[N]^{\mathrm{T}}q_B\mathrm{d}V \tag{7-28}$$

对流产生的节点热流矢量

$$\{R\}_c^e=\int_{\varGamma_3}[N]^{\mathrm{T}}hT_f\mathrm{d}S \tag{7-29}$$

辐射产生的节点热流矢量

$$\{R\}_r^e=\int_{\varGamma_3}[N]^{\mathrm{T}}\chi T_r\mathrm{d}V \tag{7-30}$$

传导产生的节点热流矢量

$$\{R\}_s^e=\int_{V_e}[N]^{\mathrm{T}}q_2\mathrm{d}S \tag{7-31}$$

7.2 热传导问题的求解

7.2.1 稳态热传导问题的求解

工程上，很多设备在稳定运行时均处于稳态传热状态。此外，在进行瞬态热分析之前，通常需要通过稳态热分析，以确定物体内部初始温度场分布；同时，对于一个从瞬态逐渐过渡到稳态的传热问题，应将稳态热分析作为瞬态热分析的最后一步工作，用以确定系统在稳态时所处的状态。

　　根据上一节介绍的温度场有限元法的基本原理，本节介绍平面结构稳态温度场问题相关矩阵的具体形式。

　　假设物体内的温度场不随时间变化，那么就称为稳态温度场或定常温度场。因此，所求解的稳态温度场问题是一种典型的椭圆微分方程边值问题，其基本方程为

$$k\nabla^2 T + q_v = 0 \tag{7-32}$$

三类边界条件分别为

（1）第一类边界条件

$$T\mid_{\Gamma_1} = f(x,y,z) \tag{7-33}$$

（2）第二类边界条件

$$\frac{\partial T}{\partial \boldsymbol{n}}\bigg|_{\Gamma_2} = q_2 \tag{7-34}$$

（3）第三类边界条件

$$k\left(\frac{\partial T}{\partial \boldsymbol{n}}\right)\bigg|_{\Gamma_3} = h(T-T_f)\mid_{\Gamma_3} \tag{7-35}$$

上述三类边界条件也可以统一写成

$$k\left(\frac{\partial T}{\partial \boldsymbol{n}}\right)\bigg|_{\Gamma} + h(T-T_f) - q_2 = 0 \tag{7-36}$$

　　在式（7-36）中，令 $h=0$，则有 $\frac{\partial T}{\partial \boldsymbol{n}}\big|_{\Gamma_2} = q_2$，此为热流边界条件。令 $h\to\infty$，则有 $T=T_f$，此为温度边界条件。令 $h=q_2=0$，则有 $\frac{\partial T}{\partial \boldsymbol{n}}=0$，即沿外法线方向的温度梯度为零，此时边界和外界没有热交换，被称为绝热边界条件。令 $q_2=0$，即可得到换热边界条件。

　　因此，具有上述边界条件的平面结构稳态温度场的数学模型可以简洁地概括为以下形式：

$$\begin{cases} \dfrac{\partial^2 T}{\partial x^2} + \dfrac{\partial^2 T}{\partial y^2} = 0 \\ k\left(\dfrac{\partial T}{\partial \boldsymbol{n}}\right)_{\Gamma} + h(T-T_f) - q_2 = 0 \end{cases}$$

1. 结构离散

　　该步骤与静力学问题有限元分析过程中的离散过程相同，只是在划分网格时应注意温度场的特点，在温度梯度较大的区域应适当加大网格密度。同时，热分析之后一般要进行结构的热变形和热应力计算，两种计算均采用同一模型，所以划分网格时还应考虑热变形和热应力的特点。

2. 单元分析

　　单元分析的任务是建立单元热传导矩阵和热平衡方程，分析的方法也与静力学分析相同。不同的是两者的泛函形式不一样，且物理场变为标量温度场，节点位移相应变为节点温度。

　　1）温度插值函数。从单元节点插值得到单元内温度变化规律的函数称为单元温度场的

插值函数。从划分的三角形网格中任取一个单元 e，其节点编号分别为 i, j, m。此时，每个节点所对应的自由度个数为 1，分别设为 T_i、T_j、T_m，如图 7-5 所示。单元 e 的温度场形函数矩阵为 $[N]^e = [N_i \quad N_j \quad N_m]$，单元节点温度向量为 $\{T\}^e = \{T_i \quad T_j \quad T_m\}^T$。与静力学有限元法的位移场变化函数类似，单元 e 温度场变化函数 $T(x, y)$ 如下所示：

$$T(x, y) = \sum T_e(x, y) = \sum (N_i T_i + N_j T_j + N_m T_m) = \sum [N]^e \{T\}^e \tag{7-37}$$

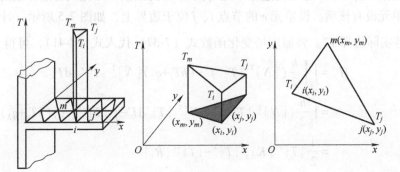

图 7-5　三角形温度单元

其中，温度场形函数的阶次仍由单元的自由度决定。形函数阶次越高，温度场的逼近精度越高。

$$T(x, y) = a_1 + a_2 x + a_3 y \tag{7-38}$$

式（7-38）所示的温度场变化函数能够描述任意的常温度和常温度导数，满足形函数的完备性要求。并且，单元交界处的温度也连续，满足协调条件。因此，此类温度场离散单元的有限元解是收敛的。

2）单元特性矩阵。根据式（7-10），平面三角形单元的泛函为

$$\Pi^e = \iint_{\Omega_e} \frac{\kappa}{2} \left[\left(\frac{\partial T}{\partial x} \right)^2 + \left(\frac{\partial T}{\partial y} \right)^2 \right] dx dy + \int_{\Gamma_e} \left(\frac{1}{2} h T^2 - h T_f T - q_2 T \right) d\Gamma \tag{7-39}$$

式中，Ω_e 为单元 e 在求解域 Ω 的实体单元；Γ_e 为单元 e 与求解域边界相交的单元边界，如图 7-6 所示。

上述单元泛函可认为是由

$$\Pi_1^e = \iint_{\Omega_e} \frac{1}{2} \kappa \left[\left(\frac{\partial T}{\partial x} \right)^2 + \left(\frac{\partial T}{\partial y} \right)^2 \right] dx dy \tag{7-40}$$

和

$$\Pi_2^e = \int_{\Gamma_e} \left(\frac{1}{2} h T^2 - h T_f T - q_2 T \right) d\Gamma \tag{7-41}$$

两部分组成的。将温度场变化函数式（7-37）代入式（7-40），整理后可得

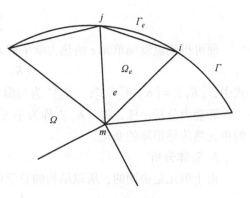

图 7-6　边界单元

$$\Pi_1^e = \frac{1}{2} \{T\}^{eT} [K]_1^e \{T\}^e \tag{7-42}$$

其中，

$$[K]_1^e = \frac{\kappa t}{4A}\begin{bmatrix} b_i^2+c_i^2 & b_ib_j+c_ic_j & b_ib_m+c_ic_m \\ b_jb_i+c_jc_i & b_j^2+c_j^2 & b_jb_m+c_jc_m \\ b_mb_i+c_mc_i & b_mb_j+c_mc_j & b_m^2+c_m^2 \end{bmatrix} \tag{7-43}$$

式中，相关系数的含义与第 5 章中三角形单元形函数刚度矩阵的参数相同，此处不予赘述。

泛函中的第二部分 Π_2^e 是结构边界单元对泛函 Π 的函数，因此只有边界上的单元才有该项，而内部单元没有该项。设单元 e 的节点 i、j 位于边界上，如图 7-5 所示，计算时应以直线 $\overline{ij}$ 近似代替实际边界 Γ^e。将温度场变化函数式（7-37）代入式（7-41），可得

$$\Pi_2^e = \int_{\overline{ij}}\left[\frac{h}{2}([N]^T\{T\}^e)^2-(hT_f+q_2)[N]^T\{T\}^e\right]\mathrm{d}\Gamma$$

$$= \int_{\overline{ij}}\frac{h}{2}([N]^T\{T\}^e)^T[N]^T\{T\}^e\mathrm{d}\Gamma-\int_{\overline{ij}}\{T\}^{eT}[N](hT_f+q_2)\mathrm{d}\Gamma$$

$$= \frac{1}{2}\{T\}^{eT}[K]_2^e\{T\}^e-\{T\}^{eT}\{R_T\}^e \tag{7-44}$$

式中，

$$[K]_2^e = \int_{\overline{ij}}h[N][N]^T\mathrm{d}\Gamma \tag{7-45}$$

$$\{R_T\}^e = \int_{\overline{ij}}[N](hT_f+q_2)\mathrm{d}\Gamma \tag{7-46}$$

因此，单元 e 总的泛函为

$$\Pi^e = \Pi_1^e+\Pi_2^e$$

$$= \frac{1}{2}\{T\}^{eT}[K]_1^e\{T\}^e+\frac{1}{2}\{T\}^{eT}[K]_2^e\{T\}^e-\{T\}^{eT}\{R_T\}^e$$

$$= \frac{1}{2}\{T\}^{eT}([K]_1^e+[K]_2^e)\{T\}^e-\{T\}^{eT}\{R_T\}^e$$

根据泛函极值条件

$$\frac{\partial\Pi^e}{\partial\{T\}^e}=0$$

便可得到温度场单元 e 的热力学平衡方程为

$$[K_T]^e\{T\}^e = \{R_T\}^e \tag{7-47}$$

式中，$[K_T]^e = [K]_1^e+[K]_2^e$；$\{R_T\}^e$ 为与温度有关的载荷向量。

和静力分析一样，将 $[K_T]^e$ 称为单元的温度热传导矩阵，其中 $[K]_2^e$ 是热边界所引起的单元热传导矩阵的变化。

3. 整体分析

由于单元是协调的，所以结构的总泛函为所有泛函之和，即

$$\Pi = \sum\Pi^e = \frac{1}{2}\{T\}^T[K_T]\{T\}-\{T\}^T\{R_T\} \tag{7-48}$$

根据泛函的极值条件

$$\frac{\partial\Pi}{\partial T}=0$$

便可得整个结构的热力学平衡方程组为

$$[K_T]\{T\} = \{R_T\} \tag{7-49}$$

式中，$\{T\} = \{T_1, T_2, T_3, \cdots, T_n\}^T$，称为节点温度向量；$\{R_T\} = \sum_e \{R_T\}^e$，称为热载荷向量；$[K_T] = \sum_e [K_T]^e$，称为结构的总体热传导矩阵。

结构的总体热传导矩阵 $[K_T]$ 是由各个单元的热传导矩阵组装而成，组装的方式与静力学有限元法中刚度矩阵组装的方式完全相同。因此，$[K_T]$ 也是对称且稀疏的矩阵，具有带状分布的特点。不同之处在于，由于温度单元的场变量是标量，每个节点对应单个自由度。在节点相同的情况下，$[K_T]$ 的非零项只有平面应力单元结构刚度 $[K]$ 的一半。于是，相比于结构静力学有限元求解，结构热力学有限元的求解规模更小。此外，由于 $[K_T]$ 是一个正定矩阵，代数方程组有唯一解，结构热力学有限元无需对 $[K_T]$ 进行奇异性的消除。

4. 热力学平衡方程求解

式（7-45）所示的结构热力学平衡方程是一个以节点温度为未知量的线性方程组，求解该方程组就可求出各节点的温度值，再利用插值函数即可求得整个结构的温度分布情况。

7.2.2　瞬态热传导问题的求解

瞬态温度场与稳态温度场的主要差别是瞬态温度场的场函数不仅是空间位置的函数，并且还是时间的函数，在控制方程中包含有 $\partial T / \partial t$ 项。根据第 1 章关于偏微分方程的分类，瞬态温度场的偏微分方程被称为抛物型方程，属于初边值问题。其具体求解过程为：从初始温度场开始，每隔一个步长，就求解下一时刻的温度场。此类求解过程被称为步进积分（Marching Integration），其求解特点是：在空间域内用有限元法，而在时间域内采用差分法，是有限元与有限差分法的混合解法。

1. 瞬态热传导方程的时间差分格式

结构瞬态温度场的热平衡方程如下所示：

$$[C_T]\frac{\partial T}{\partial t} + [K_T]\{T\} = \{R_T\}$$

上式是一组以时间 t 为独立变量的线性常微分方程组，故而瞬态温度场通过有限元法对空间离散后，上述方程组变为与时间 t 相关的常微分方程组。常微分方程存在很多通用及特殊的数值解法，本文所采用的方式为：对时间可用有限元差分法离散化后，使用直接积分法或模态叠加法对各时间节点的常微分方程进行迭代求解。

若温度场的边界条件存在第一类边界条件时，可采用与结构动力学相应的直接积分法进行瞬态温度场的求解，而其他几类边界条件均作为节点热流矢量被引入。

在用有限差分法求解各时刻的温度场时，可以采取向前差分法、向后差分法、Crank-Nicolson 法、Galerkin 法、三点向后差分格式等几种常见格式。

（1）向前差分　取 Δt 为时间差分步长，则 $\partial T / \partial t$ 的向后一阶差商格式为

$$\frac{\partial \{T\}_{t-1}}{\partial t} = \frac{1}{\Delta t}(\{T\}_t - \{T\}_{t-\Delta t}) + O(\Delta t) \tag{7-50}$$

于是，式（7-23）可写为时刻 t 的形式

$$[C_T]\frac{\partial\{T\}_{t-\Delta t}}{\partial t}+[K_T]\{T\}_{t-\Delta t}=\{R_T\}_{t-\Delta t} \tag{7-51}$$

将式（7-50）代入式（7-51），得到

$$[C_T]\{T\}_t=\Delta t\{R_T\}_{t-\Delta t}-\Delta t[K_T]\{T\}_{t-\Delta t}+[C_T]\{T\}_{t-\Delta t} \tag{7-52}$$

Δt 为适当选取的时间步长，$\{T\}_{t-\Delta t}$ 为初始时刻或前一时刻的温度场，$\{T\}_{t-\Delta t}$ 相当于随时间变化的热源强度和边界条件，可与时间相关，也可以与时间无关。在后者情况下，$\{T\}_{t-\Delta t}$ 可写成 $\{T\}$。若求得 $t-\Delta t$ 时刻的解 $\{T\}_{t-\Delta t}$，就可从方程组解出时刻 t 的温度场 $\{T\}_t$，再由时刻 $\{T\}_t$ 去求出 $\{T\}_{t+\Delta t}$。以此类推，进而求出任意时刻的温度场。虽然向前差分能够得到显式解，但其稳定性较差，且实际使用过程中其时间步长需取较小值，因此瞬态温度场热力学平衡方程很少采用该格式进行求解。

（2）向后差分　$\partial T/\partial t$ 的向后一阶差分格式为

$$\frac{\partial\{T\}_t}{\partial t}=\frac{1}{\Delta t}(\{T\}_t-\{T\}_{t-\Delta t})+O(\Delta t) \tag{7-53}$$

将式（7-23）写为时刻 t 的常微分方程形式为

$$[C_T]\frac{\partial\{T\}_t}{\partial t}+[K_T]\{T\}_t=\{R_T\}_t \tag{7-54}$$

将式（7-53）代入式（7-54），得

$$([C_T]/\Delta t+[K_T])\{T\}_t=\{R_T\}_t+[C_T]/\Delta t\{T\}_{t-\Delta t} \tag{7-55}$$

从式（7-55）可见，向后差分得到的是隐式解，必须联立线性代数方程组进行求解。由于向后差分是无条件稳定的，即使在大的时间步长下其求解结果也不会出现振荡，因此已被广泛应用于瞬态温度场热力学平衡方程的求解。

（3）一般差分格式　向前差分和向后差分是两种极端的情况，一般来讲，瞬态温度场热力学平衡方程的差分格式可写成

$$\sigma\frac{\partial\{T\}_t}{\partial t}+(1-\sigma)\frac{\partial\{T\}_{t-\Delta t}}{\partial t}=\frac{1}{\Delta t}(\{T\}_t-\{T\}_{t-\Delta t}) \tag{7-56}$$

式中，$0\leqslant\sigma\leqslant1$，当 $\sigma=0$ 时即为向前差分格式，而当 $\sigma=1$ 时即为向后差分格式。当 $\sigma=1/2$ 时，得到 C-N（Crank-Nicolson）格式，即

$$\frac{1}{2}\left(\frac{\partial\{T\}_t}{\partial t}+\frac{\partial\{T\}_{t-\Delta t}}{\partial t}\right)=\frac{1}{\Delta t}(\{T\}_t-\{T\}_{t-\Delta t})+O(t^2) \tag{7-57}$$

上述公式的截断误差为 Δt^2 级，具有较高的精度，而且稳定性较好。将式（7-57）代入式（7-23）可得

$$(2[C_T]/\Delta t+[K_T])\{T\}_t=(\{R_T\}_t+\{R_T\}_{t-\Delta t})+(2[C_T]/\Delta t-[K_T])\{T\}_{t-\Delta t} \tag{7-58}$$

当 $\sigma=2/3$ 时，一般差分格式具体化为伽辽金格式，即

$$\frac{2}{3}\frac{\partial\{T\}_t}{\partial t}+\frac{1}{3}\frac{\partial\{T\}_{t-\Delta t}}{\partial t}=\frac{1}{\Delta t}(\{T\}_t-\{T\}_{t-\Delta t})+O(t^2) \tag{7-59}$$

将式（7-59）代入式（7-23）可得

$$(3[C_T]/\Delta t+2[K_T])\{T\}_t=(2\{R_T\}_t+\{R_T\}_{t-\Delta t})+(3[C_T]/\Delta t-[K_T])\{T\}_{t-\Delta t} \tag{7-60}$$

2. 求解格式的稳定性

瞬态温度场的控制微分方程是典型的抛物型方程，在用有限差分法或有限元法进行求解时，都存在着稳定性的问题，这是步进积分的特点。

用有限差分法求解抛物型方程的过程中，不同格式对求解稳定性会产生不同的影响。以式（7-55）为例，如图 7-7 所示说明了 σ 取不同值时对稳定性的具体影响情况。图中横坐标是局部傅里叶准则 $\Delta F_0 = \alpha\Delta t/\Delta x^2$，其中 $\alpha(\text{m}^2\cdot\text{s}^{-1})$ 为物体的导温系数，Δt 为时间步长，Δx 为空间网格步长。曲线 a 把区域分为稳定区和不稳定区两部分。可见 $\sigma \geqslant 0.5$ 是稳定的，所以 C-N 格式、伽辽金格式和后差分格式都是无条件稳定的；而向前差分则

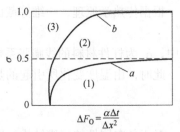

图 7-7　稳定性区域

只在 ΔF_0 很小的区域内才是稳定。曲线 b 把区域分为振荡和不振荡两部分，曲线 b 下方是振荡的，上方是不振荡的。因此，区域（1）是既不稳定也振荡，区域（2）是稳定的但会振荡，区域（3）是既稳定又不振荡。图 7-8 所示为采用不同差分格式进行瞬态温度场计算时解的振荡情况。

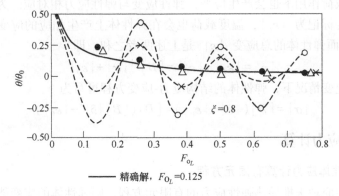

图 7-8　不同差分格式的瞬态温度场计算结果对比

一般说来，减小时间步长 Δt 会使抛物型方程求解的稳定性和精度提高。但在单元边长 Δx 保持不变的情况下，并非 Δt 越小越好。当 ΔF_0 过小时，又会在另一个极端情况产生新的振荡现象。换言之，Δt 需与 Δx 相匹配，其比值应处于恰当的范围，过大或过小都会使计算误差积累，进而导致计算结果出现数值振荡现象。

7.3　热弹性应力问题的求解

由于相互接触的不同结构体或同一结构体的不同部分之间的热膨胀系数不匹配，在加热或冷却时存在彼此的膨胀或收缩程度不一致，从而导致热应力的产生。热应力问题实际上是热和应力两个物理场之间的相互作用，属于多物理场耦合问题。

7.3.1　热应力有限元基本方程

结构温度变化时将导致结构出现热变形，如果热变形是自由的，它不会引起内部应力。

然而，在结构内部受热不均或遭受外界约束的情况下，热变形将受到内部各部分的相互制约和外界的限制，从而在内部产生应力。这种因温度变化而形成的应力被称为热应力。相应地，可将产生热应力的温度变化当成一种载荷，并称其为温度载荷。

根据传热学原理，一维等截面杆件因温度上升而引起杆长的变化值为

$$\Delta l = \alpha_t \Delta T l \tag{7-61}$$

式中，α_t 为杆件材料的线膨胀系数；ΔT 为温度变化值；l 为杆的原长。

此时，由温度变化所引起的热应变为

$$\varepsilon = \frac{\Delta l}{l} = \alpha_t \Delta T \tag{7-62}$$

对于各向同性的三维结构，以上应变在各个方向均相同，即

$$\begin{cases} \varepsilon_{x0} = \varepsilon_{y0} = \varepsilon_{z0} = \alpha_t \Delta T \\ \gamma_{xy0} = \gamma_{yz0} = \gamma_{zx0} = 0 \end{cases} \tag{7-63}$$

式（7-63）表明，对于自由的微分体，温度变化只引起线应变，而不会引起剪切应变。因此，平面结构的热应变为

$$\{\varepsilon_0\} = \{\varepsilon_{x0} \quad \varepsilon_{y0} \quad \gamma_{xy0}\}^T = \{\alpha_t \Delta T \quad \alpha_t \Delta T \quad 0\}^T = \alpha_t \Delta T \{1 \quad 1 \quad 0\}^T \tag{7-64}$$

弹性体在外载荷作用下也会产生应变，弹性应变与弹性应力相对应。为了便于区分，此处暂且将弹性应变标记为 $\{\varepsilon_E\}$，温度载荷也会在弹性体上产生相应的应变，被称为初应变并记之为 $\{\varepsilon_0\}$，而弹性体的总应变 $\{\varepsilon\}$ 是上述两者之和，即

$$\{\varepsilon\} = \{\varepsilon_E\} + \{\varepsilon_0\} = [D]^{-1}\{\sigma\} + \{\varepsilon_0\} \tag{7-65}$$

因此，在热应变情况下，弹性体的结构应力-应变方程可写为

$$\{\sigma\} = [D](\{\varepsilon\} - \{\varepsilon_0\}) = [D]([B]\{\delta\}^e - \{\varepsilon_0\}) \tag{7-66}$$

7.3.2 静态热应力计算

1. 静态热弹性体应力计算有限元方程

应用最小势能原理来推导热弹性应力的有限元方程，则弹性体的应变能为

$$U^e = \frac{1}{2} \int_V \{\sigma\}^T (\{\varepsilon\} - \{\varepsilon_0\}) dV \tag{7-67}$$

将式（7-66）代入式（7-67），可得

$$U = \frac{1}{2} \int_V (\{\varepsilon\} - \{\varepsilon_0\})^T [D](\{\varepsilon\} - \{\varepsilon_0\}) dV$$

$$= \frac{1}{2} \int_V \{\varepsilon\}^T [D]\{\varepsilon\} dV - \int_V \{\varepsilon\}^T [D]\{\varepsilon_0\} dV + \frac{1}{2} \int_V \{\varepsilon_0\}^T [D]\{\varepsilon_0\} dV$$

$$= \sum_{e=1}^N \int_{V_e} \{\varepsilon\}^{eT} [D]\{\varepsilon\}^e / 2 dV - \sum_{e=1}^N \int_{V_e} \{\varepsilon\}^{eT} [D]\{\varepsilon_0\}^e dV + \sum_{e=1}^N \int_{V_e} \{\varepsilon_0\}^{eT} [D]\{\varepsilon_0\}^e / 2 dV \tag{7-68}$$

根据第5章所介绍的静力学有限元法，单元的位移和应变可表示为

$$\{u\} = [N]\{\delta\}^e, \{\varepsilon\} = [B]\{\delta\}^e \tag{7-69}$$

将式（7-69）代入式（7-68），可得

$$U = \frac{1}{2}\{u\}^T [K]\{u\} - \{u\}^T \{R_T\} + \{C\} \tag{7-70}$$

式中第一项与没有温度变化的情况相同，而第二项和第三项则是由温度变化所产生的：

$$\{R_T\} = \sum_{e=1}^{N} \int_{V_e} [B]^{\mathrm{T}} [D] \{\varepsilon_0\} \mathrm{d}V = \sum_{e=1}^{N} \{R_T\}^e \tag{7-71}$$

$$\{C\} = \sum_{e=1}^{N} \int_{V_e} (\{\varepsilon_0\}^e)^{\mathrm{T}} [D] \{\varepsilon_0\}^e /2\mathrm{d}V \tag{7-72}$$

$\{R_T\}$ 是温度应变引起的载荷向量，称为单元变温等效节点载荷或热载荷向量，$\{C\}$ 是与节点位移无关的项。

与结构静力学有限元分析相类似，作用在弹性体上的外载荷仍是体积力、表面力和集中力三种类型，外载荷所做的功与没有温度变化的情况一样，记为

$$W = \{u\}^{\mathrm{T}} \{R\} \tag{7-73}$$

系统的总势能为

$$\Pi = \{u\}^{\mathrm{T}} [K] \{u\} /2 - \{u\}^{\mathrm{T}} \{R_T\} + \{C\} - \{u\}^{\mathrm{T}} \{R\} \tag{7-74}$$

根据最小势能原理，可得温度变化情况下弹性体的有限元基本方程为

$$[K] \{u\} = \{R\} + \{R_T\} \tag{7-75}$$

对于三节点的三角形单元而言，其温度载荷可由式（7-67）确定，具体形式如下所示：

$$\{R_T\}^e = \int_{V_e} [B]^{\mathrm{T}} [D] \{\varepsilon_0\} \mathrm{d}V = \iint [B]^{\mathrm{T}} [D] \alpha_t \Delta T t \mathrm{d}x \mathrm{d}y \tag{7-76}$$

在求出结构热力学平衡方程的节点温度值之后，可利用式（7-76）进行温度载荷的求解，其中单元的温升可取为各节点温升的平均值，即

$$\Delta T = \frac{\Delta T_i + \Delta T_j + \Delta T_m}{3} = \frac{T_i + T_j + T_m}{3} - T_0 \tag{7-77}$$

式中，T_i，T_j，T_m 为计算出的节点温度，T_0 为结构的初始温度。

将所有单元的变温等效载荷按式（7-71）进行叠加，可得整个结构的温度载荷向量。但值得注意的是，按式（7-76）形成的单元温度是一种节点载荷，按式（7-71）集成的整个结构的温度载荷也是节点载荷。此类载荷无需移置，但依赖于结构热力学有限元分析所使用的节点而存在。因此，在利用静力学有限元方法计算具有热变形和热应力的结构时，静力学有限元和热力学有限元必须具有相同的网格形式。因此，在热力学分析的网格离散化过程中，不仅要考虑结构的热分布规律，而且还要注意结构热应力和热变形的特点。

2. 静态热弹性体应力求解

在给定已知外力和结构温度变化的情况下，式（7-75）中的 $\{R\}$ 和 $\{R_T\}$ 为已知的载荷向量，加上必要的边界条件后，就可通过式（7-66）求出节点的位移，利用式（7-69）求出应变，再按式（7-66）得到结构的热应力。

上述求解过程是建立在材料的弹性模量、泊松比和热膨胀系数均与温度无关这一假设基础之上。然而，在实际情况中，上述材料参数均随温度变化而变化。对于某些材料，当温度在一定范围内变化时，可以近似地将这些材料的参数当作与温度无关的量来处理。但在考虑材料参数与温度相关的情况时，就需要做相应的实验以确定上述材料参数与温度之间的关系。于是，在计算总的温度变化 T 所产生的热应力时，需要将 T 划分成若干小的温度变化增量 $\mathrm{d}T$，逐个计算其产生的热应力，直到累计温度变化值达到 T 为止，总的热应力则为各热应力之和。

7.3.3 动态热应力计算

1. 热弹性问题的基本描述

前面的热应力分析讨论了弹性体受外力与热载荷同时作用而发生的状态变化过程，属于准稳态问题范畴，其基本假定为外力和热载荷是缓慢地施加的。于是，从一个稳定状态过渡到另一个稳定状态的过程中，都可将弹性体看作处于平衡状态，忽略加速度项与温度变化速度的影响。在此前提下，热传导方程和结构力学方程各自独立，温度场和位移场各自独立求解，两者并无耦合，可称之为非耦合的热弹性问题。但是对于非定常的温度场问题，不仅温度场随时间变化，弹性体的变形也随时间变化，因此必须在热弹性平衡方程中考虑加速度项的影响；同时，传统的傅里叶热传导公式是把微元体当作刚体来处理的，然而热和外力载荷将导致微元体的应变随时间变化，并且变形与热可互相转化，最终导致弹性体的温度场分布不仅与吸热量相关还与变形有关。在这类问题中，温度场与应变场相互影响，形成耦合关系，故称之为耦合热弹性问题。

2. 动应力平衡方程的求解

对于静态或准静态问题，其对应的小变形结构力学平衡方程式忽略了物体振动加速度项。但如果温度或机械载荷变化较快，则不能忽略加速度项 $\dfrac{\partial^2 u}{\partial t^2}$，必须按波动方程的形式进行结构力学平衡方程求解，相应的结构应力场也是波动的，这就是所谓的动应力问题。极端的动态热应力通常称为冲击热应力或热冲击，与机械冲击有相似的效果。

考虑加速度项之后，动应力平衡方程如下所示：

$$[K]\{\delta\}_t + [C]\left\{\frac{\partial^2 \delta}{\partial t^2}\right\}_t = \{P\}_t \tag{7-78}$$

式中，

$$\{P\}_t = \{F\}_t + \{L\}_t + \{Q\}_t + \{R\}_t$$

上式是一个典型的双曲型方程，其离散方式与抛物型方程相同，需先在空间域上做有限元划分，而后再在时间域上做有限差分展开。与 6.3 节弹性结构的动力响应类似，其求解方法主要有模态叠加法或直接积分法两种。但从实际应用考虑，更多的是采用直接积分法进行方程的求解，具体的求解过程在此不予赘述。

参 考 文 献

[1] 吴永礼. 计算固体力学方法 [M]. 北京：科学出版社，2003.

[2] 李景湧. 有限元法 [M]. 北京：北京邮电大学出版社，1999.

[3] SAEED MOAVENI. 有限元分析：ANSYS 理论与应用 [M]. 欧阳宇，王崧 译. 北京：电子工业出版社，2003.

[4] 王成. 有限单元法 [M]. 北京：清华大学出版社，2003.

[5] 孔祥谦. 热应力有限元单元法分析 [M]. 上海：上海交通大学出版社，1999.

"两弹一星"功勋
科学家：屠守锷

第 8 章　边 界 元 法

边界元法是继有限元法之后发展起来的一种数值计算方法，其数学基础可追溯到百年以前的 Green 公式。最早提出并广泛应用的直接边界元法是应用格林公式，通过选择适当的权函数，将区域内的位移用边界上的位移和表面力表达出来，把空间求解域上的偏微分方程转化成其边界上的积分方程，然后再通过将求解域的边界划分成若干单元，实现边界积分方程在边界上离散化，利用配置法或 Galerkin 法求积分方程的近似解，将其化为包含边界上未知和已知位移及表面力分量的方程组，代入已知的边界位移和表面力分量，最后利用边界积分方程求出区域内的位移和应力[1]。

由上述基本思想可以看出，边界元法的基础是建立边界积分方程，求解过程主要包括以下两步：第一步是问题的边界化，应用格林公式，通过基本解将求解域内的微分方程转化为边界上的积分方程；第二步是边界的离散化，可以采用有限元方式的离散技术，由于离散仅在边界上进行，误差只产生于边界。

8.1　边界积分方程的构建

8.1.1　基本解

边界元法把微分方程的定解问题转化为边界积分方程进行求解，在此过程中，微分方程的基本解起着非常重要的作用。而微分方程的基本解都是满足微分方程在某点具有奇异性的解，这与数学上的脉冲函数密切相关，本节先介绍脉冲函数的定义及其性质。

1. 脉冲函数

我们可以简单地定义单位脉冲函数是满足下面两个条件的函数：

1）当 $t \neq 0$ 时，$\delta(t) = 0$。

2）$\int_{-\infty}^{+\infty} \delta(t) \, \mathrm{d}t = 1$。

这是英国物理学家狄拉克（P. A. Dirac）给出的一种直观定义方式，需要指出的是，上述定义方式在理论上是不严格的，仅仅是对 δ 函数的某种描述。事实上，δ 函数并不是经典意义上的函数，而是一个广义函数，另外，δ 函数在现实生活中也是不存在的，它是数学抽象的结果。

下面我们不加证明地直接给出 δ 函数的两个基本性质。

1）设 $f(t)$ 是定义在实数域 R 上的有界函数，且在 $t=0$ 处连续，则

$$\int_{-\infty}^{+\infty} \delta(t)f(t)\,\mathrm{d}t = f(t) \tag{8-1}$$

一般地，若 $f(t)$ 在 $t=t_0$ 处连续，则

$$\int_{-\infty}^{+\infty} \delta(t-t_0)f(t)\,\mathrm{d}t = f(t_0) \tag{8-2}$$

此性质称为筛选性质。

2）设 $u(t)$ 为阶跃函数，即

$$u(t) = \begin{cases} 1, & t>0 \\ 0, & t<0 \end{cases} \tag{8-3}$$

则有

$$\int_{-\infty}^{t} \delta(t)\,\mathrm{d}t = u(t_0), \quad \frac{\mathrm{d}u(t)}{\mathrm{d}t} = \delta(t) \tag{8-4}$$

2. 基本解

1）基本解的定义及其物理意义。在物理学中，微分方程的基本解实际上描述了一个集中物理量所产生的效果。例如，在力学问题中，基本解表示为一个集中力作用下产生的位移场，电学中泊松方程的基本解表示为一个单位点电荷所产生的电势场，传热学中的导热微分方程的基本解表示为一个集中的点热源作用下产生的温度场。

根据叠加原理，对于连续分布的物理量，可以看成是无数个集中量的叠加，因此连续物理量所产生的效果，即为这些无数集中量所产生效果的叠加。由于集中物理量所产生的效果可以用基本解来描述，这样连续分布的物理量所产生的效果，自然可以用基本解乘以密度函数的积分来表示。

对于线性微分方程

$$L(u) = f(r) \tag{8-5}$$

式中，$L(u)$ 为线性微分算子，满足方程

$$L(u) = \delta(r-r_0) \tag{8-6}$$

解 $u^*(r,r_0)$ 为方程 $L(u)=f(r)$ 的基本解，有时也称为下列方程的基本解，即

$$L(u) = 0 \tag{8-7}$$

根据线性微分方程的叠加原理，如果 $u^*(r,r_0)$ 为式（8-6）的解，则

$$u(r) = \int u^*(r,r_0)f(r_0)\,\mathrm{d}r_0 \tag{8-8}$$

满足方程 $L(u)=f(r)$。

因此，也可以这样定义基本解。如果 $u^*(r,r_0)$ 在 $r \neq r_0$ 时满足齐次方程 $L(u)=0$，而对于任何足够光滑的函数 $f(r)$，由积分式（8-8）表示的 $u(r)$ 满足式（8-5），则称 $u^*(r,r_0)$ 为式（8-5）的基本解。

2）Laplace 方程的基本解。考虑二维 Laplace 方程

$$\nabla^2 u = \frac{\partial^2 u}{\partial x^2} + \frac{\partial^2 u}{\partial y^2} = 0 \tag{8-9}$$

设 $u^*(P,Q)$ 为二维 Laplace 方程的基本解，则有

$$\nabla^2 u^*(P,Q) + \delta(P-Q) = 0 \tag{8-10}$$

式中，P、Q 为二维无限域上的任意两点，如图 8-1 所示，取 P 为坐标原点，记 r 是原点 $P(x_i, y_i)$ 与测点 $Q(x, y)$ 之间的距离，即

$$r = \sqrt{(x-x_i)^2 + (y-y_i)^2} \tag{8-11}$$

利用直角坐标和球坐标的关系，由复合函数微分法则，可以将二维 Laplace 方程转变为极坐标中的表达式：

$$\frac{\partial^2 u}{\partial r^2} + \frac{1}{r}\frac{\partial u}{\partial r} + \frac{1}{r^2}\frac{\partial^2 u}{\partial \theta^2} = 0 \tag{8-12}$$

由于算子 ∇^2 和 δ 在平移和平面旋转变换下形式不变，相应地，方程式（8-10）的极坐标形式为

$$\frac{\mathrm{d}^2 u^*}{\mathrm{d}r^2} + \frac{1}{r}\frac{\mathrm{d}u^*}{\mathrm{d}r} + \delta(r) = 0 \tag{8-13}$$

对上式在圆域 $|x| \leqslant r$，$(r>0)$ 内积分得

$$2\pi r \frac{\mathrm{d}u^*}{\mathrm{d}r} + 1 = 0 \tag{8-14}$$

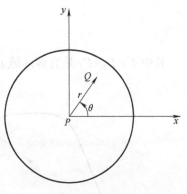

图 8-1 基本解示意图

因此

$$u^*(r) = -\frac{1}{2\pi}\ln r = \frac{1}{2\pi}\ln\frac{1}{r} \quad r \neq 0 \tag{8-15}$$

这就是二维 Laplace 方程的基本解，在研究二维 Laplace 方程时，起着重要的作用。基本解表示在无限域中点 P（称为源点）处有单位点源时，在任意点 Q（称为测点）处产生的势。当 Q、P 点之间的距离 $r \neq 0$ 时满足 Laplace 方程，当 $r=0$ 时，解函数奇异，因此基本解又称为奇异解。

用类似的方法，可以给出三维 Laplace 方程

$$\nabla^2 u = \frac{\partial^2 u}{\partial x^2} + \frac{\partial^2 u}{\partial y^2} + \frac{\partial^2 u}{\partial z^2} = 0 \tag{8-16}$$

上式的基本解为

$$u^*(r) = \frac{1}{4\pi r}, r \neq 0 \tag{8-17}$$

不同的问题，其基本解的求解方法可能不同。对于一维问题，可用单位载荷方法或 Duhamel 积分法，对于二维和三维弹性力学问题，其基本解就是 Kelvin 解，对于用 Laplace 和 Poisson 等方程描述的位势问题，可应用 Green 第二公式方便地进行求解。

8.1.2 边界积分方程

利用基本解建立边界积分方程的方法较多，如加权余量法、Green 公式法和功的互等原理等，本节以 Laplace 方程控制的位势问题为例（图 8-2），简要介绍 Green 公式法建立边界积分方程的过程[2]。

任何位势问题都可以用满足 Laplace 方程的微分方程表示。

$$\nabla^2 u = \frac{\partial^2 u}{\partial x^2} + \frac{\partial^2 u}{\partial y^2} + \frac{\partial^2 u}{\partial z^2} = 0 \quad (x, y, z) \in \Omega \tag{8-18}$$

考虑二维 Laplace 方程边值问题

$$\begin{cases} \dfrac{\partial^2 u}{\partial x^2}+\dfrac{\partial^2 u}{\partial y^2}=0 & \in \Omega \\[2mm] u=\bar{u} & \in \Gamma_1 \\[2mm] \dfrac{\partial u}{\partial n}-\bar{q}=0 & \in \Gamma_2 \end{cases} \tag{8-19}$$

其中 $\Gamma=\Gamma_1+\Gamma_2$ 是有界区域 Ω 的总边界，n 为 Γ 的外法线方向，如图 8-3 所示。

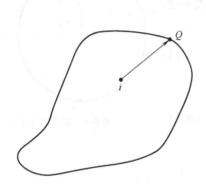
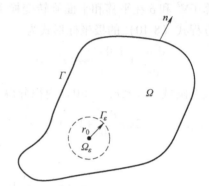

图 8-2　Laplace 问题示意图　　　　　　图 8-3　区域内奇异点处理方法

Green 第二公式如下所示：

$$\int_{\Omega}(v\nabla^2 u-u\nabla^2 v)\,\mathrm{d}\Omega=\int_{\Gamma}\left(v\,\frac{\partial u}{\partial n}-u\,\frac{\partial v}{\partial n}\right)\mathrm{d}\Gamma \tag{8-20}$$

式（8-20）中，取 u 为调和函数，$v=u^*$。若源点 P 在区域 V 内，则 P 是基本解函数 u^* 的奇异点，不能直接应用公式（8-20），但是，除去一个以 P 为中心、适当小的正数 ε 为半径，且完全包含在 Ω 内的小圆盘，在剩下的区域 $\Omega-\Omega_\varepsilon$ 上对函数 u 和 u^* 可以应用 Green 第二公式，并且有

$$\int_{\Omega-\Omega_\varepsilon}(u^*\nabla^2 u-u\nabla^2 u^*)\,\mathrm{d}\Omega=\int_{\Gamma+\Gamma_\varepsilon}\left(u^*\,\frac{\partial u}{\partial n}-u\,\frac{\partial u^*}{\partial n}\right)\mathrm{d}\Gamma=0 \tag{8-21}$$

即

$$\int_{\Gamma}\left(u^*\,\frac{\partial u}{\partial n}-u\,\frac{\partial u^*}{\partial n}\right)\mathrm{d}\Gamma+\int_{\Gamma_\varepsilon}\left(u^*\,\frac{\partial u}{\partial n}-u\,\frac{\partial u^*}{\partial n}\right)\mathrm{d}\Gamma=0 \tag{8-22}$$

又，按照积分中值定理，有

$$\int_{\Gamma_\varepsilon}u^*\,\frac{\partial u}{\partial n}\mathrm{d}\Gamma=\frac{1}{2\pi}\ln\frac{1}{\varepsilon}\int_{\Gamma_\varepsilon}\frac{\partial u}{\partial n}\mathrm{d}\Gamma=\varepsilon\ln\frac{1}{\varepsilon}\,\frac{\partial u(\xi_1)}{\partial n}$$

$$\int_{\Gamma_\varepsilon}u\,\frac{\partial u^*}{\partial n}\mathrm{d}\Gamma=\frac{1}{2\pi\varepsilon}\int_{\Gamma_\varepsilon}u\mathrm{d}\Gamma=u(\xi_2) \tag{8-23}$$

其中 ξ_1 和 ξ_2 是 Γ_ε 上的某两点，于是当 $\varepsilon\to 0$ 时，有

$$\lim_{\varepsilon\to 0}\int_{\Gamma}\left(u^*\,\frac{\partial u}{\partial n}-u\,\frac{\partial u^*}{\partial n}\right)\mathrm{d}\Gamma+\lim_{\varepsilon\to 0}\int_{\Gamma_\varepsilon}\left(u^*\,\frac{\partial u}{\partial n}-u\,\frac{\partial u^*}{\partial n}\right)\mathrm{d}\Gamma$$

$$= \int_\Gamma \left(u^* \frac{\partial u}{\partial \boldsymbol{n}} - u \frac{\partial u^*}{\partial \boldsymbol{n}} \right) \mathrm{d}\Gamma + \lim_{\varepsilon \to 0} \left(\varepsilon \ln \frac{1}{\varepsilon} \frac{\partial u(\xi_1)}{\partial \boldsymbol{n}} \right) - \lim_{\varepsilon \to 0} u(\xi_2)$$

$$= \int_\Gamma \left(u^* \frac{\partial u}{\partial \boldsymbol{n}} - u \frac{\partial u^*}{\partial \boldsymbol{n}} \right) \mathrm{d}\Gamma + u(P)$$

$$= 0 \tag{8-24}$$

我们就得到了二维 Laplace 方程的基本积分公式

$$u(P) + \int_\Gamma u \frac{\partial u^*}{\partial \boldsymbol{n}} \mathrm{d}\Gamma = \int_\Gamma u^* \frac{\partial u}{\partial \boldsymbol{n}} \mathrm{d}\Gamma, \quad P \in \Omega \tag{8-25}$$

从式（8-25）可以看出，求解域的内点源 P 处的函数值 $u(P)$，完全用边界上的变量 u 及其法向导数 $\partial u/\partial \boldsymbol{n}$ 表示。通过将位势问题的解表示为边界变量与其法向导数的乘积的边界积分，只要计算出边界上的全部 u 值和 $\partial u/\partial \boldsymbol{n}$ 值，就可以用式（8-25）计算求解域内部任一点 P 的 $u(P)$。

为了求出边界上的全部 u 值和 $\partial u/\partial \boldsymbol{n}$ 值，需要把源点 P 移到边界上进行考察，得到边界上任一点的积分方程。如果 P 在边界 Γ 上，考虑到基本解在源点 P 的奇异性，以 P 为中心，划出适当小的正数 ε 为半径的一个圆弧区域，如图 8-4 所示。记 Ω_ε 是小圆弧与边界 Γ 围成的圆弧区域，I_ε 是小圆弧的边界部分，Γ_ε 是区域边界 Γ 与小圆弧对应的部分边界。在区域上 $\Omega - \Omega_\varepsilon$ 内应用 Green 第二公式，得

$$\int_{\Omega - \Omega_\varepsilon} \left(u^* \nabla^2 u - u \nabla^2 u^* \right) \mathrm{d}\Omega = \int_{\Gamma - \Gamma_\varepsilon + I_\varepsilon} \left(u^* \frac{\partial u}{\partial \boldsymbol{n}} - u \frac{\partial u^*}{\partial \boldsymbol{n}} \right) \mathrm{d}\Gamma = 0 \tag{8-26}$$

由于 $\int_{I_\varepsilon} u^* \frac{\partial u}{\partial \boldsymbol{n}} \mathrm{d}\Gamma$ 和 $\int_{I_\varepsilon} u \frac{\partial u^*}{\partial \boldsymbol{n}} \mathrm{d}\Gamma$ 都是收敛的积分，并且当 $\varepsilon \to 0$ 时

$$\int_{I_\varepsilon} u^* \frac{\partial u}{\partial \boldsymbol{n}} \mathrm{d}\Gamma \to 0 \tag{8-27}$$

$$\int_{I_\varepsilon} u \frac{\partial u^*}{\partial \boldsymbol{n}} \mathrm{d}\Gamma = \frac{\theta}{2\pi} u(P)$$

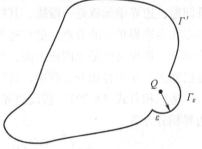

我们由式（8-26）可以得到

$$cu(P) + \int_\Gamma u \frac{\partial u^*}{\partial \boldsymbol{n}} \mathrm{d}\Gamma = \int_\Gamma u^* \frac{\partial u}{\partial \boldsymbol{n}} \mathrm{d}\Gamma, \quad P \in \Gamma \tag{8-28}$$

式中，$c = \theta/2\pi$，θ 是边界 Γ 在点 P 向区域 Ω 所张成的角度。若 Γ 在点 P 是光滑的，则 $\theta = \pi$。

图 8-4　边界上奇异点处理方法

考虑到源点 P 的变动性，为了便于标记，我们约定 P 处的函数值 $u(P)$ 简记为 u_i，对应于当前 P 点的 θ 记为 θ_i，相应地，$c_i = \theta_i/2\pi$。综合式（8-25）和式（8-28），对于求解域上的 Laplace 方程成立

$$c_i u_i + \int_\Gamma u \frac{\partial u^*}{\partial \boldsymbol{n}} \mathrm{d}\Gamma = \int_\Gamma u^* \frac{\partial u}{\partial \boldsymbol{n}} \mathrm{d}\Gamma, \begin{cases} c_i = 1, & \text{源点 } P \text{ 在 } \Omega \text{ 内} \\ c_i = \theta_i/2\pi, & \text{源点 } P \text{ 在 } \Gamma \text{ 上} \\ c_i = 0, & \text{源点 } P \text{ 在 } \Omega \text{ 外} \end{cases} \tag{8-29}$$

当点 P 在边界上变动时，式（8-28）是一个边界积分方程，求出其解，再由式（8-25）就得到边值问题式（8-19）的解。于是将求解微分方程的边值问题转化为求解边界积分方程

的问题。

除了采用 Green 公式法建立边界积分方程之外，也可以采用加权余量法和力学中的功互等原理构建边界积分方程，相关内容这里就不再介绍了。

8.2 边界积分方程的求解

对于固体力学问题，边界积分方程中变量一般是指位移 u，位移 u 的法向导数 $\partial u / \partial n$ 即为表面力 q。边界积分方程求解过程如下。

1）边界 Γ 被离散成一系列边界单元，在每个单元上，假定位移 u 及其表面力 q 是按节点值的内插函数形式变化。

2）基于边界积分方程，按边界单元上节点的配置，在相应节点上建立离散方程。

3）采用数值积分法，计算每个单元上的相应积分项。

4）按给定的边界条件，确立一组线性代数方程组，即边界元方程。然后，采用适当的代数解法，解出边界上待求的位移和表面力的离散解。

5）同样基于边界积分方程，在上述边界元法所得离散解的基础上，可得场域内任一点的位移 u。

8.2.1 边界积分方程的离散化

边界积分方程式（8-29）是关于连续函数 u 和 q 的边界积分方程，不能进行数值求解，必须建立相应的离散形式[3]。

与有限元法不同，这里只需要对求解域的边界进行离散，形成所谓的边界单元。对于二维问题，边界单元就是一段线，其插值方法与有限元法中的杆单元类似，在每个单元上取一些点作为边界单元的节点，把在边界 Γ 上的积分转化成在所有单元上的积分之和。对于三维问题，边界可以是曲面或平面，但可以用平面单元近似处理。需要注意的是，基本解函数是已知的，在边界积分方程中，这些函数不需要离散。

考虑积分式（8-29），假设边界 Γ 被离散成 N 个单元，设场域 D 内位移函数 u 满足直接边界积分方程

$$c_i u_i + \int_\Gamma u \frac{\partial u^*}{\partial n} \mathrm{d}\Gamma = \int_\Gamma u^* \frac{\partial u}{\partial n} \mathrm{d}\Gamma, \quad c_i = \theta_i / 2\pi, \text{源点 } P \text{ 在 } \Gamma \text{ 上} \tag{8-30}$$

在边界离散后，按边界单元上节点的配置，式（8-30）可改写为

$$c_i u_i + \sum_{j=1}^{N} \int_{\Gamma_j} u \frac{\partial u^*}{\partial n} \mathrm{d}\Gamma = \sum_{j=1}^{N} \int_{\Gamma_j} u^* \frac{\partial u}{\partial n} \mathrm{d}\Gamma \tag{8-31}$$

式中，i 为单元节点编号，j 为单元序号。

1. 常数单元形式离散

常数单元是指每个边界单元上的 u 和 $\partial u / \partial n$ 值都设定为相应的常数，且等于该单元中点上的值，该单元为直线单元，各单元中心即其两端点连线的中心点，也称节点，如图 8-5 所示。图中 L_1、L_2 分别标记给定的第一类和第二类边界条件所对应的边界。

对于常数单元，因为只有一个节点，因此其形函数为 $N(\xi)=1 (\xi \in [-1,1])$。记单元的

两个端点的坐标为 (x_1, y_1) 和 (x_2, y_2)。

由于在各个边界单元 $L_j(j=1,2,\cdots,N)$ 上 u 与 $\partial u/\partial n$ 均分别设定为相应的常数,故可将其提出积分号,注意到 $\partial u/\partial n = q$,$\partial u^*/\partial n = q^*$,于是式(8-31)可以表达为

$$c_i u_i + \sum_{j=1}^{N} u_j \int_{\Gamma_j} q^* \, \mathrm{d}\Gamma = \sum_{j=1}^{N} q_j \int_{\Gamma_j} u^* \, \mathrm{d}\Gamma \tag{8-32}$$

各单元 L_j 上的积分仅与节点 i 和单元 j 相关。令

$$\overline{H}_{ij} = \int_{L_j} q^* \, \mathrm{d}L$$

$$\overline{G}_{ij} = \int_{L_j} u^* \, \mathrm{d}L \tag{8-33}$$

$\overline{H}_{ij}$ 和 $\overline{G}_{ij}$ 一般可由数值积分算出,对于边界几何形状非常简单的情况,当然也可以有解析解。这样,积分式即为

$$c_i u_i + \sum_{j=1}^{N} \overline{H}_{ij} u_j = \sum_{j=1}^{N} \overline{G}_{ij} q_j \tag{8-34}$$

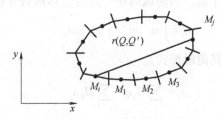

a) 边界划分

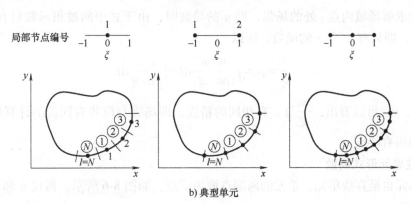

b) 典型单元

图 8-5 常数单元

前面已指出,唯有当测点与源点重合时,即 $i=j$ 时 $c_i = 0.5$,(边界光滑时),其余均为 $c_i = 0$,故若再令

$$H_{ij} = \begin{cases} \overline{H}_{ij} \\ \overline{H}_{ij} + \dfrac{1}{2} \text{(边界光滑时)} \end{cases} \tag{8-35}$$

式（8-34）又可以改写成

$$\sum_{j=1}^{N} H_{ij}u_j = \sum_{j=1}^{N} G_{ij}q_j \qquad (8\text{-}36)$$

因为在边界 L_1 上有 N_1 个单元属于第一类边界条件，即其 N_1 个单元上的 u 值是已知的，但其 q 值未知；而边界 L_2 上对应的 $N_2 = N - N_1$ 个单元属于第二类边界条件，即其 N_2 个单元上的 q 值已知，但 u 值未知。因此，离散的边界积分方程的未知量应由 N_1 个 q 值和 N_2 个 u 值所组成。式（8-36）是对应于第 i 个节点所列出的离散边界积分方程，就整体 N 个边界节点的集合而言，即构成 N 阶方程，可写成如下矩阵形式：

$$[H]\{u\} = [G]\{q\} \qquad (8\text{-}37)$$

重新排列式（8-37），将所有包含未知量的项移置方程的左端，而将已知项置于方程的右端，可得重排后的 N 阶线性方程组，即边界元方程为

$$[A]\{X\} = \{F\} \qquad (8\text{-}38)$$

式中，$\{X\}$ 表示由未知量 u 和 q 所组成的列向量；$\{F\}$ 是 N 维列向量，表示给定的边界条件；$[A]$ 为 $N{\times}N$ 阶系数矩阵，表征了节点 i 与各单元 j 之间的关联。一旦该方程解出，即可求得边界上所有未知的 u 和 q 值，而场域内任一点的位移函数 u 的计算公式为

$$u_i = \int_L u^* q \,\mathrm{d}L - \int_L u q^* \,\mathrm{d}L \qquad (8\text{-}39)$$

基于同样的离散化过程，其离散形式是

$$u_i = \sum_{j=1}^{N} G_{ij}q_j - \sum_{j=1}^{N} \overline{H}_{ij}u_j \qquad (8\text{-}40)$$

值得注意的是，由于现有节点 i 位于场域内部，不会出现 $i=j$ 的情况，故 $c_i = 1$。

若继续求解场域内点 i 处的场强，即 u 的导数时，由于式中的被积函数只有基本解 u^* 与点 i 相关，即只有 u^* 是 r 的函数，所以

$$\frac{\partial u_i}{\partial \xi} = q_{i\xi} = \int_L \frac{\partial u}{\partial n}\frac{\partial u^*}{\partial \xi}\mathrm{d}L - \int_L u\frac{\partial^2 u^*}{\partial n \partial \xi}\mathrm{d}L \qquad (8\text{-}41)$$

式中，$\xi = x$，y。可以看出，$\dfrac{\partial u}{\partial \xi}$ 与 u 有相同的精度，即场强与位势有同阶的计算精度，这是边界元法的固有特点。

2. 线性单元形式离散

线性单元也是直线单元，单元的两端点取为节点，如图 8-6 所示，假设 u 和 q 在每个单元上线性变化。

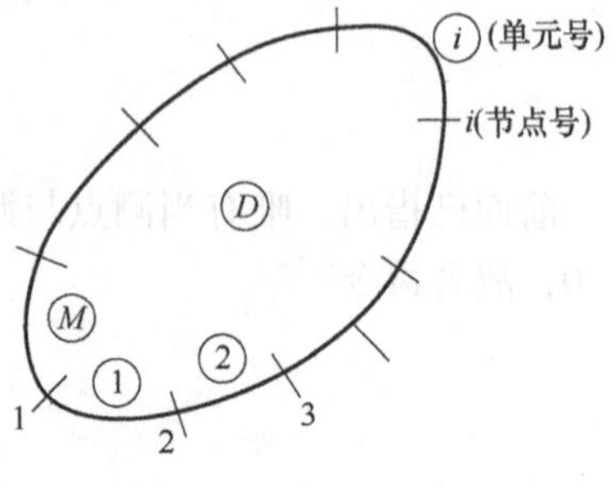

由于单元中 u 和 q 值不是常数，所以式（8-31）中的 u 和 q 不可能提到积分号外，此时系数矩阵的建立较常数单元费时。

取任意 j 号单元（L_j 为单元长度），建立如图 8-7 所示的局部坐标系。此时单元上任一点的 u 和 q 值可用相关节点值 u_j、$u_j{+}1$ 和 q_j、$q_j{+}1$，以及 N_1、N_2 两个线性函数来表达，即

图 8-6 边界的线性单元离散

$$\begin{cases} u(\xi)=N_1u_j+N_2u_{j+1}=\begin{bmatrix}N_1 & N_2\end{bmatrix}\begin{Bmatrix}u_j\\u_{j+1}\end{Bmatrix}\\[3mm] q(\xi)=N_1q_j+N_2q_{j+1}=\begin{bmatrix}N_1 & N_2\end{bmatrix}\begin{Bmatrix}q_j\\q_{j+1}\end{Bmatrix}\end{cases} \qquad (8\text{-}42)$$

式中，N_1、N_2 为插值基函数，也称为形函数，与有限元方法中的形函数一样，其特点是：在该单元节点上相应取值为 1；在其余单元的节点上取值为零。

$$\begin{cases} N_1=\dfrac{1-\xi}{2}\\[3mm] N_2=\dfrac{1+\xi}{2}\end{cases} \qquad (8\text{-}43)$$

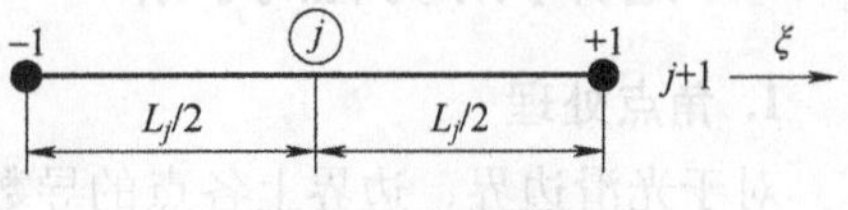

图 8-7　线性单元

将式（8-42）代入积分式，可得

$$c_iu_i+\sum_{j=1}^{M}\int_{L_j}\begin{bmatrix}N_1 & N_2\end{bmatrix}\frac{\partial u^*}{\partial \boldsymbol{n}}\mathrm{d}L\begin{Bmatrix}u_j\\u_{j+1}\end{Bmatrix}=\sum_{j=1}^{M}\int_{L_j}\begin{bmatrix}N_1 & N_2\end{bmatrix}u^*\mathrm{d}L\begin{Bmatrix}q_j\\q_{j+1}\end{Bmatrix} \qquad (8\text{-}44)$$

令

$$H_{ij}^{(1)}=\int_{L_j}N_1\frac{\partial u^*}{\partial \boldsymbol{n}}\mathrm{d}L,H_{ij}^{(2)}=\int_{L_j}N_2\frac{\partial u^*}{\partial \boldsymbol{n}}\mathrm{d}L$$

$$G_{ij}^{(1)}=\int_{L_j}N_1u^*\mathrm{d}L,G_{ij}^{(2)}=\int_{L_j}N_2u^*\mathrm{d}L \qquad (8\text{-}45)$$

则有

$$c_iu_i+\sum_{j=1}^{M}\begin{bmatrix}H_{ij}^{(1)} & H_{ij}^{(2)}\end{bmatrix}\begin{Bmatrix}u_j\\u_{j+1}\end{Bmatrix}=\sum_{j=1}^{M}\begin{bmatrix}G_{ij}^{(1)} & G_{ij}^{(2)}\end{bmatrix}\begin{Bmatrix}q_j\\q_{j+1}\end{Bmatrix} \qquad (8\text{-}46)$$

式（8-46）也可以表示为

$$c_iu_i+\begin{bmatrix}\overline{H}_{i1}\cdots\overline{H}_{im}\end{bmatrix}\{u_1\cdots u_m\}^{\mathrm{T}}=\begin{bmatrix}\overline{G}_{i1}\cdots\overline{G}_{im}\end{bmatrix}\{q_1\cdots q_m\}^{\mathrm{T}} \qquad (8\text{-}47)$$

式中，

$$\begin{cases}\overline{H}_{ij}=H_{ij}^{(1)}+H_{i(j-1)}^{(2)}\\[2mm]\overline{G}_{ij}=\overline{G}_{ij}^{(1)}+\overline{G}_{i(j-1)}^{(2)}\end{cases} \qquad (8\text{-}48)$$

因为边界 L 是一闭合曲线，所以当 $j=1$ 时，$(j-1)$ 即为 M。离散式还可简化为

$$\sum_{j=1}^{M}H_{ij}u_j=\sum_{j=1}^{M}G_{ij}q_j \qquad (8\text{-}49)$$

式中，

$$H_{ij}=\begin{cases}\overline{H}_{ij} & \text{当点 }i\text{ 不属于边界 }j\text{ 时}\\[2mm]\overline{H}_{ij}+\dfrac{1}{2}（\text{边界光滑时}） & \text{当点 }i\text{ 和单元 }j\text{ 任一端点重合时}\end{cases} \qquad (8\text{-}50)$$

对应于 $i=1$，2，$\cdots$，M 所有节点列出的离散方程，可写成矩阵形式为

$$[H]\{u\}=[G]\{q\} \qquad (8\text{-}51)$$

显然，式（8-51）与常数单元中用的离散式的形式完全相同，只是系数矩阵元素计算关

系式不同。经整理后，同样最终可得边界元方程。

对于二次或更高次的边界单元来说，差异仅在于插值基函数，即形函数的构造将更为复杂，这时对应的是曲线形元素（常数及线性单元属于直线单元）。理论上，它们对曲线边界的拟合将更好，计算精度高，但由于形函数的复杂性所带来的数值积分误差较大，其结果往往得不偿失。因此，当边界几何形状较简单或划分足够精细时，通常采用线性单元即可满足分析需要。

8.2.2 边界积分方程的求解

1. 角点处理

对于光滑边界，边界上各点的导数是连续变化的。在这些点上，边界积分式（8-31）中的系数 $c_i = 1/2$，而边界上某些点的法线或切线不连续变化的边界点，称之为角点。在角点上 $c_i \neq 1/2$，而是由角点处的几何形状决定。

对于常数单元来说，由于在单元内 u 和 q 为常数，一般不存在角点的问题。但对于线性单元、二次单元或更高次单元，在边界元法的单元划分中，角点问题是一个必须要重视的问题，否则就可能在角点附近产生较大的计算误差。通常可以采用双角节点法、二重节点法、混合单元法等方法进行处理。

如图 8-8 所示，当角点成为两个边界单元的分界点时，可以在该角点的两侧，离角点非常接近的位置取两点作为节点。由于这两个节点分别属于不同的边界单元，因此在节点上边界是光滑的，可以认为 $c_i = 1/2$。这种方法简单实用，经常被采用。

二重节点法是指在角点上配置两个节点，它们有相同的坐标，但分属于不同的两个边界单元，并且具有不同的边界条件，如图 8-9 所示。

这两个配置的节点的函数值相同而导数值不相同，在力学问题中，就是有相同的位移，但表面力不一样。应该注意，在这两个节点上建立边界积分方程时，要附加两节点函数值相同的条件。

图 8-8　双角点法

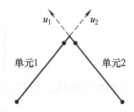

图 8-9　二重节点法

混合单元法是利用角点处函数值 u 连续而导数值 q 不连续的性质，以及常数单元的函数值 u 和 q 都为常数，而线性单元的函数值 u 和 q 都作线性变化的特点，对 u 采用线性单元，对导数值 q 则采用常数单元进行处理。

2. 边界积分方程求解

根据前述分析，下面列出边界积分方程的求解步骤。

算法 8.1　边界积分求解步骤

1）对节点 i 从 $1 \sim N$ 循环，在循环体内作积分。

2）对单元 j 从 $1 \sim N$ 循环，在循环体内作积分。

3）计算出所考察 i 值、j 值下的 H_{ij} 与 G_{ij}。

4）根据 j 单元的边界条件，分别作如下处理：

$$
\begin{aligned}
Q \in \Gamma_2 \quad & H_{ij} \Rightarrow [H]' \\
Q \in \Gamma_1 \quad & -G_{ij} \Rightarrow [H]' \\
& -H_{ij} \Rightarrow G_{ij}
\end{aligned}
\tag{8-52}
$$

5）$G_{ij} \times u_j$（或 q_j）$\Rightarrow f_i$。

6）对 i、j 循环完毕，即形成了 $[A]$（即 $[H]'$）与 $\{F\}$。

7）解方程式，得边界未知值列阵 $\{X\}$，存贮在右端列阵 $\{F\}$ 内。

8）利用边界离散化以后的式（8-53）即可求得区域内任意指定点 i 处的 u 值与 $\dfrac{\partial u}{\partial x_1}$、$\dfrac{\partial u}{\partial x_2}$ 值。

$$
\begin{aligned}
u_i &= \sum_{j=1}^{N} \int_{\Gamma} u^* q \, \mathrm{d}\Gamma - \sum_{j=1}^{N} \int_{\Gamma} u \frac{\partial u^*}{\partial \boldsymbol{n}} \mathrm{d}\Gamma \\
&= \sum_{j=1}^{N} q_j \int_{\Gamma} u^* q \, \mathrm{d}\Gamma - \sum_{j=1}^{N} u_j \int_{\Gamma} \frac{\partial u^*}{\partial \boldsymbol{n}} \mathrm{d}\Gamma \\
&= \sum_{j=1}^{N} q_j G_{ij} - \sum_{j=1}^{N} u_j \hat{H}_{ij}
\end{aligned}
\tag{8-53}
$$

$$
\begin{cases}
\dfrac{\partial u}{\partial x_1^i} = \sum\limits_{j=1}^{N} q_j \int_{\Gamma} \dfrac{\partial u^*}{\partial x_1^i} \mathrm{d}\Gamma - \sum\limits_{j=1}^{N} u_j \int_{\Gamma} \dfrac{\partial}{\partial x_1^i} \dfrac{\partial u^*}{\partial \boldsymbol{n}} \mathrm{d}\Gamma \\[4mm]
\dfrac{\partial u}{\partial x_2^i} = \sum\limits_{j=1}^{N} q_j \int_{\Gamma} \dfrac{\partial u^*}{\partial x_2^i} \mathrm{d}\Gamma - \sum\limits_{j=1}^{N} u_j \int_{\Gamma} \dfrac{\partial}{\partial x_2^i} \dfrac{\partial u^*}{\partial \boldsymbol{n}} \mathrm{d}\Gamma
\end{cases}
\tag{8-54}
$$

8.3　三维弹性力学问题的边界元法

8.3.1　三维弹性力学问题的边界积分方程

1. 基本方程

参考第 2 章的内容，假设连续均匀各向同性的弹性体在体积力 f_i，表面力 t_i 和边界约束作用下保持平衡，如图 8-10 所示。位移 u_i、应力 σ_{ij} 和应变 ε_{ij} 满足以下基本方程（i、j 是坐标分量标记）：

平衡方程：

$$
\sigma_{ji,j} + f_i = 0, \quad \boldsymbol{x} \in V
\tag{8-55}
$$

几何方程：

$$
\varepsilon_{ji} = \frac{1}{2}(u_{i,j} + u_{j,i}), \quad \boldsymbol{x} \in V
\tag{8-56}
$$

物理方程：

$$
\sigma_{ij} = \lambda u_{k,k} \delta_{ij} + 2\mu \varepsilon_{ij}, \quad \boldsymbol{x} \in V
\tag{8-57}
$$

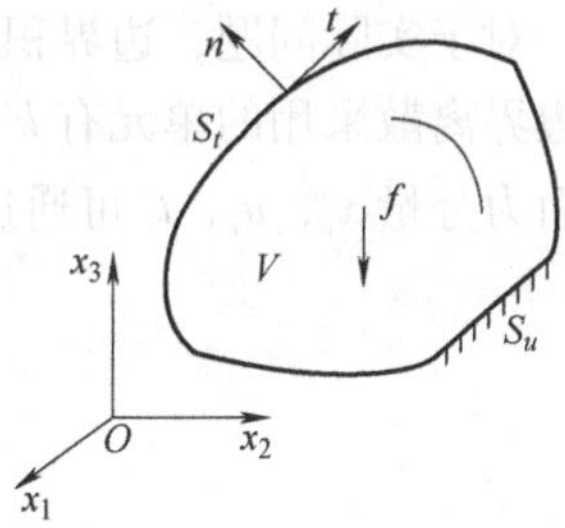

图 8-10　外力和约束作用
下的弹性体

以及边界上的表面力和应力的关系：

$$t_i = \sigma_{ij} n_j, \quad \boldsymbol{x} \in S \tag{8-58}$$

以上各式中，$\boldsymbol{x}$ 为坐标向量，δ_{ij} 是 kronecker 函数（$i=j$ 时为 1，$i \neq j$ 时为 0），V 代表弹性体，S 表示弹性体边界，n_j 表示边界 S 的外法线在 j 方向的方向余弦，μ 是切变模量，$\lambda = 2\mu\nu/(1-2\nu)$（$\nu$ 是泊松比），λ 和 μ 称为拉梅（Lame）系数[4-6]。

在边界 S 上，边界条件为

$$\begin{cases} u_i = \tilde{u}_i, & \boldsymbol{x} \in S_u \\ t_i = \sigma_{ij} n_j = \tilde{t}_i, & \boldsymbol{x} \in S_t \end{cases} \tag{8-59}$$

式中，S_u 和 S_t 为给定位移 $\tilde{u}_i$ 和表面力 $\tilde{t}_i$ 的边界，在实际问题中位移边界条件与表面力边界条件互补（同一位置，一个已知则另一个未知）。弹性力学问题就是求解式组合成的方程组。

当在无限大三维弹性体的任意一点 P（称为源点）沿 x_i 方向作用单位集中力，通过求解弹性力学基本方程，可得弹性体内任一点 Q（称为场点）处引起的 x_j 方向的位移为

$$U_{ij}(P,Q) = \frac{1}{16\pi\mu(1-\nu)r}\left[(3-4\nu)\delta_{ij}+r_{,i}r_{,j}\right] \tag{8-60}$$

法线方向余弦为 n_i 的截面上 x_j 方向的面力为

$$T_{ij}(P,Q) = -\frac{1}{8\pi(1-\nu)r^2}\left\{\frac{\partial r}{\partial \boldsymbol{n}}\left[(1-2\nu)\delta_{ij}+3r_{,i}r_{,j}\right]-(1-2\nu)(r_{,i}n_j-r_{,j}n_i)\right\} \tag{8-61}$$

式中，r 为 P 点与 Q 点间的距离，$r=\sqrt{r_i r_i}$，$r_i=x_i(Q)-x_i(P)$，$r_{,i}=r_i/r$，ν 为泊松比。式（8-60）、式（8-61）是三维弹性力学问题的 Kelvin 基本解，通过叠加原理可将弹性力学的偏微分方程转化为积分方程。

2. 积分方程

设三维各向同性弹性体的边界为 S，无体力作用，利用 Kelvin 基本解和 Betti 功互等定理，可导出如下边界积分方程：

$$C_{ij}(P)u_j(P)+\int_S T_{ij}(P,Q)u_j(Q)\mathrm{d}S(Q) = \int_S U_{ij}(P,Q)t_j(Q)\mathrm{d}S(Q) \tag{8-62}$$

其中下标 $i, j=1, 2, 3$，$u_j(Q)$ 和 $t_j(Q)$ 分别代表边界上 Q 点 j 方向的位移和表面力；$C_{ij}(P)$ 为与 P 点边界几何形状相关的自由项系数；$U_{ij}(P,Q)$ 和 $T_{ij}(P,Q)$ 为三维弹性力学问题的 Kelvin 基本解。

对于实际问题，边界积分通常无法直接得到，需要对边界进行离散再进行数值求解。如果边界离散采用的单元有 k 个节点，对于单元上局部坐标为 (ξ_1, ξ_2) 的点的坐标、位移和表面力分量 x_i，u_i，t_i 可通过插值公式由节点上的值 x_i^α，u_i^α，t_i^α 表示：

$$\begin{cases} x_i = \sum_{\alpha=1}^{k} N_\alpha(\xi_1,\xi_2)x_i^\alpha \\ u_i = \sum_{\alpha=1}^{k} N_\alpha(\xi_1,\xi_2)u_i^\alpha \\ t_i = \sum_{\alpha=1}^{k} N_\alpha(\xi_1,\xi_2)t_i^\alpha \end{cases} \tag{8-63}$$

式中，$N_\alpha(\xi_1,\xi_2)$ 为单元的 α 节点在 (ξ_1,ξ_2) 处的插值函数。

如果将三维弹性体边界 S 离散为 M 个面单元，将式（8-39）代入式（8-38），可得离散形式的边界积分方程：

$$C_{ij}(P)u_j(P)+\sum_{e=1}^{M}\sum_{\alpha=1}^{k}u_j^{(e,\alpha)}(Q)H_{ij}^e(P,Q)=\sum_{e=1}^{M}\sum_{\alpha=1}^{k}t_j^{(e,\alpha)}(Q)G_{ij}^e(P,Q) \tag{8-64}$$

式中，$u_j^{(e,\alpha)}(Q)$，$t_j^{(e,\alpha)}(Q)$ 为单元 e 上第 α 节点（即 Q 点）j 方向的位移分量和表面力分量，$G_{ij}^e(P,Q)$，$H_{ij}^e(P,Q)$ 为

$$\begin{cases} G_{ij}^e(P,Q)=\int_{S_e} U_{ij}(P,Q)N_\alpha(Q)\mathrm{d}S(Q) \\ H_{ij}^e(P,Q)=\int_{S_e} T_{ij}(P,Q)N_\alpha(Q)\mathrm{d}S(Q) \end{cases} \tag{8-65}$$

式中，$N_\alpha(Q)$ 为单元 e 的 α 节点在 Q 点处的插值函数。

将式（8-64）中的 P 依次取边界上的各节点，可以得到以下矩阵形式

$$[H]u=[G]t \tag{8-66}$$

式中，u 和 t 分别是边界节点的位移向量和单元表面力向量，$[H]$ 和 $[G]$ 是与位移分量和表面力分量相对应的系数矩阵。根据边界条件，将 u 和 t 中的未知量移到方程左边，已知量移到右边，最终得到线性方程组：

$$[A]x=b \tag{8-67}$$

式中，$[A]$ 是与未知量相关的系数矩阵，是一个非对称满阵；x 是未知量组成的向量；b 是已知量与对应的系数相乘后得到的向量。求解方程组，可得到所有边界上的未知量。

8.3.2 边界元的迭代求解

1. 单元积分的方法

由于三角形单元划分较为容易，可以在任意几何形状的表面上自动生成[6]，并考虑到常数单元精度较低，下面采用如图 8-11a 所示的三角形线性单元，对实体模型表面进行离散。根据源点 P 与单元 e 的位置关系，如图 8-11b 和图 8-11c 所示，式（8-65）的积分可以分为非奇异积分和奇异积分，需要采用不同的方法进行计算。

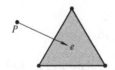

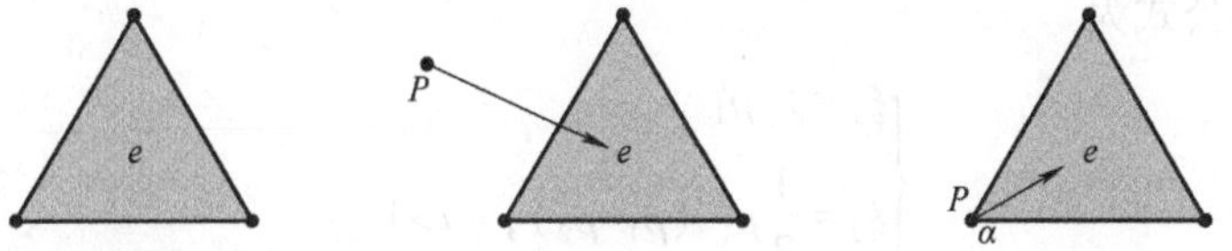

a) 三角形线性单元　　　b) 源点P在单元e外　　　c) 源点P与单元α节点重合

图 8-11　三角形线性单元 e 及其与源点 P 的关系

当源点 P 在单元 e 外时，式（8-65）为非奇异积分，通过引入单元局部坐标系 (ξ_1,ξ_2)，对单元进行如图 8-12 所示的坐标变换，可得到用式（8-68）所示的形式，然后可采用 Hammer 数值积分公式进行计算。

$$
\begin{cases}
G_{ij}^e(P,Q) = \int_{S_e} U_{ij}(P,Q) N_\alpha(Q)\,\mathrm{d}S(Q) \\
\qquad = \int_0^1 \int_0^{1-\xi_2} U_{ij}(P,Q) N_\alpha(\xi_1,\xi_2) J(\xi_1,\xi_2)\,\mathrm{d}\xi_1 \mathrm{d}\xi_2 \\
H_{ij}^e(P,Q) = \int_{S_e} T_{ij}(P,Q) N_\alpha(Q)\,\mathrm{d}S(Q) \\
\qquad = \int_0^1 \int_0^{1-\xi_2} T_{ij}(P,Q) N_\alpha(\xi_1,\xi_2) J(\xi_1,\xi_2)\,\mathrm{d}\xi_1 \mathrm{d}\xi_2
\end{cases}
\tag{8-68}
$$

式中，$J(\xi_1,\xi_2)$ 为坐标转换的雅可比值，计算公式如下：

$$
J(\xi_1,\xi_2) = \left\{ \left(\frac{\partial x_2}{\partial \xi_1}\frac{\partial x_3}{\partial \xi_2} - \frac{\partial x_2}{\partial \xi_2}\frac{\partial x_3}{\partial \xi_1} \right)^2 + \left(\frac{\partial x_3}{\partial \xi_1}\frac{\partial x_1}{\partial \xi_2} - \frac{\partial x_3}{\partial \xi_2}\frac{\partial x_1}{\partial \xi_1} \right)^2 + \left(\frac{\partial x_1}{\partial \xi_1}\frac{\partial x_2}{\partial \xi_2} - \frac{\partial x_1}{\partial \xi_2}\frac{\partial x_2}{\partial \xi_1} \right)^2 \right\}^{\frac{1}{2}}
\tag{8-69}
$$

插值函数 $N_\alpha(\xi_1,\xi_2)$ 为

$$
\begin{cases}
N_1(\xi_1,\xi_2) = \xi_1 \\
N_2(\xi_1,\xi_2) = \xi_2 \\
N_3(\xi_1,\xi_2) = 1 - \xi_1 - \xi_2
\end{cases}
\tag{8-70}
$$

当源点 P 与单元 e 的 α 节点重合时，式（8-65）为奇异积分，不能直接使用 Hammer 积分进行计算。借助一种三角极坐标变换法，可通过坐标变换的雅可比值抵消 $1/r$ 奇异性。首先，把单元从全局坐标系变换到如图 8-12 所示的局部坐标系（ξ_1,ξ_2），然后再映射到另一局部坐标系（ρ_1,ρ_2），如图 8-13 所示。

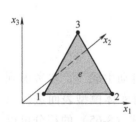 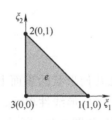 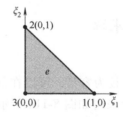 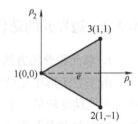

图 8-12　单元从全局坐标系变换到局部坐标系　　　图 8-13　三角极坐标变换

其中，坐标变换的公式为

$$
\begin{cases}
\xi_1 = 1 - \rho_1^t \\
\xi_2 = \dfrac{1}{2}\rho_1^{t-1}(\rho_1 - \rho_2), \quad t > 1
\end{cases}
\tag{8-71}
$$

在式（8-71）中，当 $t>1$ 时，坐标系（ξ_1,ξ_2）变换到坐标系（ρ_1,ρ_2）的雅可比值 $J_2(\rho_1,\rho_2)$ 可抵消 $1/r$ 奇异性[7]，$J_2(\rho_1,\rho_2)$ 计算如下：

$$
J_2(\rho_1,\rho_2) = \frac{1}{2}t\rho_1^{2(t-1)}
\tag{8-72}
$$

最后，再将单元从坐标系（ρ_1,ρ_2）变换到单元局部坐标系（ξ_1',ξ_2'），坐标变换的雅可比值 $J_2(\rho_1,\rho_2)$ 为 2，变换公式为

$$\begin{cases} \rho_1 = 1 - \xi_1' \\ \rho_2 = 1 - \xi_1' - 2\xi_2' \end{cases} \tag{8-73}$$

这时，除了 P 点对 α 节点的 $H_{ij}^e(P,Q)$ 积分外，其他的 $G_{ij}^e(P,Q)$ 和 $H_{ij}^e(P,Q)$ 积分可采用计算公式

$$\begin{cases} G_{ij}^e(P,Q) = \int_0^1 \int_0^{1-\xi_2'} U_{ij}(P,Q) N_\alpha(\xi_1',\xi_2') J(\xi_1,\xi_2) J_2(\rho_1,\rho_2) J_3(\xi_1',\xi_2') \mathrm{d}\xi_1' \mathrm{d}\xi_2' \\ H_{ij}^e(P,Q) = \int_0^1 \int_0^{1-\xi_2'} T_{ij}(P,Q) N_\alpha(\xi_1',\xi_2') J(\xi_1,\xi_2) J_2(\rho_1,\rho_2) J_3(\xi_1',\xi_2') \mathrm{d}\xi_1' \mathrm{d}\xi_2' \end{cases} \tag{8-74}$$

其中插值函数为

$$\begin{cases} N_1(\xi_1',\xi_2') = 1 - (1-\xi_1')^t \\ N_2(\xi_1',\xi_2') = (1-\xi_1')^{t-1}\xi_2' \\ N_3(\xi_1',\xi_2') = (1-\xi_1')^t - (1-\xi_1')^{t-1}\xi_2' \end{cases} \tag{8-75}$$

将 Hammer 积分公式应用于式（8-74），便可求得积分值。

当源点 P 与单元 e 的 α 节点重合时，P 点对 α 节点的 $H_{ij}^e(P,Q)$ 积分具有 $1/r^2$ 奇异性，通过极坐标变换无法抵消奇异性。由式（8-74）可知，P 点对 α 节点的 $H_{ij}^e(P,Q)$ 积分与相应的自由项系数 $C_{ij}(P)$ 的和构成了式（8-66）中 $[H]$ 矩阵的对角矩阵系数的一部分，然而，这部分系数不用直接计算。通过刚体位移法可求出 $[H]$ 的对角矩阵系数，公式如下[8]：

$$[H]_{ij}^{PP} = (\delta_{PQ} - 1) \sum_{Q=1}^N [H]_{ij}^{PQ} \tag{8-76}$$

式中，下标 i，j=1、2、3；N 为总节点数；δ_{PQ} 为 kronecker 函数；P 和 Q 为节点号；$[H]^{PQ}$ 为节点 P 对节点 Q 作用生成的 $[H]$ 矩阵中的那部分系数。

2. 边界元的迭代求解

边界元法所形成的边界方程组系数矩阵为非对称满阵，可采用 $O(N^3)$ 计算量的直接法，如高斯消元法，但对于大规模问题而言，直接法计算量过于庞大，效率低，因此采用 $O(N^2)$ 计算量的迭代法进行求解更为合适。对于边界方程组来说，Krylov 子空间法是比较有效的迭代求解方法，相对其他 Krylov 类迭代法（如共轭梯度法、共轭梯度平方法等）求解边界元方程组，广义极小残差法（Generalized Minimal Residual method，GMRES）求解效率更高[9]，因此这里选择 GMRES 算法求解边界元方程组。

设式（8-67）线性方程组 $[A]\{x\} = \{b\}$ 的系数矩阵 $[A]$ 的规模为 $n \times n$，取任意 $\{x_0\}$ $\in i^n$，令

$$\{x\} = \{x_0\} + \{z\} \tag{8-77}$$

则有式（8-67）的等价方程组：

$$[A]\{z\} = \{r_0\} \tag{8-78}$$

式中，$\{r_0\} = \{b\} - [A]\{x_0\}$。

GMRES 迭代算法的基本思想是：取 Krylov 子空间 $K([A],\{r_0\},m)$ 的一组标准正交基 $K_m = \mathrm{span}\{\{r_0\}, [A]\{r_0\}, \cdots, [A]^{m-1}\{r_0\}\}$，并以此正交基线性组合表示 $\{z_m\}$，使得残差的

2 范数 $\|\{r_0\}-[A]\{z_m\}\|_2$ 达到极小，$\{x_m\}=\{x_0\}+\{z_m\}$ 即为方程组的近似解。GMRES 算法中，建立 Krylov 子空间正交基的过程称为阿诺尔德（Arnoldi）过程，这里采用格拉姆-施密特（Gram-Schmidt）正交化方法。GMRES 算法步骤如下。

算法 8.2　GMRES 算法

1）任取 $[x_0]\in\mathbb{R}^n$，计算 $\{r_0\}=\{b\}-[A]\{x_0\}$，$\beta=\|\{r_0\}\|_2$，$\{v_1\}=\{r_0\}/\beta$。

2）选定 $m\ll n$，定义 $(m+1)\times m$ 矩阵 $[\overline{H}_m]=\{h_{ij}\}_{1\leqslant i\leqslant m+1,1\leqslant j\leqslant m}$，令 $[\overline{H}_m]=0$。

3）for $i=1,2,\cdots,m$ do

　　　　计算 $\{w_i\}=[A]\{v_i\}$，

　　　　　　for $j=1,2,\cdots,i$ do

　　　　　　　　计算 $h_{ji}=(\{w_i\},\{v_j\})$，$\{w_i\}=\{w_i\}-h_{ji}\{v_j\}$，

　　　　　　end for j

　　　　计算 $h_{i+1,i}=\|\{w_i\}\|_2$，若 $h_{i+1,i}=0$，则令 $m=i$ 且转向（4），否则

　　　　计算 $\{v_{i+1}\}=\{w_i\}/h_{i+1,i}$。

　　end for i

4）计算最小二乘问题 $\min\|\beta\{e_1\}-[H_m]\{y\}\|_2$ 得 y_m，令 $\{V_m\}=\{v_1,v_2,\cdots,v_m\}$，$\{z_m\}=\{V_m\}y_m$，得 $\{x_m\}=\{x_0\}+\{z_m\}$，其中 $\{e_1\}=\{1,0,0,\cdots\}^{\mathrm{T}}$。

上述算法当 m 很大时，阿诺尔德过程耗时长且 $\{V_m\}$ 和 $[\overline{H}_m]$ 的存储量大。因此，可限制 m 的最大值，采用重启技术改进 GMRES，得到重启的 GMRES 算法，即 GMRES(m)。其基本算法与算法 8.2 一致，就是增加了一个重启过程，当 m 到达设定的最大值还没达到收敛精度时，将 $\{x_m\}$ 赋值给 $\{x_0\}$，重新进行算法 8.2 的过程，直到满足精度[10]。

对线性方程组 $[A]\{x\}=\{b\}$，假设 $[A]$ 可对角化且全部特征值 λ_1，λ_2，$\cdots$，落在以 c 为中心、a 为焦距、d 为长轴的椭圆 $E(c,a,d)$ 中，并有 $0\notin E(c,a,d)$，则存在

$$\|\{b\}-[A]\{x_m\}\|_2\leqslant\left|\frac{\lambda_{\max}}{\lambda_{\min}}\right|\left|\frac{C_m(a/d)}{C_m(c/d)}\right|\|\{b\}-[A]\{x_0\}\|_2 \tag{8-79}$$

式中，$\lambda_{\max}$ 和 $\lambda_{\min}$ 分别是 $[A]$ 的最大和最小特征值，$C_m(\ast)$ 是 m 阶切比雪夫（Chebyshev）多项式，有

$$\left|\frac{C_m(a/d)}{C_m(c/d)}\right|\approx\left(\frac{a+\sqrt{a^2-d^2}}{c+\sqrt{c^2-d^2}}\right)^m \tag{8-80}$$

因为 $c>a$，所以式（8-80）右端小于 1，当 m 足够大时，GMRES 算法对任意初值 $\{x_0\}$ 收敛。

传统边界元法求解弹性力学问题时有两个难点和一个缺点：第一个难点是奇异积分的计算，在三维弹性力学问题中，存在 $1/r$ 奇异性和 $1/r^2$ 奇异性的积分计算；第二个难点是表面力在尖点或棱边不连续的问题，即角点问题；缺点是传统边界元法所形成的边界方程组系数矩阵为非对称满阵，系数的存储量为 $O(N^2)$，系数积分计算的计算量为 $O(N^2)$，方程组求解即使采用高效的迭代法仍需要 $O(N^2)$，导致边界元法难以处理大规模问题。

3. 数值算例

当模型位移约束添加到角点位置时，将出现角点问题，采用与边界条件相关的混合单元

法处理，角点处将采用非连续单元。非连续单元的非连续节点往单元内部移动的程度会对计算精度产生影响，因此对节点内移程度进行讨论，选择较优的内移程度是必要的。如图 8-14 所示算例，其目的就是选择一个较优的节点内移程度，算例模型为 20mm 边长的立方体，上表面受到 10MPa 的均匀表面力，整个底面受到 z 方向的位移约束，边 Line1 和 Line2 还分别受到 x 和 y 方向的位移约束。弹性模量为 37.5GPa，泊松比为 0.25，立方体表面离散为 84 个三角形线性单元，位移约束角点处为非连续单元，其他地方为连续单元，如图 8-15 所示，GMRES 算法的收敛残差设为 10^{-5}。

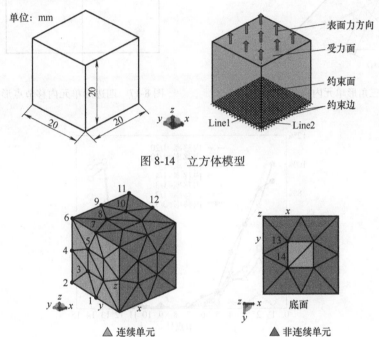

图 8-14　立方体模型

图 8-15　立方体单元划分

　　各单元形状大小不一，因此采用内移率来衡量节点的内移程度，对三角形单元，非连续节点的内移率 c 定义为节点内移距离与相应三角形中线长的一半的比值，即 $c = 2l_1/(l_1+l_2)$，如图 8-16 所示。类似于三角形单元内移率的定义，四边形单元内移率 c 为节点内移距离与单元半边长的比值，如图 8-17 所示。此外，内移率 c 的取值范围一般位于 $[0.05, 0.6]$ 区间。本算例的内移率 c 分别取值为 1/20、1/10、1/6、1/4、1/3、1/2 和 3/5，然后通过边界元法进行模型应力的求解。不同内移率下，边界元求解结果与解析解之间的平均相对误差如表 8-1 所示，不同节点的误差变化如图 8-18 所示。根据表 8-1 和图 8-18 的结果可知，内移率的最优取值为 1/4，并且相对于其他节点，位于角点处的节点 1、2、13 和 14 误差较大。

表 8-1　不同内移率下节点平均相对误差及求解迭代步数

内移率	1/20	1/10	1/6	1/4	1/3	1/2	3/5
平均相对误差	2.49%	2.38%	1.82%	0.47%	3.33%	2.26%	2.97%
迭代步数	53	43	35	33	33	29	33

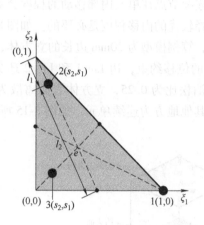

图 8-16　三角形单元内移节点形式

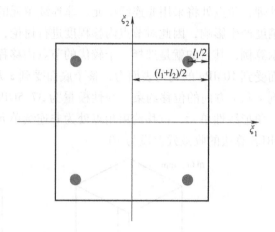

图 8-17　四边形单元内移节点形式

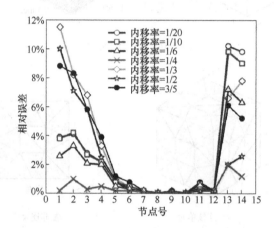

图 8-18　不同内移率下应力相对误差节点分布图

参 考 文 献

［1］姚振汉，张海涛. 边界元法［M］. 北京：高等教育出版社，2010.

［2］李瑞遐，何志庆. 微分方程数值方法［M］. 上海：华东理工大学出版社，2005.

［3］吴永礼. 计算固体力学方法［M］. 北京：科学出版社，2003.

［4］WANG Y J, WANG Q F, WANG GANG, et al. An adaptive dual-information FMBEM for 3D elasticity and its GPU implementation［J］. Engineering Analysis with Boundary Elements, 2013, 37（2）：236-249.

［5］王英俊，王启富，王钢，等. CUDA 架构下的三维弹性静力学边界元并行计算［J］. 计算机辅助设计与图形学学报. 2012, 24（1）：112-119.

［6］LEE M C, JOUN M S. Adaptive triangular element generation and optimization-based smoothing, Part 1：On the plane［J］. Advances in Engineering Software, 2008, 39（1）：25-34.

［7］胡圣荣，陈国华. 一种新的三角极坐标变换［J］. 计算力学学报, 1997, 14（3）：372-376.

［8］GAO X W, DAVIES T G. Boundary element programming in mechanics［M］. New York：Cambridge University

Press，2002.

［9］ XIAO H，CHEN Z J. Numerical experiments of preconditioned Krylov subspace methods solving the dense non-symmetric systems arising from BEM ［J］. Engineering Analysis with Boundary Elements，2007，31（12）：1013-1023.

［10］ SAAD Y. Iterative methods for sparse linear systems ［M］. Philadelphia：Society for Industrial and Applied Mathematics，2003.

"两弹一星"功勋科学家：雷震海天

第9章　无网格法

前面章节已经介绍了变分法、加权余量法、有限差分法、有限元法和边界元法，目前看来，有限元法得到了最为广泛的研究和应用，解决了一大批有重大意义的科学和工程问题。然而，在分析高速撞击、金属加工成型、动态裂纹扩展、流-固耦合等大变形及多物理场耦合问题时，有限元法面临着许多困境。因此，在 20 世纪 90 年代后期，一系列用于分析的无网格数值方法逐渐出现。

目前，国际上已提出了十余种无网格方法。根据近似位移场函数的构建方式，无网格法可细化为移动最小二乘近似、核近似、重构核质点近似、单位分解、hp 云团、径向基函数、点插值等方法。根据偏微分方程的离散方式，无网格法又可细分为伽辽金、配点、最小二乘、彼得洛夫-伽辽金等方法。除了光滑粒子法外，上述方法本质上都是以有限元法为基础的。无网格法的思想是，对所考虑问题，在求解域内采用一系列无网格节点排列和一种与权函数相关的近似，使某个域上的节点可以影响研究对象上任何一点的力学特性。无网格法的离散模型是基于节点点阵而不需要划分单元或网格的数值方法，使分析问题的前处理过程变得相对简单，进行存在网格畸变、网格移动和不定边界等问题的求解时无网格法优势明显。

无网格法的主要目的是消除被分析对象的网格划分过程。然而，由于无网格法仍需要定义相应的背景网格，因此目前所发展的无网格法一般都不是真正意义上的无网格，仍需要大量的研究工作。随着研究的不断深入，现有的无网格方法具有广阔的应用前景，是很有发展前途的数值方法。

9.1　无网格法的原理

许多物理和力学问题，都可归结为在一定边界条件和初始条件下的偏微分方程。如图 9-1a 所示，与第 3 章介绍的内容相同，假设一个机械工程边值问题的控制偏微分方程及边界条件分别为

$$A(u)-q=0(在域\ \Omega\ 内) \tag{9-1}$$
$$B(u)-g=0(在边界\ \Gamma\ 上) \tag{9-2}$$

式中，A、B 为微分算子，q、g 为不含函数 u 的项。u 为待求的场函数，目标是寻找满足基本方程和边界条件的解 u。为此，如图 9-1b 所示，在域内 Ω 取一组离散的节点 x_I，$(I=1,2,\cdots,n_N)$，把与节点 I 相关联的变量记为 u_I。无网格法就是用数值方法进行 u_I 近似值的求解。

首先，类似于有限元法，无网格法通过给定的离散节点 $x_I(I=1,2,\cdots,n_N)$ 形函数 $N_I(x)$，$(I=1,2,\cdots,n_N)$ 以及相应节点值 $u_I\equiv u(x_I)$，$(I=1,2,\cdots,n_N)$ 构建 $u(x)$ 近似解的

表达式，其具体形式为

$$u^h(x) \approx u(x) = \sum_{I=1}^{n_N} N_I(x) u_I = [N(x)]\{u\} \qquad (9\text{-}3)$$

式中，$\{u\} = \{u_1^{\mathrm{T}}, u_2^{\mathrm{T}}, \cdots, u_{n_N}^{\mathrm{T}}\}^{\mathrm{T}}$，$[N(x)] = [N_1(x), N_2(x), \cdots, N_{n_N}(x)]$，$u_I$ 是待定参数。试探函数的项数 n_N 越多，近似解的精度就越高。当项数 n_N 趋于无穷大时，近似解收敛于精确解。

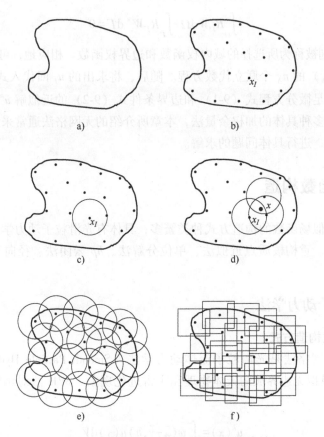

图 9-1　无网格法下二维求解问题的紧支域

式（9-3）是与有限元法位移插值函数在形式上一致但内容有所不同的近似函数，其中 $N_I(x)$ 被称为近似式的形状函数。二者之间的主要区别是：①u_I 为求解域内任意给定节点 I 的值，不是网格单元的节点；②$N_I(x)$ 仅在节点 I 的紧支域 Ω_I 内非零，在紧支域外的其他区域为零，并且紧支域要比剩余域小得多，如图 9-1c 所示；③一般情况下，$u_I \neq u^h(x_I)$，因此参数 u_I 无法按照有限元法的方式进行节点值的处理。紧支域也称为节点 I 的影响域，圆或矩形是无网格法进行二维问题求解时常用的紧支域，分别如图 9-1e 和图 9-1f 所示。从图中可知，紧支域之间相互有重叠部分，因此在实际计算过程中，一般有 5～10 个紧支域重叠在同一个节点。由于形状函数并不通过数值点，所以形状函数并不是真正意义上的插值函数。虽然无网格法经常把形状函数也称为插值函数，但要注意与有限元插值函数之间的区别。

对于式（9-1），式（9-2）所示的偏微分方程，在给定式（9-3）所示的试函数后，就可借助于加权余量法进行方程的求解。显然，近似解 $u^h(x)$ 一般不能精确满足式（9-1）和式（9-2）分别描述的偏微分方程和边界条件，它们将产生相应的余量 R_Ω 和 R_Γ。

$$R_\Omega = A(u^h(x)-q), R_\Gamma = B(u^h(x)-g)$$

为了得到未知场函数 $u(x)$ 的最佳近似解，应以某种方式使余量 R_Ω 和 R_Γ 为零，可构建出式（9-1）、式（9-2）的加权余量形式的等效积分形式

$$\int_\Omega R_\Omega W \mathrm{d}\Omega + \int_\Gamma R_\Gamma W^* \mathrm{d}\Gamma = 0 \qquad (9\text{-}4)$$

式中，W 和 W^* 分别被称为所选择的域内权函数和边界权函数。相应地，可得到待定系数 $u_I \equiv u(x_I)(I=1,2,\cdots,n_N)$ 的 n_N 个联立代数方程。随后，将求出的 u_I 回代入式（9-2）所示的试探解，便得到了满足微分方程式（9-1）和边界条件式（9-2）的近似解 $u^h(x)$。

第 3 章介绍了多种具体的加权余量法，本章所介绍的无网格法通常采用配点法或伽辽金法来离散微分方程，进行具体问题的求解。

9.2 近似场函数构造

无网格法的近似场函数的构造方式种类繁多，具体有光滑粒子动力学法、移动最小二乘近似法、核近似法、重构核质点近似法、单位分解法、hp 云团法、径向基函数法、点插值法等。

9.2.1 光滑粒子动力学法

1. 近似场函数构造方式

最早提出的无网格法是光滑粒子流体动力学法（Smooth Particle Hydrodynamic Method, SPH）。它被用来模拟无边界域的天体物理和宇宙进化现象。SPH 法对函数 $u(x)$ 在域上的核近似表达式为

$$u^h(x) = \int_V w(x-y,h)u(y)\mathrm{d}V \qquad (9\text{-}5)$$

式中，$u^h(x)$ 是近似函数，$w(x-y,h)$ 是核函数或权函数，在 SPH 中也称为光滑函数，h 是紧支域大小的一个度量。从式（9-5）中可以看出，SPH 实际上是一种核近似法。一般核函数需满足以下基本条件：

1）$w(x-y,h)>0$，在域 Ω 的子域 Ω_I 内。

2）$w(x-y,h)=0$，在子域 Ω_I 外。

3）正态性：$\int_\Omega w(x-y,h)\mathrm{d}\Omega=1$。

4）是关于 r 的单调递减函数，其中 $r=\|x-y\|$，即其他点到节点 I 的距离。

5）当 $h\to 0$ 时，$w(r,h)\to\delta(r)$，其中 $\delta(r)$ 是 δ 函数。

在数值计算时，需要对式（9-5）进行离散，式（9-5）的右边通过数值积分进行计算，就可获得式（9-5）的离散形式。SPH 法的目的是得到用节点的值进行简单形式 $u^h(x)$ 的表

示，因此 SPH 法一般用最直接的积分方法。对于一维问题，采用梯形积分法，可得

$$u^h(x) = \sum_{I=1}^{n_N} w(x-x_I) u_I \Delta x_I \tag{9-6}$$

在多维情况下，其积分要复杂一些，式（9-5）的离散形式一般为

$$u^h(x) = \sum_{I=1}^{n_N} w(x-x_I) \Delta V_I \tag{9-7}$$

式中，ΔV_I 是节点周围域的某种度量。

一旦积分完成，我们就可以得到 SPH 法给定的式（9-3）的具体形式：

$$u^h(x) = \sum_{I=1}^{n_N} N_I(x) u_I \tag{9-8}$$

$$N_I(x) = w(x-x_I) \Delta V_I \tag{9-9}$$

式中，$N_I(x)$ 就是式（9-3）中的形状函数。

2. 权函数

在 SPH 方法以及其他无网格方法中，权函数起着非常重要的作用。无网格法用与权函数相关的函数构造被求解对象的近似场函数和形函数，节点处的位移、应变和应力等可通过权函数对求解域中任意点的位移、应变和应力等产生不同程度的影响。

各向同性权函数的影响域为圆形（二维）或球形（三维），根据 SPH 法核函数应该满足的基本条件，常用的权函数有指数函数、三次样条函数和四次样条函数等。

（1）指数型

$$w(r) = \begin{cases} e^{-(r/a)^2}, & r \leqslant 1 \\ 0, & r > 1 \end{cases} \tag{9-10}$$

（2）高斯权函数

$$w(r) = \begin{cases} \dfrac{e^{-r^2\beta^2} - e^{-\beta^2}}{1-e^{-\beta^2}}, & r \leqslant 1 \\ 0, & r > 1 \end{cases} \tag{9-11}$$

（3）三次样条权函数

$$w(r) = \begin{cases} \dfrac{2}{3} - 4r^2 + 4r^3, & r \leqslant 1/2 \\ \dfrac{4}{3} - 4r + 4r^2 - \dfrac{4}{3}r^3, & 1/2 < r \leqslant 1 \\ 0, & r > 1 \end{cases} \tag{9-12}$$

（4）四次样条权函数

$$w(r) = \begin{cases} 1 - 6r^2 + 8r^3 - 3r^4, & r \leqslant 1 \\ 0, & r > 1 \end{cases} \tag{9-13}$$

（5）五次样条权函数

$$w(r) = \begin{cases} 1 - 10r^3 + 15r^4 - 6r^4, & r \leqslant 1 \\ 0, & r > 1 \end{cases} \tag{9-14}$$

图 9-2 所示为几种权函数沿半径的分布情况。

在矩形的权函数影响域中，可以通过张量积计算权函数

$$w(x-x_I) = w(x-x_I)w(x-y_I) \tag{9-15}$$

各方向的权函数可选用式（9-10）~式（9-14）的一维形式分别计算。

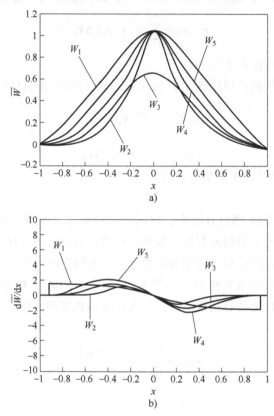

图 9-2　沿半径分布的节点权函数

9.2.2　径向基函数法

1. 场函数构造

径向基函数（Radia Based Function，RBF）方法是利用径向基函数作为近似场函数所在函数空间的基进行点插值，它首先被 Wang 和 Liu[5] 用于分析弹塑性力学问题。基于径向基函数，近似场函数可表示为

$$u^h(x) = \sum_{i=1}^{n} R_i(x)a_i = [R(x)]^{\mathrm{T}}\{a\} \tag{9-16}$$

式中，a_i 是系数，$R_i(x)$ 是径向基函数，它是 x 点与 x_I 点之间距离 r 的函数。对于二维问题，其具体定义为

$$r = \|x-x_i\| = \sqrt{(x-x_i)^2+(y-y_i)^2} \tag{9-17}$$

而径向基函数 $\{R_i(x)\}$ 为

$$\{R_i(x)\} = \{R_1(x) \quad R_2(x) \quad \cdots \quad R_n(x)\} \tag{9-18}$$

将 x 点的支持域内的 n 个节点坐标代入式（9-16），可得

$$u_k = u(x_k, y_k) = \sum_{i=1}^{n} R_i(x_k, y_k) a_i = \sum_{i=1}^{n} R_i(r_k) a_i, \quad k = 1, 2, \cdots, n \tag{9-19}$$

写成矩阵形式有

$$\{u\} = [R]\{a\} \tag{9-20}$$

式中，$\{u\}$ 为 x 点的支持域内 n 个节点值的向量；$[R]$ 为径向基的力矩矩阵

$$[R] = \begin{bmatrix} R_1(r_1) & R_2(r_1) & \cdots & R_n(r_1) \\ R_1(r_2) & R_2(r_2) & \cdots & R_n(r_2) \\ \vdots & \vdots & & \vdots \\ R_1(r_n) & R_2(r_n) & \cdots & R_n(r_n) \end{bmatrix} \tag{9-21}$$

其中

$$r_k = \|x_k - x_i\| = \sqrt{(x_k - x_i)^2 + (y_k - y_i)^2} \tag{9-22}$$

因为距离是无方向的，所以有

$$R_i(r_j) = R_j(r_i)$$

由此可知，力矩矩阵 $[R]$ 是对称的。

如果 $[R]$ 是非奇异的，由式（9-20）可确定系数向量

$$\{a\} = [R]^{-1}\{u\} \tag{9-23}$$

将式（9-23）代入式（9-16），得到基于径向基函数的近似场函数表达式

$$u^h(x) = \{R(x)\}^T [R]^{-1}\{u\} = [N(x)]\{u\} \tag{9-24}$$

式中，n 个节点的形函数矩阵 $[N(x)]$ 为

$$\begin{aligned} [N(x)] &= \{R(x)\}^T [R]^{-1} \\ &= \{R_1(x) \quad R_2(x) \quad \cdots \quad R_n(x)\} [R]^{-1} \\ &= [\{N_1(x)\} \quad \{N_2(x)\} \quad \cdots \quad \{N_n(x)\}] \end{aligned} \tag{9-25}$$

其中，

$$\{N_k(x)\} = \sum_{i=1}^{n} R_i^{-1}(x) S_{ik}, \quad k = 1, 2, \cdots, n \tag{9-26}$$

式中，S_{ik} 是常数逆矩阵 $[R]^{-1}$ 第 (i, k) 个元素。

2. 径向基函数

径向基函数是一种用一个全局连续可导的函数来近似或者重构一个形状的方法。径向基函数（RBF）所在函数空间的具体定义为：给定一个一元函数 $\varphi: R_+ \rightarrow R$，在定义域 $x \in R^d$ 上，形如所有的 $\Phi(x - c) = \varphi(\|x - c\|)$ 及其线性组合张成的函数空间均称为由函数 φ 导出的径向基函数空间。径向基函数最简单的插值形式为

$$g_i(x) = g(\|x - x_i\|), x_i \in D \tag{9-27}$$

式中，$\|x - x_i\|$ 表示 R^d 上的欧拉距离，x_i 为控制点（knot）的位置，且 $g: R_+ \rightarrow R$，$g(0) \geq 0$。径向基函数在工程领域有着广泛的应用，大致可以分为两类，一种类型为全局径向基函数（GS-RBF），另外一种类型为紧支径向基函数（CS-RBF）。

（1）全局径向基函数（GS-RBF） 常见的全局径向基函数（GS-RBF）主要有：Thin-plate 样条，Polyharmonic 样条，Sobolev 样条，Gaussians，Multiquadrics（MQ），Inverse multiquadrics（IMQ）等，见表 9-1 所列。

以 Multiquadric（MQ）为例说明径向基函数的具体概念，相应的 Multiquadric（MQ）函数被定义为

$$g(x) = \sqrt{(x-x_i)^2 + c^2} \tag{9-28}$$

表 9-1 全局径向基函数（GS-RBF）

名称	$g(r)(r = \|x-x_i\|)$	参数
Thin-Plate-spline	$r^2 \ln r$	$x \in R^2$
Polyharmonic spline	$r^{2n} \ln r$	$n \geqslant 1,\ x \in R^2$
Sobolev spline	$r^v K_v(r)$	$v > 0,\ K_v$
Matern spline	$e^{cr} K_v(cr)$	$v > 0,\ c > 0$
Gaussians	e^{-cr^2}	$c > 0$
Multiquadrics	$\sqrt{r^2 + c^2}$	$c > 0$
Inverse multiquadrics	$1/\sqrt{r^2 + c^2}$	$c > 0$

（2）紧支径向基函数（CS-RBF） 同全局径向基函数（GS-RBF）相比，紧支径向基函数（CS-RBF）具有严格正定，矩阵为稀疏矩阵，求解效率高和参数只是局部相关等优点。表 9-2 所列为 Wendland 所提出的紧支径向基函数式（9-29）的基本类型，其中部分 CS-RBF 形状如图 9-3 所示。

表 9-2 紧支径向基函数的基本类型

维度	$g(r)(r = \|x-x_i\|)$	连续性
$d = 1$	$g_{1,0} = (1-r)_+$	C^0
	$g_{2,1} = (1-r)_+^3(3r+1)$	C^2
	$g_{3,2} = (1-r)_+^5(8r^2+5r+1)$	C^4
$d = 3$	$g_{2,0} = (1-r)_+^2$	C^0
	$g_{3,1} = (1-r)_+^4(4r+1)$	C^2
	$g_{4,2} = (1-r)_+^6(35r^2+18r+3)$	C^4
	$g_{5,3} = (1-r)_+^8(32r^3+25r^2+8r+1)$	C^6
$d = 5$	$g_{3,0} = (1-r)_+^3$	C^0
	$g_{4,1} = (1-r)_+^5(5r+1)$	C^2
	$g_{5,2} = (1-r)_+^7(16r^2+7r+1)$	C^4

$$r = \frac{\sqrt{(x-x_i)^2 + (y-y_i)^2}}{R} \tag{9-29}$$

式中，R 为一事先定义的紧支径向基函数紧支域半径，(x_i, y_i) 为二维情况下的控制点，而 (x, y) 为取样点的坐标。

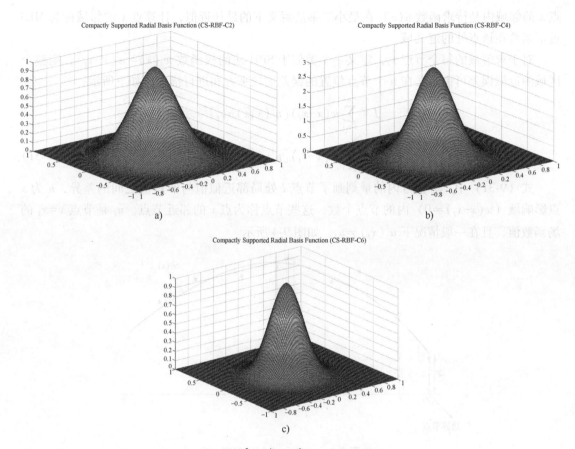

图 9-3 C^2, C^4 和 C^6 阶 CS-RBF 形状

9.2.3 移动最小二乘近似法

1981 年，Lancaster 和 Salkauskas 最早详细介绍了移动最小二乘近似（Moving Least-Square Approximation，MLS），并将它应用于数据的拟合。

假定 $u(x)$ 是定义在求解域 Ω 的场变量函数，并假定求解域中的 N 个节点 $x_I(I=1,2,\cdots,n_N)$ 处的函数值 $u_I=u(x_I)$ 已知。利用这些已知节点的函数值，不直接进行全域内近似函数 $u^h(x)$ 的构造，而是对任意点 x 邻域 Ω_x 内的局部近似函数进行构造。因此，任意点 x 邻域 Ω_x 内的局部场函数可近似表示为

$$u^h(x,\overline{x})=\sum_{j=1}^m p_j(\overline{x})a_j(x)\equiv p^{\mathrm{T}}(\overline{x})a(x) \tag{9-30}$$

式中，$p_j(\overline{x})$ 为由单项式或多项式基函数所组成的 Ritz 基函数；$a_j(x)$ 为受 x 控制的 Ritz 基坐标或待求系数；m 是基函数的个数。

常用的一维和二维的线性基函数及二次基函数分别为

$$p^{\mathrm{T}}(\overline{x})=(1,x),\quad p^{\mathrm{T}}(\overline{x})=(1,x,y)$$
$$p^{\mathrm{T}}(\overline{x})=(1,x,x^2),\quad p^{\mathrm{T}}(\overline{x})=(1,x,y,x^2,xy,y^2)$$

在移动最小二乘近似法（MLS）中，系数 $a_j(x)$ 的选取使得近似函数 $u^h(x,\overline{x})$ 在计算

点 x 的邻域内是待求函数 $u(x)$ 在最小二乘法意义下的最佳近似，计算点 x 的邻域称为 MLS 近似函数在该点处的定义域。

对于求解域的每个节点 x_I，定义一个类似于 SPH 法的权函数 $w_I(x)=w(x-x_I)$，则整个区域的近似误差可由定义在 n 个节点位置的误差加权平方和进行描述，如下所示：

$$J = \sum_{I=1}^{n} w(x-x_I) \left[u^h(x,\bar{x}) - \hat{u}_I \right]^2$$

$$= \sum_{I=1}^{n} w(x-x_I) \left[p^{\mathrm{T}}(x)a(x) - \hat{u}_I \right]^2 \tag{9-31}$$

式（9-31）中，方括号内的量刻画了节点 I 处局部近似值与节点值之间的差异，n 为 x 点影响域（$w(x-x_I) \neq 0$）内的节点个数，这些节点称为点 x 的邻近节点。$\hat{u}_I$ 是节点 $x=x_I$ 的场函数值，且在一般情况下 $u^h(x_I) \neq \hat{u}_I$，如图 9-4 所示。

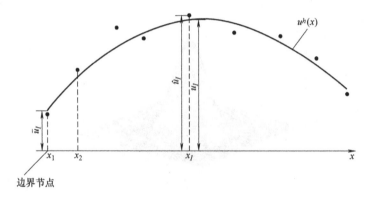

图 9-4 u_I 与 $\hat{u}_I$ 之间的差别

未知系数 $a(x)$ 或 $a_j(x)$ 可由式（9-31）在任意节点 x 取极小值得到，这将导致如下含 m 个未知系数的条件

$$\frac{\partial J}{\partial a_j(x)} = \sum_{I=1}^{n} 2w_I(x) \left[\sum_{i=1}^{m} p_i(x)a_i(x) - \hat{u}_I \right] p_j(x_I) = 0, \quad (j=1,2,\cdots,m) \tag{9-32}$$

由此得

$$\sum_{i=1}^{m} \left[\sum_{I=1}^{n} w_I(x)p_i(x_I)p_j(x_I) \right] a_i(x) = \left[\sum_{I=1}^{n} w_I(x)p_j(x_I) \right] \hat{u}_I \tag{9-33}$$

即

$$\left[H(x) \right] \{ a(x) \} = \left[G(x) \right] \{ \hat{u} \} \tag{9-34}$$

式中，

$$H(x) = \sum_{I=1}^{n} w_I(x)p(x_I)p^{\mathrm{T}}(x_I)$$

$$G(x) = \left[w_1(x)p(x_1), \cdots, w_n(x)p(x_n) \right]$$

$$\hat{u} = \left[\hat{u}_1, \cdots, \hat{u}_n \right]^{\mathrm{T}}$$

$$w_I(x) = w(x-x_I)$$

由式（9-33）可得待定系数向量 $\{a(x)\}$：

$$\{a(x)\} = [H(x)]^{-1}[G(x)]\{\hat{u}\} \tag{9-35}$$

将式（9-35）代入式（9-30），得

$$u^h(x,\bar{x}) = p^{\mathrm{T}}(\bar{x})[H(x)]^{-1}[G(x)]\{\hat{u}\} = N(x,\bar{x})\{\hat{u}\} \tag{9-36}$$

式中，形函数为

$$N(x,\bar{x}) = p^{\mathrm{T}}(\bar{x})[H(x)]^{-1}[G(x)]$$

近似函数 $u^h(x,\bar{x})$ 是待求函数 $u(x)$ 在计算点 x 邻域 Ω_x 内的加权最小二乘意义上的局部最佳近似。求解域 Ω 中的任意一点 x 都可在其邻域 Ω_x 内建立待求函数 $u(x)$ 的局部最佳近似，这些局部近似函数 $u^h(x,\bar{x})$ 在点 $\bar{x}=x$ 处的值的集合就构成了待求函数 $u(x)$ 在整个求解域 Ω 的全局近似函数 $u^h(x)$，如图 9-5 所示，即

$$u(x) \approx u^h(x) = u^h(x,\bar{x})\,|_{x=\bar{x}} = N(x)\{\hat{u}\} \tag{9-37}$$

式中，$N(x)$ 为

$$N(x) = N(x,\bar{x})\,|_{x=\bar{x}} = p^{\mathrm{T}}(x)[H(x)]^{-1}[G(x)] \tag{9-38}$$

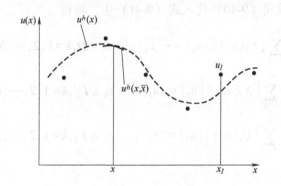

图 9-5　局部近似和全局近似

9.3　微分方程的离散

9.2 节介绍了无网格法场函数构造的几种具体形式，本节以简单的平面弹性力学问题为例，介绍无网格方法控制方程的基本离散方法。常用的偏微分方程离散方法有配点法、伽辽金法、彼得洛夫-伽辽金法等。

设待解平面弹性力学问题的基本方程和边界条件为

$$\begin{cases} \sigma_{ij,j}+f_i=0, & \text{在域 } \Omega \text{ 内} \\ u_i=\bar{u}_i, & \text{在边界 } \Gamma_u \text{ 上} \\ \sigma_{ij}n_j \equiv p_i=\bar{p}_i, & \text{在边界 } \Gamma_\sigma \text{ 上} \end{cases} \tag{9-39}$$

式中，u_i 为待求的场函数，f_i 为不含 u_i 的已知项，$\bar{u}_i$ 为在边界 Γ_u 上已知的 u_i 值，n_i 为外法线，$\bar{p}_i$ 为在边界 Γ_σ 上已知 p_i 的值。无网格法的目标是通过一系列的离散节点寻找满足基本方程和边界条件的解 $u(x)$。在域 V 内，取一组离散的节点 $x_I(I=1,2,\cdots,n_N)$，将与节点 I 相关联的变量记为 u_I。

9.3.1 配点法

考虑在分析域 Ω 内有 n_N 个节点，它们的近似解为

$$u^h(x) = \sum_{I=1}^{n_N} N_I(x) u_I \tag{9-40}$$

式中，形函数 $N_I(x)$ 可以通过前面所介绍的任一种无网格法的近似场函数构造方法获得。

离散方程在边界上的节点未起作用，因此只要求分析域内的节点满足方程（9-39），离散方程的具体形式为

$$\begin{cases} \sigma_{ij,j}(x_k) + \bar{f}_i(x_k) = 0, & x_k \in \Omega, k = 1, 2, \cdots, N_\Omega \\ u_i(x_k) = \bar{u}_i(x_k), & x_k \in \Gamma_u, i = 1, 2; k = 1, 2, \cdots, N_u \\ \sigma_{ij}(x_k) n_j = \bar{t}_i(x_k), & x_k \in \Gamma_t, i = 1, 2; k = 1, 2, \cdots, N_t \end{cases} \tag{9-41}$$

将无网格近似函数式（9-40）代入式（9-41）中，可得

$$\begin{cases} \sum\limits_{I=1}^{n_N} [H_I(x_k)] \{u_I\} = -\{\bar{f}_k\}, & x_k \in \Omega, k = 1, 2, \cdots, N_\Omega \\ \sum\limits_{I=1}^{n_N} [N_I(x_k)] \{u_I\} = \{\bar{u}_k\}, & x_k \in \Gamma_u, k = 1, 2, \cdots, N_u \\ \sum\limits_{I=1}^{n_N} [Q_I(x_k)] \{u_I\} = \{\bar{t}_k\}, & x_k \in \Gamma_t, k = 1, 2, \cdots, N_t \end{cases} \tag{9-42}$$

式中，

$$\begin{cases} [H_I(x_k)] = \dfrac{E_0}{1-\mu_0^2} \begin{bmatrix} \dfrac{\partial^2 N_I(x_k)}{\partial x^2} + \dfrac{1-\mu}{2} \dfrac{\partial^2 N_I(x_k)}{\partial y^2} & \dfrac{1+\mu}{2} \dfrac{\partial^2 N_I(x_k)}{\partial x \partial y} \\ \dfrac{1+\mu}{2} \dfrac{\partial^2 N_I(x_k)}{\partial x \partial y} & \dfrac{\partial^2 N_I(x_k)}{\partial y^2} + \dfrac{1-\mu}{2} \dfrac{\partial^2 N_I(x_k)}{\partial x^2} \end{bmatrix} \\[4mm] [N_I(x_k)] = \begin{bmatrix} N_I(x_k) & 0 \\ 0 & N_I(x_k) \end{bmatrix} \\[4mm] [Q_I(x_k)] = \dfrac{E_0}{1-\mu_0^2} \begin{bmatrix} l\dfrac{\partial N_I(x_k)}{\partial x} + m\dfrac{1-\mu}{2}\dfrac{\partial N_I(x_k)}{\partial y} & l\mu\dfrac{\partial N_I(x_k)}{\partial y} + m\dfrac{1-\mu}{2}\dfrac{\partial N_I(x_k)}{\partial x} \\ m\mu\dfrac{\partial N_I(x_k)}{\partial x} + l\dfrac{1-\mu}{2}\dfrac{\partial N_I(x_k)}{\partial y} & m\dfrac{\partial N_I(x_k)}{\partial y} + l\dfrac{1-\mu}{2}\dfrac{\partial N_I(x_k)}{\partial x} \end{bmatrix} \\[4mm] \{u_I\} = \begin{Bmatrix} u_{1I} \\ u_{2I} \end{Bmatrix}, \{\bar{f}_k\} = \begin{Bmatrix} \bar{f}_1(x_k) \\ \bar{f}_2(x_k) \end{Bmatrix}, \{\bar{u}_k\} = \begin{Bmatrix} \bar{u}_1(x_k) \\ \bar{u}_2(x_k) \end{Bmatrix}, \{\bar{t}_k\} = \begin{Bmatrix} \bar{t}_1(x_k) \\ \bar{t}_2(x_k) \end{Bmatrix} \end{cases} \tag{9-43}$$

将式（9-42）写成矩阵的形式，有

$$[K]\{u_I\} = \{F\} \tag{9-44}$$

式中，

$$
\begin{cases}
\{u_I\} = \{u_{11}, u_{21}, u_{12}, u_{22}, \cdots, u_{1N}, u_{2N}\}^T \\
[K] = \left[\{H(x_1)\}^T, \{H(x_2)\}^T, \cdots, \{H(x_{N_\Omega})\}^T, \{Q(x_1)\}^T, \{Q(x_2)\}^T, \cdots, \right. \\
\quad\quad \left. \{Q(x_{N_t})\}^T, \{N(x_1)\}^T, \{N(x_2)\}^T, \cdots, \{N(x_{N_u})\}^T\right] \\
\{F\} = \left[\{\bar{f}_1\}^T, \{\bar{f}_2\}^T, \cdots, \{\bar{f}_{N_\Omega}\}^T, \{\bar{t}_1\}^T, \{\bar{t}_2\}^T, \cdots, \{\bar{t}_{N_t}\}^T, \{\bar{u}_1\}^T, \{\bar{u}_2\}^T, \cdots, \{\bar{u}_{N_u}\}^T\right]
\end{cases} \tag{9-45}
$$

配点法的实现是最直接的，选取 δ 函数作为权函数，无需借助于任何网格的积分计算，就可用于任何一种无网格法。虽然域内余量和边界余量在 n_N 个节点上等于零，但在这些节点之间，余量可能产生较大振荡。因此，配点法的稳定性较差，难以保证其收敛性，其应用场景受到了限制。

9.3.2 伽辽金法

第 3 章中已经介绍过加权余量法的全域和局部域伽辽金弱形式。在用无网格法进行偏微分方程的离散时，全域和局部域伽辽金方法都是经常用到的方法。

如果选定某种近似场函数方法构建了近似场函数 $u(x)$，且在伽辽金方法中试函数和权函数相同，则方程式（9-39）对应的伽辽金积分弱形式为

$$
\int_V \delta \Delta u \sigma_{ij} \delta \varepsilon_{ij} \mathrm{d}V - \int_V f_i \delta u_i \mathrm{d}V - \int_{S_\sigma} \bar{p}_i \delta u_i \mathrm{d}S = 0 \tag{9-46}
$$

将选定的近似场函数代入式（9-40），与有限元法相同，无单元的伽辽金法的矩阵形式也可写为

$$
[K]\{u_I\} = \{F\} \tag{9-47}
$$

式中，

$$
[K] = \int_\Omega [B]^T [D] [B] \mathrm{d}\Omega \tag{9-48}
$$

$$
\{F\} = \int_\Omega [N]^T \{\bar{f}\} \mathrm{d}\Omega + \int_{\Gamma_t} [N]^T \{\bar{t}\} \mathrm{d}\Gamma \tag{9-49}
$$

$$
[B] = [B_1, B_2, \cdots, B_N] \tag{9-50}
$$

$$
[B_I] = \begin{bmatrix} \partial N_I / \partial x & 0 \\ 0 & \partial N_I / \partial y \\ \partial N_I / \partial y & \partial N_I / \partial x \end{bmatrix} \tag{9-51}
$$

事实上，从形式上看，伽辽金无网格法与有限元法在形成计算格式的过程中没有任何区别。之所以称之为伽辽金无网格法，是因为近似场函数是借助于节点而非通过单元的形式进行构建。

获取伽辽金无网格的计算格式之后，还存在两个关键问题亟待解决，分别是式（9-48）和式（9-49）的积分以及位移边界条件的引入问题。位移边界条件的引入将在 9.4 节进行具体的介绍。

式（9-48）和式（9-49）的积分都需要用数值积分方法进行计算。计算离散化的积分是无网格法的主要难点之一。而在伽辽金无网格法中，可以采用背景网格或节点积分对上述问题予以解决。

（1）背景网格积分　在背景网格法中，与有限元法一样，将求解域划分成为如图 9-6 所示的网格，积分就在每个单元中进行。但与有限元法不同，背景网格只是用于积分，而与近似函数无关。因此，可以将积分区域分割成规则的网格，背景积分网格的生成比有限元网格划分更容易。

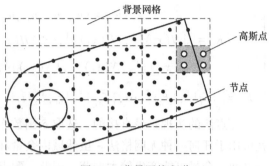

图 9-6　背景网格积分

但是，无网格法的形函数只在节点 I 的支撑域内有定义且支撑域形状任意，这导致背景网格积分方案可能会产生较大的误差。

（2）节点积分　Beissel 等人采用节点积分方案来近似计算式（9-47），即假设被积函数在节点 I 邻域内均取节点 x_I 处的值，因此可得

$$[K] = \sum_{i=1}^{n} [B(x_I)]^{\mathrm{T}} [D] [B(x_I)] \Delta\Omega_I \tag{9-52}$$

$$\{F\} = \sum_{i=1}^{n} \begin{bmatrix} N(x_i) & 0 \\ 0 & N(x_i) \end{bmatrix} f(x_i) \Delta\Omega_i + \sum_{i=1}^{n_t} \begin{bmatrix} N(x_i) & 0 \\ 0 & N(x_i) \end{bmatrix} \bar{p}(x_i) \Delta\Gamma_i \tag{9-53}$$

式中，n 是域 Ω 中的节点总数，n_t 是边界上的节点总数。$\Delta\Omega_I$ 是域 Ω 内的节点 x_I 所对应的邻域面积，$\Delta\Gamma_I$ 是边界 Γ_t 上的节点 x_I 所对应的邻域边界长度，它们可以通过不同的方案加以确定。

$$\Delta\Omega_I = \frac{f_{\Omega_I} u_{mI}^2}{\sum_{J=1}^{N} f_{\Omega_I} u_{mI}^2} \Omega \tag{9-54}$$

$$\Delta\Gamma_I = \frac{f_{\Gamma_I} u_{mI}}{\sum_{J=1}^{N} f_{\Gamma_I} u_{mI}} \Gamma_t \tag{9-55}$$

式中，f_{Ω_I} 是节点 x_I 位于域 Ω 内的影响域面积与该影响域的总面积之比：对于内部节点，$f_{\Omega_I} = 1$；对于直线边界上的节点，$f_{\Omega_I} = 0.5$，而对于直角顶点处的节点，$f_{\Omega_I} = 0.25$，$f_{\Gamma_I} = 2u_{mI}/\Gamma_t$。

也可采用有限元法的一致质量矩阵生成集中质量矩阵的方法来计算 $\Delta\Omega_I$，即

$$\Delta\Omega_I = \sum_{J=1}^{N} \int_{\Omega} N_I(x) N_J(x) \,\mathrm{d}\Omega \tag{9-56}$$

本节介绍的伽辽金无网格法，是基于偏微分方程在整个区域上的等效弱形式实现数值离散的，一般需要额外的背景网格完成积分，因此伽辽金无网格法不是纯粹的无网格法。Atluri 等人则从偏微分方程在局部子域上的等效弱形式出发，进行偏微分方程的离散，提出了无网格局部彼得罗夫-伽辽金法。上述方法是真正的无网格法，在积分时无需背景网格，局部子域完全在整体域的内部。局部彼得罗夫-伽辽金法的具体实现过程就不进行详细的介绍了。

9.4 位移边界条件的处理及载荷的施加

有限元法的近似函数一般为插值函数，其形函数在插值点处满足 Kronecker δ 条件，即 $N_j(x_i) = \delta_{ij}$，很容易处理位移边界条件。而对于无网格方法来说，节点形函数多数都不满足 Kronecker δ 条件，因此位移边界条件的处理比较困难，是无网格方法的难点之一。针对上述问题，目前的有效解决方案主要有配点法、拉格朗日乘子法、罚函数法、修正变分原理，以及与有限元耦合法等几种方法。

9.4.1 位移边界条件的处理

1. 拉格朗日乘子法

仍以平面弹性力学问题的基本方程和边界条件式（9-39）为例，拉格朗日（Lagrange）乘子法是将位移约束条件式 $u_i = \bar{u}_i$ 引入到伽辽金弱形式的式（9-46）之中，从而可得

$$\delta \Pi_\lambda(\{u\},\{\lambda\}) = \delta \Pi(\{u\}) + \int_{\Gamma_u} \delta\{\lambda\}^{\mathrm{T}}(\{u\}-\{\bar{u}\})\mathrm{d}\Gamma + \int_{\Gamma_u} \delta\{u\}^{\mathrm{T}}\{\lambda\}\mathrm{d}\Gamma = 0 \quad (9\text{-}57)$$

式中，$\{\lambda\}$ 为拉格朗日乘子向量，且 Γ_u 上 $\{\lambda\}$ 的表达式为

$$\{\lambda(x)\} = [\psi(x)]\{\Lambda\} \quad (9\text{-}58)$$

式中，$[\psi(x)]$ 为拉格朗日乘子向量的离散形函数矩阵，$\{\Lambda\}$ 为拉格朗日乘子向量在位移边界上各点的值所组成的列阵，此二者的具体形式分别如下：

$$[\psi(x)] = \begin{bmatrix} \psi_1 & 0 & \psi_2 & 0 & \cdots & \psi_{N_u} & 0 \\ 0 & \psi_1 & 0 & \psi_2 & \cdots & 0 & \psi_{N_u} \end{bmatrix} \quad (9\text{-}59)$$

$$\{\Lambda\} = [\lambda_{11},\lambda_{21},\lambda_{12},\lambda_{22},\cdots,\lambda_{1N_u},\lambda_{2N_u}]^{\mathrm{T}} \quad (9\text{-}60)$$

式中，N_u 为位移边界上的离散点总个数。拉格朗日插值形函数则为

$$\psi(x) = \frac{(x-x_0)(x-x_1)\cdots(x-x_{L-1})(x-x_{L+1})\cdots(x-x_{N_u})}{(x_L-x_0)(x_L-x_1)\cdots(x_L-x_{L-1})(x_L-x_{L+1})\cdots(x_L-x_{N_u})} \quad (9\text{-}61)$$

将式（9-53）代入式（9-46），可得离散控制方程的矩阵形式为

$$\begin{bmatrix} [K] & [C]^{\mathrm{T}} \\ [C] & 0 \end{bmatrix} \begin{Bmatrix} \{u\} \\ \{\Lambda\} \end{Bmatrix} = \begin{Bmatrix} \{F\} \\ \{q\} \end{Bmatrix} \quad (9\text{-}62)$$

式中，

$$[K] = \int_\Omega [B]^{\mathrm{T}}[D][B]\mathrm{d}\Omega$$

$$[C] = \int_{\Gamma_u} \psi^{\mathrm{T}} N \mathrm{d}\Gamma$$

$$\{F\} = \int_\Omega N b \mathrm{d}\Omega + \int_{\Gamma_t} N t \mathrm{d}\Gamma$$

$$\{q\} = \int_{\Gamma_u} \psi^{\mathrm{T}} \bar{u} \mathrm{d}\Gamma$$

该方法的优点是精度高，但是它引入了新的未知量，增加了方程求解的时间和难度，而

且难以进行点约束问题的处理。

按式（9-62），位移边界条件的施加是通过拉格朗日乘子法以弱形式的方式实现的，即它是在位移边界 Γ_u 的积分平均意义下满足的。由于无网格伽辽金法将问题域离散为节点，因此也可以令边界 Γ_u 上的所有节点均满足位移边界条件 $u_i = \bar{u}_i$，即

$$u_i(x_J) = \bar{u}_{iJ}, \quad J = 1, 2, \cdots, N_u \tag{9-63}$$

式中，$\bar{u}_{iJ}$ 为节点 x_J 在 i 方向上的位移。将无网格伽辽金法的近似函数代入上式，可得其矩阵形式为

$$[H]\{u\} = \{\bar{u}\} \tag{9-64}$$

式中，

$$[H] = \begin{bmatrix} N_1(x_{L_1}) & N_2(x_{L_1}) & \cdots & N_N(x_{L_1}) \\ N_1(x_{L_2}) & N_2(x_{L_1}) & \cdots & N_N(x_{L_2}) \\ \vdots & \vdots & & \vdots \\ N_1(x_{L_{N_u}}) & N_2(x_{L_{N_u}}) & \cdots & N_N(x_{L_{N_u}}) \end{bmatrix}$$

L_J 为位移边界上第 J 个节点的编号。

用拉格朗日乘子法将位移边界条件引入到伽辽金的弱形式中，可得相应的矩阵形式方程为

$$\begin{bmatrix} [K] & [H]^{\mathrm{T}} \\ [H] & 0 \end{bmatrix} \begin{Bmatrix} \{u\} \\ \{\Lambda\} \end{Bmatrix} = \begin{Bmatrix} \{F\} \\ \{\bar{u}\} \end{Bmatrix} \tag{9-65}$$

式中，位移边界条件只在边界 Γ_u 上的各节点处满足，但是该方法仍然具有较高的精度，且其位移边界条件的施加方法比较简单，无论是面约束还是点约束，这种方法都比较容易实现。

2. 罚函数法

所谓罚函数法就是将有约束问题转化为无约束问题进行求解的一种方法，其主要思路为：若要在一个满足约束条件且位于 R^n 空间的可容许集 D 中寻求一个实值函数的极小点，则需对目标函数 $f(x)$ 进行相应的修改，将上述带约束问题变换为无约束问题，进而得到其对应的增广目标函数 $F(x)$，具体形式如下所示：

$$F(x) = f(x) + P(x) \tag{9-66}$$

针对不同的问题，罚函数有各种不同的选取方法。对于平面弹性力学问题，将约束条件用罚函数法引入到 Galerkin 弱形式中，可得

$$\delta\Pi_P(\{u\}) = \delta\Pi(\{u\}) + \alpha \int_{\Gamma_u} \delta\{u\}^{\mathrm{T}} (\{u\} - \{\bar{u}\}) \mathrm{d}\Gamma = 0 \tag{9-67}$$

式中，α 为罚参数。

将无网格法近似场函数代入（9-67），得

$$([K] + [K_P])\{u\} = \{F\} + \{F_P\} \tag{9-68}$$

式中，$[K]$ 和 $\{F\}$ 与式（9-48）、式（9-49）中的 $[K]$ 和 $\{F\}$ 相同，而 $[K_P]$ 和 $\{F_P\}$ 是由基本边界条件所导致的，分别由 2×2 的子矩阵 $[K_{ij}^u]$ 和 2×1 的向量 $\{F_i^u\}$ 构成。

$$[K_{ij}^u] = \alpha \int_{\Gamma_u} [N_i]^{\mathrm{T}} [S] [N_j] \mathrm{d}\Gamma \tag{9-69}$$

$$\{F_i^u\} = \alpha \int_{\Gamma_u} [N_i]^{\mathrm{T}} [S] [\overline{u}_j] \mathrm{d}\Gamma \tag{9-70}$$

式中，

$$[S] = \begin{bmatrix} S_1 & 0 \\ 0 & S_2 \end{bmatrix}$$

$S_i = 1$，若在 Γ_u 上指定位移 $\{\overline{u}_i\}$

$S_i = 0$，若在 Γ_u 上没有未指定位移 $\{\overline{u}_i\}$

罚函数法引入位移边界条件的优点在于它保证了系数矩阵的正定性和带状性，而且没有增加多余的未知量，其缺点是罚函数的取值只有可参考的范围，参数 α 的具体取值要由数值试验确定。

3. 修正变分法

采用拉格朗日乘子法处理位移边界时，由于引入了新的未知变量，导致所得到的离散方程的刚度矩阵不再具有对称和带状的特点。研究表明，对式（9-56）中的第一项进行分部积分，经过整理可知拉格朗日乘子 λ 的物理意义是边界 Γ_u 上表面力 t 的负值，即

$$\{\lambda\} = \{-t\} \tag{9-71}$$

将式（9-71）代入式（9-72），得

$$\delta\Pi_\lambda(\{u\}, \{\lambda\}) = \delta\Pi(\{u\}) - \int_{\Gamma_u} \delta\{t\}^{\mathrm{T}} (\{u\} - \{\overline{u}\}) \mathrm{d}\Gamma + \int_{\Gamma_u} \delta\{u\}^{\mathrm{T}} \{t\} \mathrm{d}\Gamma = 0 \tag{9-72}$$

将无网格法的近似场函数代入式（9-72），并令变分式（9-72）为零，可得

$$([K] + [K_t]) \{u\} = \{F\} + \{F_t\} \tag{9-73}$$

式中，$[K]$ 和 $\{F\}$ 与式（9-48）、式（9-49）的 $[K]$ 和 $\{F\}$ 均相同，

$$[K_t] = \int_{\Gamma_u} [N]^{\mathrm{T}} [n] [D] [B] \mathrm{d}\Gamma - \int_{\Gamma_u} [B]^{\mathrm{T}} [D]^{\mathrm{T}} [n]^{\mathrm{T}} [N] \mathrm{d}\Gamma$$

$$\{F_t\} = -\int_{\Gamma_u} [B]^{\mathrm{T}} [D]^{\mathrm{T}} [n]^{\mathrm{T}} \{\overline{u}\} \mathrm{d}\Gamma$$

$$[n] = \begin{bmatrix} n_x & 0 & n_y \\ 0 & n_y & n_x \end{bmatrix}$$

修正变分法具有未知量的总数未增加、系数矩阵 $([K] + [K_t])$ 是对称带状矩阵等优点，但其精度比拉格朗日乘子法要低。

9.4.2 载荷的施加

在无网格伽辽金法中施加载荷时，不同类型的载荷应采用不同方法进行施加。

1. 表面力

设在点 $i(x_i, y_i)$ 和点 $j(x_j, y_j)$ 之间存在分布力 q，则分布点上的各个力分量均由 i, j 两点处插值得到。按式 $\{F\} = \int_\Omega Nb\mathrm{d}\Omega + \int_{\Gamma_t} Nt\mathrm{d}\Gamma$，在力边界上采用高斯积分进行力矩阵的组合。在区间 $[a, b]$ 采用一维高斯积分，则第 g 个高斯积分点可按如下方式组合：

$$\left[F_g\right]=\begin{bmatrix}N_x(x_g) & 0 \\ 0 & N_y(x_g)\end{bmatrix}\times\begin{bmatrix}q_x(x_g) & 0 \\ 0 & q_y(x_g)\end{bmatrix}\times\begin{bmatrix}\dfrac{y_j-y_i}{2}H_g \\ \dfrac{x_j-x_i}{2}H_g\end{bmatrix} \tag{9-74}$$

式中，$N_x(x_g)$ 和 $N_y(x_g)$ 为形函数在 x_g 处的 x、y 方向分量，$q_x(x_g)$ 和 $q_y(x_g)$ 分别为该点力分量，可由 i，j 两点处插值得到，H_g 为积分的权系数。

于是，利用高斯积分对力边界上所有高斯点进行遍历，即可将面载荷施加在边界的各节点。

2. 集中力

设有集中载荷作用在力边界上的点，借助于 $\delta(x)$ 函数，将上述集中力当作分布力的特殊情况进行处理。集中力 f 的分布力 $q(x)$ 表达形式如下：

$$q(x)=\begin{cases}\infty, & (x=x_0) \\ 0, & (x\neq x_0)\end{cases} \tag{9-75}$$

$$\int_{\Gamma_t}q(x)\mathrm{d}x=f \tag{9-76}$$

通过引入 $\delta(x)$ 函数，可将点载荷施加到边界节点上。离散后，点 $p(x_0,y_0)$ 处的节点分力 $F(x_0)$ 的值并不等于施加在该点上的真实载荷 f 的值，其具体计算过程如下所示：

$$q(x)=f\delta(x-x_0) \tag{9-77}$$

$$F(x_0)=\int_{\Gamma_t}N^{\mathrm{T}}(x)q(x)\mathrm{d}\Gamma=\int_{\Gamma_t}N^{\mathrm{T}}(x)f\delta(x-x_0)\mathrm{d}\Gamma=N^{\mathrm{T}}(x_0)f \tag{9-78}$$

3. 体积力

体积力的组合则按式 $\{F\}=\int_{\Omega}Nb\mathrm{d}\Omega+\int_{\Gamma_t}N\bar{t}\mathrm{d}\Gamma$ 进行高斯积分即可。这样，当体积力、表面力、集中力都存在的情况，载荷的施加只需将式 $\{F\}=\int_{\Omega}Nb\mathrm{d}\Omega+\int_{\Gamma_t}N\bar{t}\mathrm{d}\Gamma$ 改为如下形式：

$$\{F\}=\int_{\Omega}[N]^{\mathrm{T}}\{b\}\mathrm{d}\Omega+\int_{\Gamma_t}[N]^{\mathrm{T}}\{\bar{t}\}\mathrm{d}\Gamma+N^{\mathrm{T}}(x_0)\{f\} \tag{9-79}$$

参 考 文 献

[1] 王书亭. CAE 促机电产品研发创新 [J]. 计算机世界报, 2006, 46: 14-15.

[2] 王书亭. 高速加工中心性能建模及优化 [M]. 北京: 科学出版社, 2012.

[3] LIU G R, LIU M B. 光滑粒子流体动力学———一种无网格粒子法 [M]. 韩旭, 杨刚, 强洪夫译. 长沙: 湖南大学出版社, 2005.

[4] LIU G R, GU Y T. An Introduction to Meshfree Methods and Their Programming [M]. 济南: 山东大学出版社, 2007.

[5] WANG J G, LIU G R. Radial point interpolation method for elastoplastic problems [C]. Proceedings of 1st International Conference on Structural Stability and Dynamics, Taibei, 2000.

[6] 张雄, 刘岩. 无网格法的理论及应用 [J]. 力学进展, 2009, 39 (1): 1-36.

"两弹一星" 功勋
科学家: 彭桓武

第 10 章 等几何分析法

等几何分析法的基本思想就是建立有限元分析过程中几何模型与分析模型的联系，采用表示几何模型的样条函数以等参形式作为分析域偏微分方程物理变量场的离散形函数。因此，等几何分析对计算模型和几何模型具有统一的数学表达格式，分析模型可以很容易通过样条函数节点向量的节点插入（h-细化）、升阶（p-细化）、k-细化（h-细化与 p-细化组合而成）三种方式从几何模型中获得。由于多变量样条基函数通过张量积结构从单变量样条基函数中定义，张量积形式的样条节点矢量正好张成了参数域上的规则网格，这种网格是对二维（三维）参数域的自然划分。从而，繁琐的 CAE 网格划分过程被 CAD 模型参数化过程所取代，避免了传统意义上的 CAE 网格划分过程；其次，等几何分析对 CAD 几何模型和 CAE 分析模型均采用同一数学语言表达，在 CAE 分析网格细化过程中无需访问原始的 CAD 模型数据，便于快速实现 CAE 分析网格的划分；另外，它又能避免经典有限元使用分段多项式逼近问题域所带来的逼近误差，较经典有限元法有更高的单元边界连续性、更高的单自由度精度以及几何离散误差的消除；和现有的无网格方法相比，等几何分析方法具有格式简单、算法鲁棒、程序容易实现等优点。因此，等几何分析法是一种很有前途的新型数值分析方法。

描述几何形体的样条可以是 B 样条、NURBS 样条、T 样条或层次 B 样条，由于 NURBS 样条是目前应用最广泛的 CAD 系统的标准，本章主要介绍以 NURBS 样条为基础的等几何分析。

10.1 几何模型的 NURBS 表达

10.1.1 B 样条曲线与曲面

已知 $n+1$ 个控制点 $P_i(i=0,1,\cdots,n)$，也称为控制多边形的顶点，p 次（$p+1$ 阶）B 样条曲线的表达式是

$$\{C(u)\} = \sum_{i=0}^{n} \{P_i\} N_{i,p}(u) \qquad p \leqslant n \tag{10-1}$$

其中，$N_{i,p}(u)$ 是调和函数，也称为基函数，按照 Cox-de Boor 递归公式可定义为：

$$
\begin{cases}
N_{i,0}(u) = \begin{cases} 1 & \text{若 } t_i \leqslant u < t_{i+1} \\ 0 & \text{其他} \end{cases} \\
N_{i,p}(u) = \dfrac{(u-t_i)N_{i,p-1}(u)}{t_{i+p}-t_i} + \dfrac{(t_{i+p+1}-u)N_{i+1,p-1}(u)}{t_{i+p+1}-t_{i+1}} & p > 0 \\
0/0 = 0
\end{cases}
\tag{10-2}
$$

式中，$t_i \in T$ 是节点值，$T = [t_0, t_1, \cdots, t_{n+k+1}]$ 为 p 次（$p+1$ 阶）B 样条基函数的非递减节点向量，任一基函数均由对应的 $p+2$ 个节点值决定。

公式（10-2）表明，高阶次 B 样条函数可用低阶次的 B 样条函数来表示，且可得其递推计算方法。

由图 10-1 所示的基函数示意图可知，B 样条基函数具有局部支撑特性，即：

$$N_{i,p}(u) = \begin{cases} \geq 0 & x \in [t_i, t_{i+p+1}] \\ = 0 & x \notin [t_i, t_{i+p+1}] \end{cases} \tag{10-3}$$

节点矢量所含节点数目由控制点 $P_i(i = 0, 1, \cdots, n)$ 和曲线次数 p 所确定（节点数 = 控制点数 + $(p+1)$ = $n+p+2$）。因此，基函数个数等于控制点数。

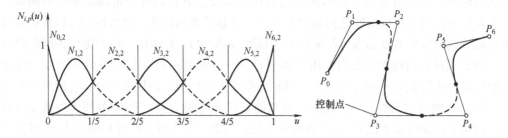

图 10-1　节点矢量为 $\{U\} = \{0, 0, 0, 1/5, 2/5, 3/5, 4/5, 1, 1, 1\}$ 的二次 B 样条曲线

基于上述 B 样条曲线的定义和性质，可以通过张量积结构得到 B 样条曲面的定义。给定 $(n+1) \times (m+1)$ 个空间点列 $[P_{i,j}]$，$i = 0, 1, \cdots, n; j = 0, 1, \cdots, m$，则：

$$[S(u,v)] = \sum_{i=0}^{n} \sum_{j=0}^{m} [P_{i,j}] N_{i,p}(u) N_{j,q}(v) \tag{10-4}$$

公式（10-4）定义了 $p \times q$ 次（$(p+1) \times (q+1)$ 阶）B 样条曲面，$N_{i,p}(u)$ 和 $N_{j,q}(v)$ 分别为 u、v 两个不同参数方向上的 p 次（$p+1$ 阶）和 q 次（$q+1$ 阶）的 B 样条基函数，$[P_{i,j}]$ 所组成的空间网格则被称为 B 样条曲面的控制点网格。式（10-4）也可以写成如下矩阵形式：

$$[S_{r,s}(u,v)] = [U]_p [M]_p [P]_{pq} [M]_q^{\mathrm{T}} [W]_q^{\mathrm{T}} \qquad r \in [0, n-p], \quad s \in [0, m-q] \tag{10-5}$$

式中，$(r+1)$ 和 $(s+1)$ 分别表示在 u 和 v 参数方向上曲面片的个数。

$$[U]_k = [u^p, u^{p-1}, \cdots, u, 1], \quad [V_l] = [v^q, v^{q-1}, \cdots, v, 1]$$
$$[P_{pq}] = [P_{i,j}] \quad i \in [r, r+p], \quad j \in [s, s+q] \tag{10-6}$$

式中，$[M]$ 是系数矩阵，$[P]_{pq}$ 是某一个 B 样条曲面片的控制点。

10.1.2　几何形体的 NURBS 表达

1. 曲线曲面的 NURBS 表达

一条 p 次 NURBS 曲线定义为

$$[C(u)] = \frac{\sum_{i=0}^{n} N_{i,p}(u) \omega_i [d_i]}{\sum_{i=0}^{n} N_{i,p}(u) \omega_i} = \sum_{i=0}^{n} R_i(u) [d_i] \tag{10-7}$$

式中，基函数表示为

$$R_i(u) = \frac{N_{i,p}(u)\omega_i}{\sum\limits_{j=0}^{n} N_{j,p}(u)\omega_j} \tag{10-8}$$

其中 ω_i，$i=0,1,\cdots,n$ 称为权因子，与控制顶点 $[d_i]$，$i=0,1,\cdots,n$ 相对应，其作用可以通过样条曲线精确表达几何模型中常见的圆、椭圆等二次曲线。令 ω_0，$\omega_n>0$，$\omega_i\geq0$，可防止分母为零，保留凸包性及曲线不退化性。$N_{i,p}(u)$ 是由节点 $[U]=[u_0,u_1,\cdots,u_{n+p+1}]$ 决定的 p 次（$p+1$ 阶）B 样条基函数。

对于非周期 NURBS 曲线，两端点的重复度可取为 $p+1$，即 $u_0=u_1=\cdots=u_p$，$u_{n+1}=u_{n+2}=\cdots=u_{n+p+1}$。在大多数实际应用中，节点值分别取为 0 与 1。因此，其曲线定义域为 $u\in[u_p, u_{n+1}]=[0,1]$。

由于 NURBS 曲线与 B 样条曲线采用相同的基函数，NURBS 曲线具有和 B 样条曲线相同的性质。除此之外，由于权因子的作用，使 NURBS 曲线具有更大的灵活性，大大增强了 NURBS 的曲线表达能力。NURBS 曲线能统一表达圆锥曲线、B 样条曲线和 Bezier 曲线。

借助于张量积结构，双参数多变量分段有理多项式所定义的 NURBS 曲面为

$$[p(u,v)] = \frac{\sum\limits_{i=0}^{n}\sum\limits_{j=0}^{m} N_{i,p}(u)N_{j,q}(v)\omega_{i,j}[d_{i,j}]}{\sum\limits_{i=0}^{n}\sum\limits_{j=0}^{m} N_{i,p}(u)N_{j,q}(v)\omega_{i,j}} = \sum\limits_{i=0}^{n}\sum\limits_{j=0}^{m}[R_{i,j}(u,v)][d_{i,j}] \tag{10-9}$$

式中，基函数表示为

$$[R_{i,j}(u,v)] = \frac{N_{i,p}(u)N_{j,q}(v)\omega_{i,j}}{\sum\limits_{k=0}^{n}\sum\limits_{l=0}^{m} N_{k,p}(u)N_{k,q}(v)\omega_{i,j}} \tag{10-10}$$

公式（10-9）中控制顶点 $[d_{i,j}]$（$i=0,1,\cdots,n;j=0,1,\cdots,m$）呈矩形阵列，形成一个控制网格。$\omega_{i,j}$ 是与顶点 $[d_{i,j}]$ 相对应的权因子，规定四角顶点处用正权因子，即 $\omega_{0,0}$，$\omega_{n,0}$，$\omega_{0,m}$，$\omega_{n,m}>0$，其余 $\omega_{i,j}\geq0$；$N_{i,p}(u)$（$i=0,1,\cdots,n$）和 $N_{j,q}(v)$（$j=0,1,\cdots,m$）分别为 u 向 p 次和 v 向 q 次的单变量 B 样条基函数。它们分别由 u 向与 v 向的节点矢量 $[U]=[u_0,u_1,\cdots,u_{n+p+1}]$ 与 $[V]=[v_0,v_1,\cdots,v_{m+q+1}]$ 决定。

由于 NURBS 曲面与 B 样条曲面采用相同的基函数，NURBS 曲面具有和 B 样条曲面相同的性质。除此之外，由于权因子的作用，使 NURBS 曲面具有更大的灵活性，且大大增强了其曲面表达能力。NURBS 曲面能统一表达二次曲面（如球面、柱面、圆环面等）、B 样条曲面和 Bezier 曲面等，如图 10-2 所示。

2. 三维实体的 NURBS 表达

对于三维实体，三变量的 NURBS 样条实体模型可表示为

$$[p(u,v,w)] = \frac{\sum\limits_{i=0}^{n}\sum\limits_{j=0}^{m}\sum\limits_{k=0}^{l} N_{i,p}(u)N_{j,q}(v)N_{k,r}(w)\omega_{i,j,k}[d_{i,j,k}]}{\sum\limits_{i=0}^{n}\sum\limits_{j=0}^{m}\sum\limits_{k=0}^{l} N_{i,p}(u)N_{j,q}(v)N_{k,r}(w)\omega_{i,j,k}}$$

$$= \sum_{i=0}^{n} \sum_{j=0}^{m} \sum_{k=0}^{l} \left[R_{i,j,k}(u,v,w) \right] \left[d_{i,j,k} \right] \qquad (10\text{-}11)$$

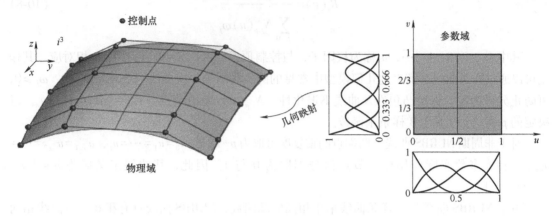

图 10-2　NURBS 曲面的参数域及控制顶点

式中，基函数表示为

$$\left[R_{i,j,k}(u,v,w) \right] = \frac{N_{i,p}(u) N_{j,q}(v) N_{k,r}(w) \omega_{i,j,k} \left[d_{i,j,k} \right]}{\displaystyle\sum_{r=0}^{n} \sum_{s=0}^{m} \sum_{t=0}^{l} N_{i,p}(u) N_{j,q}(v) N_{k,r}(w) \omega_{r,j,k}} \qquad (10\text{-}12)$$

式中，$N_{i,p}(u)$，$N_{j,q}(v)$，$N_{k,r}(w)$ 分别为由节点矢量 $[U] = [u_i]_{i=0}^{n+p+1}$，$[V] = [v_i]_{i=0}^{m+q+1}$，$W = [w_i]_{i=0}^{l+r+1}$ 定义的单变量 B 样条基函数；p，q，r 分别为 u，v，w 参数方向的基函数次数；$\omega_{i,j,k}$ 为权因子，控制顶点为 $[d_{i,j,k}] \in \mathbf{i}^3$。

如果不考虑问题的维数，我们可以把式（10-7）、式（10-9）和式（10-11）写成统一形式，它们定义了参数坐标系和物理坐标系之间的几何映射：

$$\mathbf{x} = F(\mathbf{u}) = \sum_{i=1}^{np} N_i(\mathbf{u}) \left[d_i \right] \qquad (10\text{-}13)$$

式中，np 表示基函数的个数，$\mathbf{x} = (x,y,z)$ 或 $\mathbf{x} = (x,y)$ 表示实际笛卡儿坐标，$\mathbf{u} = (u,v,w)$ 或 $\mathbf{u} = (u,v)$ 表示参数坐标。注意到式（10-13）实际定义了和等参单元相类似的几何映射函数。同时，它将参数域上的等参单元映射为笛卡儿坐标上的物理单元，如图 10-3 所示。

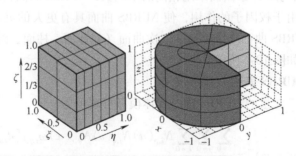

图 10-3　NURBS 样条体的参数域和物理域

10.2　等几何分析原理

10.2.1　弹性力学问题等参单元形式的有限元解答

1. 弹性力学问题及其等效积分形式

下面仍然以一个机械工程边值问题为例，设待解平面弹性力学问题的控制方程和边界条件为

$$\begin{cases} \sigma_{ij,j}+f_i=0 & \text{在域 } V \text{ 内} \\ u_i=\bar{u}_i & \text{在边界 } \Gamma_u \text{ 上} \\ \sigma_{ij}n_j \equiv p_i=\bar{p}_i & \text{在边界 } \Gamma_\sigma \text{ 上} \end{cases} \tag{10-14}$$

式中，u_i 为待求物理场函数，f_i 为不含 u_i 的已知项，$\bar{u}_i$ 为在边界 Γ_u 上已知的 u_i 值，n_i 为外法线，$\bar{p}_i$ 为在边界 Γ_σ 上已知 p_i 的值。目标是寻找满足基本方程和边界条件的解 $u(x)$。以经典带孔平面弹性板为例，其相关条件如图 10-4 所示。

按照变分原理，由平衡微分方程和应力边界条件，可以很容易地给出上述边值问题所对应的等效积分方程弱形式

$$\int_V \delta u_i(\sigma_{ij,j}+f_i)\,\mathrm{d}V+\int_{\Gamma_\sigma} \delta u_i(\sigma_{ij}n_j-\bar{T}_i)\,\mathrm{d}\Gamma=0 \tag{10-15}$$

再经过分部积分，可得

$$\int_V (\delta\varepsilon_{ij}\sigma_{ij}+\delta u_i\,\bar{f}_i)\,\mathrm{d}V+\int_{\Gamma_\sigma} \delta u_i\,\bar{T}_i\,\mathrm{d}\Gamma=0 \tag{10-16}$$

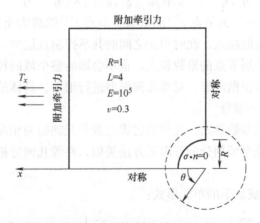

图 10-4　带孔平面弹性板问题

2. 弹性力学问题的等参单元有限元形式解答

对于上述平面弹性应力问题，在第 5 章中已经给出了等参单元形式的解答。如图 10-5 所示，可以采用八节点四边形单元离散求解域，简单起见，这里只用了两个单元离散求解域。依据等参单元的思想，结构离散之后的单元分为物理空间的单元和参数空间的单元，它们之间可以通过雅可比矩阵进行坐标转换联系起来，实现参数空间形状规则且形函数统一。

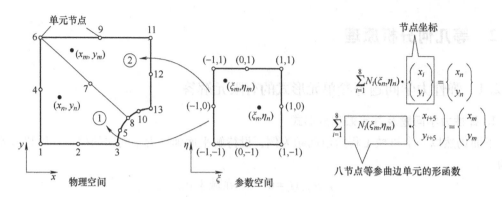

图 10-5　平面弹性应力问题的等参单元有限元解答示意图

10.2.2　弹性力学问题等几何分析原理

1. 求解域的等几何离散

式（10-2）或式（10-3）是普适的弱形式，对于全域离散模式，需要将计算域划分成小的单元。如果计算域采用 NURBS 进行描述，并且使用自然的 NURBS 单元进行弱化，则称为等几何离散。这里，自然是指 NURBS 造型中，由于 NURBS 基函数的紧支性而衍生的 NURBS 参数单元。

一个 NURBS 单元 V^e，由二维索引号 (h, k) 唯一指定，与参数域 $[\xi^h, \xi^{h+1}] \times [\eta^k, \eta^{k+1}]$ 相对应。1/4 平面板的 NURBS 造型如图 10-6 所示。

如图 10-6 所示我们还可以看出，相邻的两个 NURBS 单元之间共享较多的控制点。一般地，单元 $[\xi^h, \xi^{h+1}] \times [\eta^k, \eta^{k+1}]$ 与单元 $[\xi^h, \xi^{h+1}] \times [\eta^{k+1}, \eta^{k+2}]$ 之间的共享控制点数为 $(p+1) \times (q+1-m_{i+1})$，$m_{i+1}$ 为节点 v^{k+1} 的重数，节点 v^{k+1} 的最大重数为 q。当重数为 q 时，单元之间的连接退化为插值模式，此时单元之间的共享控制点最少。但是，一般节点的重数很难取到最大值，即使个别节点的重数较大，也不会影响整个域的控制点共享效率。

在实际应用中，可以根据需要，对等几何模型进行细分，具体的细分策略主要有：h-细分、p-细分、k-细分以及 r-细分。

当参数域遍历所有的参数单元，几何映射将参数单元映射为相应的实体单元最终形成整个实体域。因此，与传统全域划分的有限元方法类似，在等几何分析中也包含了单元分析与整体组装两个环节。

将式（10-16）分解成如下的单元形式：

$$\sum_{e=1}^{N} \int_{V^e} (\delta \varepsilon_{ij} \sigma_{ij} + \delta u_i \bar{f}_i) \, \mathrm{d}V + \sum_{e=1}^{N} \int_{\Gamma_\sigma^e} \delta u_i \bar{T}_i \, \mathrm{d}\Gamma = 0 \qquad (10\text{-}17)$$

2. 场函数构造

对于单元分析，与其他数值分析方法一样，需要构造单元位移近似函数，如图 10-6 所示，等几何分析的核心思想就是采用 NURBS 基函数构造物理场函数，其本质仍然是传统有限元方法中的等参单元思想，即采用与几何形体相同的方式描述未知物理场变量

$$\{u\} = [N] \{d\}^e \qquad (10\text{-}18)$$

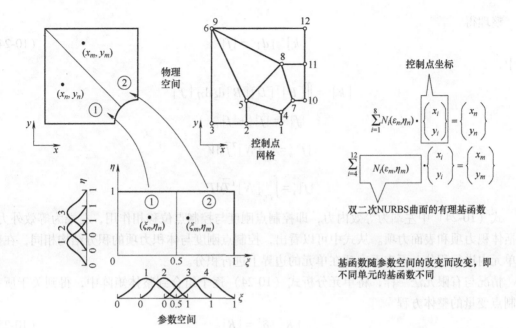

图 10-6 求解域的等几何离散

式中，$[N]$ 为 ncp 个相关联控制点的基函数，$\{d\}^e$ 为控制点的位移，其中

$$\begin{cases} [N] = [N_1, N_2, \cdots, N_{ncp}] & (10\text{-}19) \\ \{d\}^e = \{d_1, d_2, \cdots, d_{ncp}\}^T & (10\text{-}20) \end{cases}$$

3. 单元分析

我们任取一单元 k 进行分析，将式（10-18）代入式（10-17），同时注意到雅可比矩阵为

$$[J]^k = \begin{bmatrix} \sum \dfrac{\partial N_i^k}{\partial \xi} x_i & \sum \dfrac{\partial N_i^k}{\partial \xi} y_i \\ \sum \dfrac{\partial N_i^k}{\partial \eta} x_i & \sum \dfrac{\partial N_i^k}{\partial \eta} y_i \end{bmatrix} \tag{10-21}$$

单元的几何矩阵为

$$[B_i] = \begin{bmatrix} \dfrac{\partial N_i^k}{\partial x} & 0 \\ 0 & \dfrac{\partial N_i^k}{\partial y} \\ \dfrac{\partial N_i^k}{\partial y} & \dfrac{\partial N_i^k}{\partial x} \end{bmatrix}, \text{其中} \begin{Bmatrix} \dfrac{\partial N_i^k}{\partial x} \\ \dfrac{\partial N_i^k}{\partial y} \end{Bmatrix} = [J]^{-1} \begin{Bmatrix} \dfrac{\partial N_i^k}{\partial \xi} \\ \dfrac{\partial N_i^k}{\partial \eta} \end{Bmatrix} \tag{10-22}$$

弹性矩阵为

$$[D]^k = \frac{E^k}{1 - (\mu^k)^2} \begin{bmatrix} 1 & \mu^k & 0 \\ \mu^k & 1 & 0 \\ 0 & 0 & (1 - \mu^k)/2 \end{bmatrix} \tag{10-23}$$

整理得

$$[k]^e \{d\}^e = \{f\}^e \qquad (10\text{-}24)$$

式中，

$$[k]^e = \iint [B]^T [D] [B] \mathrm{d}\xi \mathrm{d}\eta |J|$$

$$\{f\}^e = \{f\}_b^e + \{f\}_i^e$$

$$\{f\}_b^e = \int_{Ve} [N]^T \bar{f} \mathrm{d}V$$

$$\{f\}_i^e = \int_{\Gamma_\sigma} [N]^T \bar{T} \mathrm{d}\Gamma$$

式（10-24）中左端为等效内力，即控制点刚度与控制点位移相作用，右端为等效外力，包括体积力项和表面力项。从式中可以看出，控制点刚度与体积力项的积分结构相同，在整个单元内进行积分，而表面力项在单元的边界上进行积分。

情况与有限元法一样，将单元分析式（10-24）逐个组合到整体矩阵中，得到关于所有控制点变量的整体方程

$$[K] \{\delta\} = \{R\} \qquad (10\text{-}25)$$

其中，

$$[K] = \sum_{e=1}^{N} [k]^e = \sum_{e=1}^{N} \int_{V_e} [B]^T [D] [B] \mathrm{d}V \qquad (10\text{-}26)$$

$$[R] = \sum_{e=1}^{N} \left(\int_{V_e} [N]_q^T \{f\} \mathrm{d}V + \int_{\Gamma_e} [N]_q^T \{\bar{p}\} \mathrm{d}\Gamma \right) \qquad (10\text{-}27)$$

在式（10-27）中，第一项为体积力等效到控制点上的等效载荷，第二项为表面力等效到控制点上的载荷。

4. 边界条件施加

和传统有限元方法不同，NURBS 基函数不具备插值特性，也就是基函数一般不满足 Kronecker 条件，即 $N_i(u_j) \neq \delta_{ij}$。这一点与无网格法相似。另外，由于基函数的非负性和控制多边形凸包性，NURBS 样条的控制顶点并不一定位于实际区域内，这也是它和传统有限元的明显区别。

由于 NURBS 基函数缺少插值性，而且控制顶点也不一定位于实际区域内，使得等几何分析不能像传统有限元那样使用控制顶点处的场变量去直接表示 Dirichlet 边界条件。

伽辽金法生成的弱形式要求试探函数预先满足给定的位移边界条件。等几何分析和无网格法一样，它们的形函数均不能满足位移边界条件，需要用其他方法引入试函数的约束。在无网格法一章中已经介绍了几种有效的方法，可供借鉴用来施加等几何分析中的相关边界条件。下面简单介绍一下 Nitsche 法，这种方法也是属于对微分方程的弱形式进行修正的方法，它具有一致的变分形式和对称的双线型，另外还具有稳定性，便于控制、不会产生病态刚度矩阵等优点，目前相对比较成熟。

（1）Nitsche 法边界条件施加 由于等几何分析难以直接在试探函数空间施加位移约束，因而可以不对变量 u 在边界上的取值进行约束，将边界条件转化为积分形式带入原问题，以"弱"形式施加边界条件。

在问题式（10-14）的势能泛函

$$\Pi_p(u_i) = \int_V \left[\frac{1}{2} \{\varepsilon\}^{\mathrm{T}} [D] \{\varepsilon\} \right] \mathrm{d}V - \int_V \{f\} \{u\} \mathrm{d}V - \int_{\Gamma_\sigma} \{\overline{p}\} \{u\} \mathrm{d}\Gamma \tag{10-28}$$

等几何分析配置下，由于难以直接在允许函数空间 S 施加位移约束，所以采用类似拉格朗日乘子法和罚函数的方法引入位移约束，得到广义势能泛函

$$\Pi_N(u_i) = \Pi_p(u_i) - \int_{\Gamma_D} \sigma_{ij} \{n_j\} (u_i - \overline{u}_i) \mathrm{d}\Gamma + \beta \int_{\Gamma_D} (u_i - \overline{u}_i)^2 /2 \mathrm{d}\Gamma \tag{10-29}$$

式中，$\{n_j\}$ 为边界上的单位外法矢，第二项和第三项为引入的位移约束条件。β 为稳定性系数，其取值与网格参数和微分方程有关。依据变分原理，取泛函的驻值为零，则有

$$\delta\Pi_N(u_i) = \delta\Pi_p(u_i) - \int_{\Gamma_D} \sigma_{ij} \{n_j\} \delta u_i \mathrm{d}S - \int_{\Gamma_D} \delta\sigma_{ij} \{n_j\} (u_i - \overline{u}_i) \mathrm{d}\Gamma + \beta \int_{\Gamma_D} \delta u_i (u_i - \overline{u}_i) \mathrm{d}\Gamma = 0 \tag{10-30}$$

整理之后，得到边值问题的弱形式：寻找 $u_i \in S_i$，对于任意 $\omega_i \in S_i$ 满足：

$$a(\omega_i, u_i) = l(\omega_i, u_i)$$

式中，

$$a(\omega_i, u_i) = \int_V \varepsilon_{ij} \omega_{ij} \sigma_{ij} u_i \mathrm{d}V - \int_{\Gamma_D} \omega_i \sigma_{ij} \{n_j\} \mathrm{d}\Gamma - \int_{\Gamma_D} \sigma_{ij} \omega_{ij} \{n_j\} u_i \mathrm{d}\Gamma + \beta \int_{\Gamma_D} \omega_{ij} u_i \mathrm{d}\Gamma$$

$$l(\omega_i, u_i) = \int_V \omega_i \overline{f}_i \mathrm{d}V + \int_{\Gamma_N} \omega_i \overline{p}_i \mathrm{d}\Gamma - \int_{\Gamma_D} \sigma_{ij} \omega_{ij} \{n_j\} \overline{u}_i \mathrm{d}\Gamma + \beta \int_{\Gamma_D} \omega_{ij} \overline{u}_i \mathrm{d}\Gamma$$

观察到双线型 $a(\omega_i, u_i)$ 的第 2 项实际隐含了从式（10-30）的变分形式中消去的一项，这时由于 u_i 的变分不再等于零，因而该项得到保留。第 3 项保证了双线型的对称性，从而使得刚度矩阵对称，给方程组求解带来优势。通过调整稳定性系数 β，第 4 项能保证双线型 $a(\omega_i, u_i)$ 的正定性，这也是 Nitsche 方法相比其他弱施加方法的最大优势。

（2）齐次边界条件施加　对于齐次边界条件，可利用 NURBS 基函数的非负性将与边界 Γ_u 相关的 NURBS 单元的基函数分成两组，即在边界 Γ_u 上恒为零的基函数 N_i^{zz} 和不恒为零的基函数 N_i^{nz}。

$$\sum_{i=1}^{nnz} u_i^{nz} N_i^{nz} \bigg|_{\Gamma_u} + \sum_{i=1}^{nzz} u_i^{zz} N_i^{zz} \bigg|_{\Gamma_u} = \overline{u} \tag{10-31}$$

式中，上标 zz 表示恒为零项，nz 表示非恒为零项。

恒为零的基函数对应的控制点位移对边界位移没有贡献，即式（10-31）只剩下非负基函数对应的项，再利用 NURBS 基函数的单位分解性，可得

$$u_i^{nz} = \overline{u} \tag{10-32}$$

因此，区别基函数的形态是施加齐次边界条件的关键。根据 NURBS 基函数的非负性，可将基函数在边界 Γ_u 上积分进行判别。

$$I_N^e = \int_{\Gamma_u^e} N^{e\mathrm{T}} \mathrm{d}\Gamma \tag{10-33}$$

式（10-33）可按照边界积分进行计算，并利用 Find 函数对积分向量值进行选择，即

$$nzset = Find(I_N^e > \varepsilon) \tag{10-34}$$

式中，ε 为接近于 0 的容差，$Find(I_N^e > \varepsilon)$ 为选择函数，泛函向量中函数条件的索引，$nzset$ 为该 NURBS 单元中非零基函数的一维局部索引。

将局部索引 *nzset* 映射到整体索引 *cpset*，并将其映射到整体约束自由度索引 *dbset*，得

$$dbset = dbmap(cpset, dbflag) \tag{10-35}$$

式中，*dbmap*( ) 为自由度映射函数，返回自由度索引 *cpset*，*dbflag* 为齐次强制边界条件的标识。

对所有与边界 S_u 相关的 NURBS 单元求得的约束自由度索引 *dbset* 求并集，可得到边界 S_u 上等效控制点约束自由度，然后用类似于传统有限元的约束施加方式进行处理。

5. 数据后处理

控制点变量从代数方程组式（10-14）求出之后，由于 NURBS 基函数不具有插值性，控制点变量不能直接使用，还须通过单元采样的方式得到模型的物理场及其分布，包括坐标、位移、应变和应力等。

$$\begin{cases} \{x\} = [N]\{x\}^e \\ \{u\} = [N]\{d\}^e \\ \{\varepsilon\} = [B]\{d\}^e \\ \{\sigma\} = [D]\{\varepsilon\} \end{cases} \tag{10-36}$$

采样点参数坐标在单元内一般为均匀分布，如图 10-7 所示。NURBS 单元（其参数域为 $[\xi^h, \xi^{h+1}] \times [\eta^k, \eta^{k+1}]$）的单元采样点参数坐标 $(\xi_{is}^{smap}, \eta_{js}^{smap})$ 为

$$\begin{cases} \xi_{is}^{smap} = \xi^h + (\xi^{h+1} - \xi^h)(is-1)/(nusamp-1), & is = 1, 2, \cdots, nusamp \\ \eta_{is}^{smap} = \eta^k + (\eta^{k+1} - \eta^k)(js-1)/(nvsamp-1), & js = 1, 2, \cdots, nvsamp \end{cases} \tag{10-37}$$

式中，*nusamp* 和 *nvsamp* 分别为两个方向的单元采样点数，可根据网格的疏密程度，或根据需求进行调节。

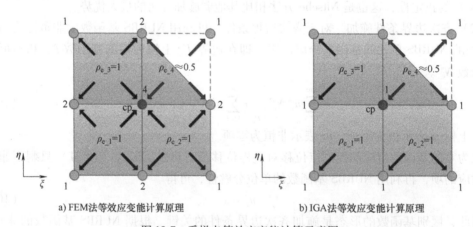

a) FEM法等效应变能计算原理   b) IGA法等效应变能计算原理

图 10-7　采样点等效应变能计算示意图

通过上述分析可以看出，与传统的有限元法相比，二者计算分析过程十分相似。等几何分析方法中的控制点对应于有限元方法中的节点，等几何分析方法中的 NURBS 基函数对应于有限元方法中的单元形函数，等几何分析方法在物理空间中的每个区域对应于有限元方法中的单元，它由参数空间中的参数单元区域映射而成，等几何分析过程可参照有限元方法中的等参单元的求解步骤进行。不同的是，由于 NURBS 曲面中每个区域的基函数是不同的，所以等几何分析的单元矩阵计算要比传统有限元等参单元繁琐。

下面以位移为未知量,将等几何分析法的步骤归纳如下:

1)建立以 NURBS 形式表达的几何模型。由于其几何模型和计算模型表达语言相同,等几何模型是对二者的统称,包括控制点信息,节点向量信息和 NURBS 基函数的阶次。连续体天然地表达为由有限个单元组成的离散体,它将无限自由度的问题转化为有限个控制点位移的求解。如果需要,可以采用 h-细分方法、p-细分方法、k-细分方法对等几何模型进行细分。

2)连续体未知物理场变量离散化。与有限元法类似,这一步就是对给定单元内局部物理场通过形函数进行描述,其实质就是用单元的控制点位移通过形函数,构建每个单元内局部连续的简单近似位移插值函数,用以代替整个求解域内连续位移函数 u。这样,从数学意义上讲,就是把连续的微分方程近似地转化为离散的代数方程组。

3)NURBS 单元属性分析,求出单元刚度矩阵。这一步实质上就是计算单元的刚度矩阵 $[k]^e$,为求出整体刚度矩阵做准备。对于每个 NURBS 等几何单元,单元刚度矩阵表征了单元控制点位移与单元控制点力之间的关系。

4)整体特性分析,求出整体刚度矩阵。集合单元刚度矩阵,叠加生成整体刚度矩阵 $[K]$。

5)边界条件离散化。作用在边界上的定解条件,需要通过等效移置的方式,全部转移到边界对应单元的相应控制点上。外界力载荷包括集中力载荷、表面力载荷和体积力载荷三种类型,在式(10-27)中没有考虑集中力的情况,在等几何分析计算时,需要将三种载荷移置到相关的控制点上,成为等效节点力,构成载荷矩阵 $[R]$。类似地,位移边界条件也需要施加到相应控制点上,方程式(10-25)才能得以求解。

6)方程求解。求解总体方程式(10-25),得到控制点位移。

7)由单元的控制点位移,根据实际情况采用直接采样方式或者间接采样方式,计算单元的应变和应力。

这样,就完成了问题的求解。

10.3 复杂形体的等几何分析

通过 10.2 节的介绍,可以看出,只要能够给出所分析对象的 NURBS 形式的几何造型,就能够采用等几何分析方法对问题进行求解。在实际工程应用中,用简单的 NURBS 难以对复杂模型进行表达。上述问题的主要解决方案为:几何模型参数化,其中包括裁剪技术、模型分片技术和构造实体造型技术(CSG)。然而,上述几何模型参数化技术仅仅是从便于几何模型显示的角度出发,其相应基函数存在线性独立性缺失、紧支域大小差异过大等问题,而这些缺陷将会引起等几何分析过程中刚度矩阵奇异、条件数过大而导致病态矩阵等问题。因此,需要对上述几何模型参数化技术进行一定的限制,才能保证等几何分析在复杂形体等几何分析过程中的可行性与精确性。

10.3.1 曲面模型的等几何分析

1. 基于裁剪技术的曲面等几何分析

如图 10-8 所示,分析对象是一个带孔的复杂几何模型,在 CAGD 文件里提供的是一个未修剪的张量积形式的 NURBS 参数空间和一组用于修剪此参数空间的 NURBS 曲线。

为了将 CAGD 的 NURBS 信息直接应用于分析，需要在等几何分析方法中引入 NURBS 裁剪技术。裁剪的原理就是在参数空间上进行裁剪，不再保持参数空间的完整性。这样，参数空间就出现了孔洞和非矩形单元。裁剪模型等几何分析问题求解的关键是如何辨别被修剪的单元，对裁剪单元构造特殊的积分格式，并对其进行精确的积分。图 10-9 所示为基于裁剪技术的等几何分析流程。

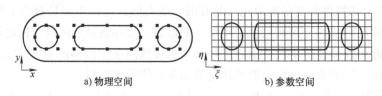

a) 物理空间　　　　　　　b) 参数空间

图 10-8　修剪技术示意图

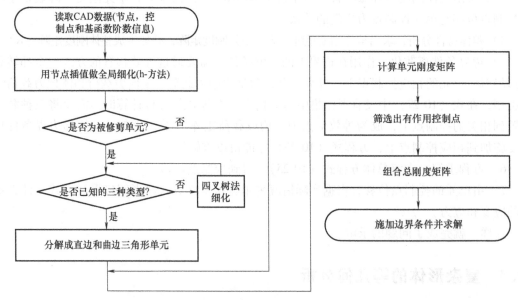

图 10-9　基于修剪技术的等几何分析流程图

（1）被修剪单元的搜索　裁剪曲面造型的确定，需要确定被裁剪 NURBS 曲面的单元与裁剪曲线的位置关系，这包含两个方面：第一，需要确定 NURBS 曲面单元的分割线（Break Lines）与裁剪曲线的交点（Intersection Points）；第二，需要确定单元的类型，如图 10-10a、b 所示，分别表示实体空间和参数空间。由于实体空间和参数空间的点一一对应，从而可将确定实体空间的交点和单元类型转换至参数空间进行计算。

首先确定 NURBS 曲面单元的分割线与裁剪曲线的交点，即 $C(t_i^{sec}) = S(u_i^{sec}, v_i^{sec})$，且 u_i^{sec} 和 v_i^{sec} 中至少有一个为 NURBS 曲面的节点。

为了辨别被修剪单元，需要先依据修剪曲线的方向法则来判断参数空间中的任意一点是否在分析区域。规定将内部区域修剪掉的曲线方向定为顺时针方向，将外部区域修剪掉的曲线方向定为逆时针方向，曲线上的任意一点的切向量方向与曲线方向一致。

通过判断参数空间中的点所对应的叉积方向，就可以得到点与分析区域的关系，如图 10-11 所示。

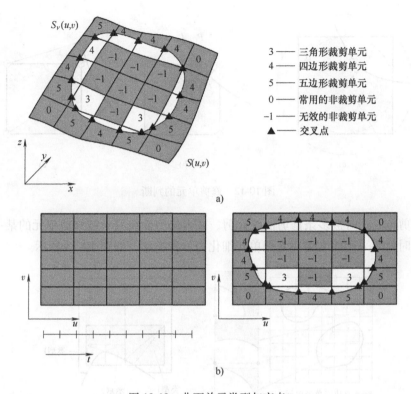

图 10-10 曲面单元类型与交点

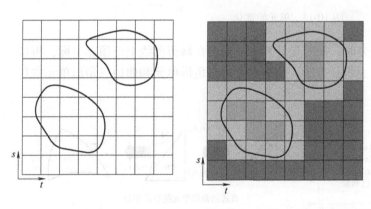
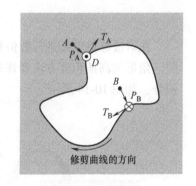

图 10-11 点与分析区域的关系

通过判断单元的中心点和四个顶点与分析区域的关系，就可以辨别该单元是否为修剪单元。辨别过程包括以下两步：首先，判断单元中心点到修剪曲线的最近距离 d_C，当 $d_C > r_{out}$ 时该单元未被裁剪，$d_C < r_{in}$ 时该单元被裁剪，$r_{in} \leqslant d_C \leqslant r_{out}$ 则通过第二步来判断该单元是否被裁剪；找出修剪曲线上与单元顶点距离最近的四个点，如图 10-12 所示，根据单元四个顶点是否在分析区域内来判断该单元是否被裁剪及被裁剪的方式。

（2）被修剪单元上的数值积分 需要将其分解成三角形单元，被修剪单元按照其在分析区域内顶点的个数分为三种类型，每种类型对应着不同的分解形式。

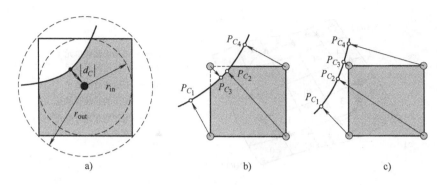

图 10-12 修剪单元的判断

如被修剪单元同时被多条修剪曲线修剪，或者修剪曲线只对被修剪单元的某一边进行了修剪等，这时就要采用四叉树法先把单元细化为三种类型，如图 10-13 所示。

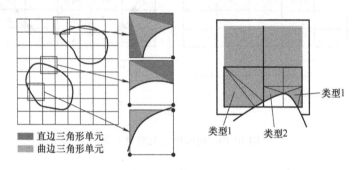

图 10-13 单元的细化

在对被修剪单元进行数值积分时，需要先计算出三角形在修剪曲线上的顶点坐标，再按照三角形的高斯积分方法和修正的积分方法，分别对直边三角形单元和曲边三角形单元进行积分，如图 10-14 所示。

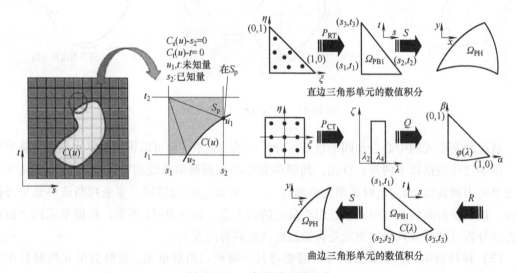

图 10-14 三角形单元的积分

（3）边界条件的施加　NURBS 曲面与修剪曲线的使用参数没有直接的解析关系。如果边界条件直接施加在修剪曲线上，需要做一定处理，使之等效转换在被修剪 NURBS 曲面上。

如果边界条件只是施加在修剪曲线的一部分时，则要进行节点反求，进行插值细化处理，如图 10-15 所示。

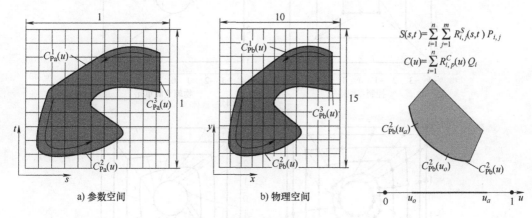

a）参数空间　　　　　b）物理空间

图 10-15　裁剪模型边界条件的施加方式

2. 基于分片技术的曲面等几何分析

在实际工程问题中，有些情况不易采用单面片 NURBS 表达模型，例如，当计算域的各个部分拥有不同材料特性时，那么就必须将各个部分分别用一个面片来表示。如图 10-16 所示，在分析边界复杂或者内部带孔的模型时，也不能只用一个 NURBS 面片进行表示。即使能够只用一个 NURBS 面片表示的几何形体，由于几何形体本身的结构变化，在分析过程中产生的物理空间单元也会扭曲不均匀，形成扭曲的网格，影响等几何分析的求解精度。而将其拆分为多个片，能够有效减少扭曲单元，形成更加自然光滑的等几何分析网格。

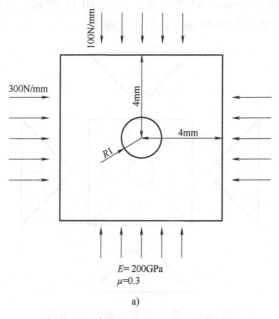

a）

图 10-16　单面片 NURBS 表达的带孔板

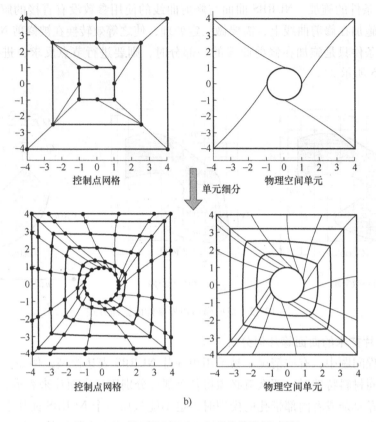

b)

图 10-16 单面片 NURBS 表达的带孔板（续）

采用多面片 NURBS 拼成复杂的模型，多片 NURBS 的控制点、基函数和参数空间节点等由连通数组（Connectivity Arrays）联系起来，如图 10-17 所示，可将带孔板采用四面片 NURBS 进行拼装，并在单个 NURBS 面片进行单元细分。

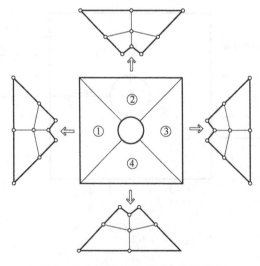

图 10-17 四片 NURBS 表达的带孔板

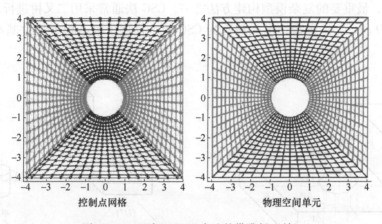

控制点网格　　　　　　　　物理空间单元

图 10-17　四片 NURBS 表达的带孔板（续）

对于多面片 NURBS 拼接成的曲面模型，受限于 NURBS 张量积结构，NURBS 曲面连接的界面处会存在间隙。消除上述间隙的方法是在 NURBS 曲面边界引入可以局部细分的 T 型节点，使用 T 样条进行几何模型的描述，如图 10-18 所示，其中图 10-18a 所示为 7 个曲面拼接成的手部模型，图 10-18b 所示为局部放大的曲面及 NURBS 控制点网格，图 10-18c 所示为 T 样条控制点网格及无间隙的曲面。

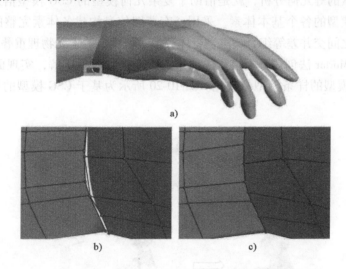

图 10-18　多片 NURBS 曲面表达的手部模型

10.3.2　实体模型的等几何分析

多数机械零件和机械产品是由立方体和圆柱体等简单几何形体组合而成的复杂形体。因此，若事先在计算机内部定义出基本的立体形状，就能够利用这些简单的立体组合表示各种复杂的几何形体。结合上述思路，先定义一些形状比较简单的基本体素，如方块、圆柱、圆锥、球、棱柱等，然后用并、交、差等集合运算将基本体素组合成复杂形状的形体。基本体素拼合构成复杂形体的方法被称为构造实体几何（Constructive Solid Geometry，CSG）法，是目前最常见、最重要的复杂模型构建方法之一。CSG 法通常采用二叉树进行几何模型的表达，如图 10-19 所示，这种表达形式被称为 CSG 树，描述了复杂模型通过基本体素拼合的过程。

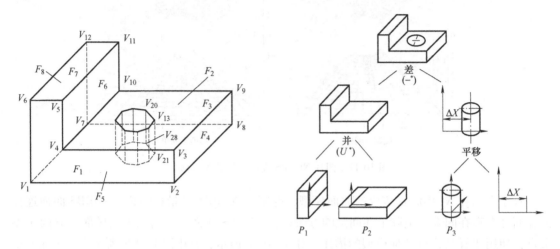

图 10-19　CSG 树

　　基于基本体素的等几何分析，就是借助于复杂几何模型的 CSG 模型信息，对复杂模型进行分解，提取模型的各个基本体素，采用已有草图信息构建各体素完整的样条参数化模型；再依据体素之间交并差等组合特点进行体分解，构建由若干无物理重叠区域组成的分析空间；最后利用 Mortar 法创建分析模型的约束方程并进行分析求解，实现面向 CSG 模型的连续体结构几何模型的样条模型参数化。图 10-20 所示为基于 CSG 模型的样条模型参数化原理。

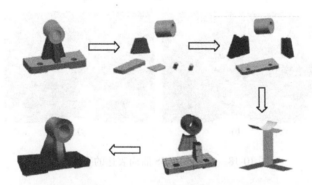

图 10-20　基于 CSG 模型的等几何分析过程

　　首先是单个裁剪模型的等几何分析。虽然利用基本体素的样条表达式，子区域之间的裁剪分割面的样条表达能够被提取出来，但这仅限于裁剪模型的物理空间边界确定，等几何分析中需要的参数域范围依然未知。为了得到这个区间，可以采用自适应的分解算法去逼近裁剪面，查找有效积分区域。为了降低分解计算量，提高系统刚度计算精度，需要对裁剪模型的刚度进行修正。此外，由于裁剪模型的边界发生了变化，对应的边界条件加载方式也需要随之变化。

然后是多子区域的耦合求解方法。在前述处理裁剪模型的基础上，采用 Mortar 方法对分解之后的单个子模型进行约束装配，最后整体求解。裁剪面上的位移作为相邻子模型之间的约束纽带，以拉格朗日乘子法将其代入系统方程中。在计算约束矩阵的过程中，由于相关基函数的参数被定义在不同的参数空间中，需要寻找二者之间的映射关系。

1. 几何模型参数化

对于长方体、球体、圆环、锥体等基本体素，可以用式（10-10）进行定义，这样对于某一基本体素来说，只需要知道其对应的三个参数方向上的节点向量 $\{E\}$、$\{H\}$ 和 $\{A\}$，以及完整的控制顶点网格 P_{ijk}，就可以得到相对应的体素表达式，这个表达式具有内部表达，适合于等几何分析。

对于 CAGD 系统中通过拉伸、旋转和扫掠等方式生成的一般几何体素而言，可以采用参数化造型方式进行处理，如图 10-21 和图 10-22 所示，在草图或基准面上生成两参数的 NURBS 样条图形，接着沿某一指定的 NURBS 曲线扫掠成形，在原来两参数基础上增加第三维参数，构建相应的三参数化 NURBS 实体模型。

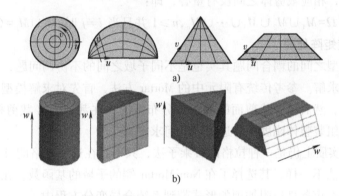

图 10-21　基本体素的三参数化过程

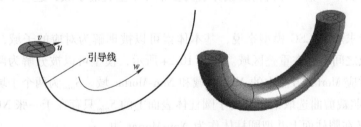

图 10-22　扫掠成型过程

单个 NURBS 实体的外表面通常是由 6 块 NURBS 曲面组成，这六个曲面分别对应于三个节点向量的起始节点决定的曲面。

在 CSG 造型过程中，基本体素可以通过布尔运算生成复杂形体，不失一般性，把由基本形体复合而成的复杂形体称为裁剪体。定义一个裁剪体，需要用到基本体素 V，定义其有效区间的裁剪曲面 S，以及交线 C（裁剪曲面 S 的边界），裁剪实体的参数化表达式为

$$M_i = \{V_i, \{B_{i1}, B_{i2}, \cdots, B_{ij}, \cdots, B_{in}\}\}, B_{ij} = \{S_{ij}, C_{ij}\}, i \neq j, n \geq 1$$

式中，B_{ij} 代表的是布尔操作，指的是编号为 i 和 j 的两个基本体素之间的发生了布尔操作，其包含了布尔操作产生的裁剪曲面 S_{ij} 以及对应的交线 C_{ij}。如图 10-23 所示。

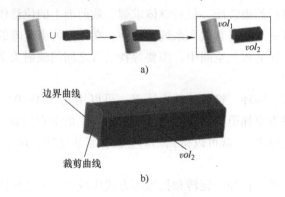

图 10-23　裁剪体相关信息

利用裁剪体，我们可以定义将一个复杂的几何形体看作由一系列独立的裁剪体 M_i 通过布尔并运算生成，相应裁剪体之间没有重叠，即：

$$\Omega = M_1 \cup M_2 \cup M_3 \cup \cdots \cup M_n, n \geqslant 1 \text{ 并且当 } i \neq j \text{ 时}, M_i \cup M_j = \varnothing$$

2. 整体刚度矩阵处理

裁剪实体模型之间的耦合问题其实也是不同子域之间的不协调问题，Mortar 方法适用于这种问题的约束求解。参考传统有限元中的 Mortar 方法，首先对求解模型各个子域单独进行刚度矩阵的计算；然后结合裁剪面的基函数分布情况，在裁剪面（裁剪模型分割面）构建约束方程；最后组装整体刚度矩阵进行等几何求解。

Mortar 方法实质上仍是一种拉格朗日乘子法，只不过在选取拉格朗日乘子空间上与普通的拉格朗日乘子法不一样，其选择了在 Non-Mortar 侧的子域的基函数。在 Mortar 方法中，不同子域边界上的约束条件以附加项的形式带到系统全局变分方程中。

在 Mortar 方法中，整个分析物理域分解为多个互不重叠的子域，这些子域都有自己独立的参数空间。

对于一个待求解的 CSG 模型来说，基本体素可以被理解为对应的子域，包括完整和裁剪的，这些子域之间不存在重叠区域。如图 10-24 所示，模型可以被分解为两个部分，这两个子模型分别对应 Mortar 方法中的 Mortar 域和 Non-Mortar 域。S_{trim} 为两个子域的裁剪面，即 $\partial \Omega_M \cap \partial \Omega_{\overline{M}}$。按照裁剪曲选取策略，由于圆柱体表面上的 S_{trim} 只存在于一张 NURBS 面上，这里可以把 Γ 定义在圆柱面上并把圆柱体作为 Non-Mortar 边。

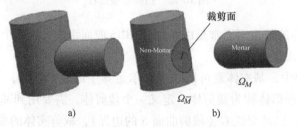

图 10-24　两个相邻模型的 Mortar 条件定义

以线弹性问题为例，加载到弱解方程中的 Mortar 条件可以表示为

$$\int_{S_{trim}} \lambda^{\mathrm{T}} (U_{\overline{M}} - U_M) \, \mathrm{d}\Gamma$$

式中，$U_{\overline{M}}$、U_M 分别为 Mortar 域和 Non-Mortar 域在各自分析域中的表示裁剪曲面 S_{trim} 上的位移；λ 为用来加载自由度约束的拉格朗日乘子，其定义在 Non-Mortar 域的边界 Ω^M 上。

上述三个参数的表达公式分别为

$$U_M(u, v, w) = \sum_{i=1}^{n_c^M} u_M N_M(u, v, w) \tag{10-38}$$

$$U_{\overline{M}}(u, v, w) = \sum_{i=1}^{n_c^M} u_{\overline{M}} N_{\overline{M}}(u, v, w) \tag{10-39}$$

$$\lambda_{\overline{M}}(\overline{u}, \overline{v}, \overline{w}) = \sum_{i=1}^{n_c^{\overline{M}}} \overline{\lambda}_{\overline{M}} N_{\overline{M}}(\overline{u}, \overline{v}, \overline{w}) \tag{10-40}$$

式中，u_M，$u_{\overline{M}}$ 为各自对应控制点上的未知物理场的控制点变量系数；N_M，$N_{\overline{M}}$ 为分割裁剪面上在不同子域上的基函数；n_c^M，$n_c^{\overline{M}}$ 为分割裁剪面上不同子域上对应的控制点个数；$\overline{\lambda}$ 为定义在 Non-Mortar 域上的与 $N_{\overline{M}}$ 相对应的拉格朗日乘子。

拉格朗日乘子空间定义在 Non-Mortar 域的边界上，传统的 Mortar 方法一般选择双线性基函数，对偶基函数或者高阶拉格朗日基函数作为对应的乘子空间基函数，这里边界 $\partial\Omega_{\overline{M}}$ 本身由具有高阶特性的 NURBS 样条基函数张成，可以直接作为乘子空间基函数。基本体素的外表面由六个完整 NURBS 曲面构成。裁剪面作为基本体素的外表面，其基函数和原基本体素的基函数保持一致。假定裁剪面位于基本体素 w 方向起始面（$w=0$），则可以简化为

$$\lambda(u, v, w) = \sum_{i=1}^{n_c^M} u_M N_M(u, v, w) \tag{10-41}$$

假定裁剪面上，Mortar 参数域 (u, v, w) 与 Non-Mortar 裁剪面参数域 $(\overline{u}, \overline{v}, 0)$ 之间的映射关系为

$$(u, v, w) = (\overline{u}, \overline{v}, 0) \text{ ins } \quad S_{trim}$$

对于线弹性问题来讲，其基本方程的弱形式为

$$\Pi = \frac{1}{2} \iiint_\Omega \varepsilon^{\mathrm{T}} \sigma \mathrm{d}\Omega - \left(\iiint_\Omega u^{\mathrm{T}} F \mathrm{d}\Omega + \iint_S u^{\mathrm{T}} F \mathrm{d}\Gamma \right)$$

引入 Mortar 约束条件之后为

$$\Pi^* = \frac{1}{2} \iiint_\Omega [\varepsilon]^{\mathrm{T}} \sigma \mathrm{d}\Omega - \left(\iiint_\Omega [u]^{\mathrm{T}} F \mathrm{d}\Omega + \iint_S [u]^{\mathrm{T}} F \mathrm{d}\Gamma \right) + \int_{S_{trim}} [\lambda]^{\mathrm{T}} (U_{\overline{M}} - U_M) \mathrm{d}\Gamma \tag{10-42}$$

式中，$[u]$ 是两个子域待求控制点变量的集合 $[u_M, u_{\overline{M}}]^{\mathrm{T}}$。系统整体平衡方程关于 u_M、$u_{\overline{M}}$ 和 λ 的变分形式，可以表示为

$$\delta\Pi^* = \frac{1}{2} \iiint_\Omega [\delta\varepsilon]^{\mathrm{T}} \sigma \mathrm{d}\Omega - \left(\iiint_\Omega [\delta u]^{\mathrm{T}} F \mathrm{d}\Omega + \iint_S [\delta u]^{\mathrm{T}} \overline{F} \mathrm{d}\Gamma \right) +$$

$$\int_{S_{trim}} [\delta\lambda]^{\mathrm{T}} (U_{\overline{M}} - U_M) \mathrm{d}\Gamma + \int_{S_{trim}} [\lambda]^{\mathrm{T}} \delta(U_{\overline{M}} - U_M) \mathrm{d}\Gamma \tag{10-43}$$

方程式（10-43）可以用矩阵形式表达为

$$\begin{bmatrix} [K_M] & 0 & -[G_M]^T \\ 0 & [K_{\overline{M}}] & [G^{\overline{M}}]^T \\ [-G_M] & [G_{\overline{M}}] & 0 \end{bmatrix} \begin{Bmatrix} \{u_M\} \\ \{u_{\overline{M}}\} \\ \{\overline{\lambda}\} \end{Bmatrix} = \begin{Bmatrix} \{f_M\} \\ \{f_{\overline{M}}\} \\ 0 \end{Bmatrix} \qquad (10\text{-}44)$$

式中，K_M 和 $K_{\overline{M}}$ 分别为基本体素 Ω_M 和 $\Omega_{\overline{M}}$ 各自的刚度矩阵，分别按照传统等几何方法在各自的参数分析域中独立计算。

$$[K_M] = \iiint_\Omega [B]^T [D] [B] \mathrm{d}\Omega \quad \text{on} \quad \Omega_M$$

$$[K_{\overline{M}}] = \iiint_\Omega [B]^T [D] [B] \mathrm{d}\Omega \quad \text{on} \quad \Omega_{\overline{M}}$$

$\{f_M\}$ 和 $\{f_{\overline{M}}\}$ 分别是各自对应体素上的力向量，计算式为

$$\{f_M\} = \iiint_{V_M} [N_M]^T F_M \mathrm{d}\Omega + \iint_{S_{M\sigma}} [N_M]^T \overline{F}_M \mathrm{d}\Gamma$$

$$\{f_{\overline{M}}\} = \iiint_{V_M} [N_{\overline{M}}]^T F_{\overline{M}} \mathrm{d}\Omega + \iint_{S_{\overline{M}\sigma}} [N_{\overline{M}}]^T \overline{F}_{\overline{M}} \mathrm{d}\Gamma$$

$[G_M]$ 和 $[G_{\overline{M}}]$ 为约束矩阵，计算表达式为

$$[G_M] = \int_{S_{trim}} [N_{\overline{M}}^\lambda(\overline{u},\overline{v},0)]^T [N_M(R(\overline{u},\overline{v},0))] \mathrm{d}\Gamma$$

$$[G_{\overline{M}}] = \int_{S_{trim}} [N_{\overline{M}}^\lambda(\overline{u},\overline{v},0)]^T [N_{\overline{M}}(\overline{u},\overline{v},0)] \mathrm{d}\Gamma$$

3. 体裁剪模型载荷施加

在裁剪体的计算过程中，由于裁剪边界的存在，改变了对应的参数域。因此，边界条件的施加需要进行相应的处理。

在单个体素中，自然边界条件通过加权融合到变分方程式中，在裁剪实体分析过程中，若边界条件没有加载到裁剪曲面上，自然边界条件仍然可以直接添加到变分方程式中进行积分运算，但如果载荷需要施加到裁剪面上时，由于裁剪面（线）的控制点发生了变化，无法直接进行积分运算。

在裁剪实体的等几何分析中，对应的自由度定义在实体的控制顶点上，而非裁剪曲面的控制顶点上。这就要求在裁剪体素的分析空间中找到一个等效加载到实体控制顶点上的力分布场去代替原有的加载在裁剪面上的分布力。

如图 10-25 所示为一个两个参数的曲面单元被裁剪曲线切割的情况，图中的圆点为裁剪基本体素的控制点，方点为裁剪曲线的控制点。可以看到二者并不一致，同时这些控制点之间并没有直接的数学映射关系。如果直接采用原来传统的方式进行力边界条件的施加，等效力会计算到裁剪曲线的方形控制点上，而系统的自由度却是定义在原始体素的控制点上（圆形控制点），载荷边界条件没有得到正确加载。为了得到正确有效的结果，需要一个等效的

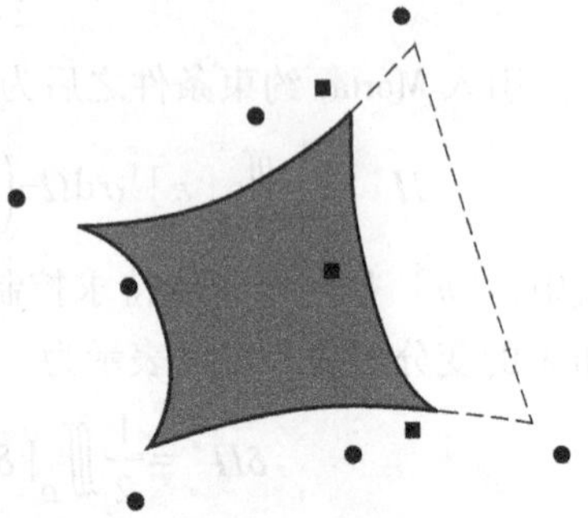

图 10-25　裁剪曲面控制点分布

基本体素控制点的力分布。

$$f_\varepsilon = \iint_\Gamma [N]^T \overline{F} \mathrm{d}\Gamma \tag{10-45}$$

具体到控制点上的等效力向量为

$$\begin{Bmatrix} f_x \\ f_y \\ f_z \end{Bmatrix} = \sum_{k=1}^n \{N_i\}^\Gamma \overline{F} \mid J \mid W_k \tag{10-46}$$

式中，N_i 为裁剪曲面（曲线）的基函数，$\overline{F}$ 为裁剪边界的力分布函数，$\mid J \mid$ 为数值积分点处裁剪曲面（曲线）切矢的模 $\left\|\dfrac{\partial C}{\partial u}\right\|$ 或者裁剪曲面（曲线）法矢的模 $\left\|\dfrac{\partial S}{\partial u} \times \dfrac{\partial S}{\partial v}\right\|$，$W_k$ 为裁剪边界上数值积分点的权重。由于 N_i 为裁剪边界的基函数，这种方式计算得到的力向量无法反馈到系统方程中去。

虽然裁剪边界 Γ 是用一个独立的样条函数来表达的，但是其存在于原始基本体素 Ω 决定的空间中，即 Γ_Ω。以裁剪曲面为例，对于某个绝对的空间坐标点 $\begin{bmatrix} x_0 & y_0 & z_0 \end{bmatrix}^T$ 来说，可以从裁剪边界参数域和基本体素参数域中分别找到与之对应的参数点 (u^c)、(u^s, v^s)。基于上述考虑，上面的等效力向量可以表示为

$$\begin{Bmatrix} f_x \\ f_y \\ f_z \end{Bmatrix} = \sum_{k=1}^n \{N_i^S(u^s, v^s)\} \overline{F} \mid J \mid W_k \tag{10-47}$$

式中，(u^s, v^s) 为积分点 k 对应的基本体素的参数坐标，N_i^S 为对应基本体素的基函数。两个方程的不同之处在于：规模上，由 $3N_\Gamma$ 变为 $3N_\Omega$（N_Γ 和 N_Ω 分别为裁剪边界对应的不同参数空间中的基函数个数，假定为空间问题）；结果上，力向量由边界控制点变成了系统待求自由度对应的控制点，完成了力分布场的加载。类似的裁剪基本实体的变换也是一样的，只不过参数坐标的变换为从 (u^s, v^s) 到 (u^s, v^s, w^s)。

可以按照高斯积分规则在裁剪边界参数域上选取对应的积分点，然后依据裁剪边界样条表达式得到对应的空间物理坐标，得到坐标之后进行参数反算得到对应的基本体素的参数坐标。图 10-26 所示为一个裁剪曲面单元的参数反求过程。

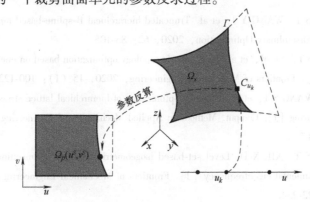

图 10-26　裁剪曲面单元参数反求过程

至于在非裁剪边界的自然边界条件加载，变分式没有发生变化，可以直接按照传统的等几何方法进行加载。需要注意的那些体素的外面可能由于布尔操作出现了不完整的表面，这些不完整的表面虽然采用了原有基本体素的表达，但是由于参数区域的不完整，必须配合交点或者交线才能完整表征其区域。如图 10-25 所示的裁剪体素上与裁剪曲面相交的灰色部分表面。如果自然边界条件加载在此类表面上，须找出其对应的有效积分域，然后进行积分运算。

参 考 文 献

[1] 徐曼曼，王书亭，吴紫俊，等. 基于等几何分析基函数重用的积分方法 [J]. 计算机辅助设计与图形学学报，2016，28（9）：1436-1442.

[2] PIEGL, LES A, WAYNE TILLER. The NURBS Book（Monographs in Visual Communication）[M]. 2nd. New York：Springer-Verlag，1997.

[3] T J R HUGHES, J A COTTRELL, Y BAZILEVS. Isogeometric analysis：CAD, finite elements, NURBS, exact geometry, and mesh refinement [J]. Computer Methods in Applied Mechanics and Engineering, 2005, 194（39-41）：4135-4195.

[4] D J BENSON, Y BAZILEVS, M C HSU, et al. Hughes. Isogeometric shell analysis：The Reissner-Mindlin shell [J]. Computer Methods in Applied Mechanics and Engineering, 2010, 199：276-289.

[5] Y D SEO, H J KIM, S K YOUN. Isogeometric topology optimization using trimmed spline surfaces [J]. Computer Methods in Applied Mechanics and Engineering, 2010, 199（49）：3270-3296.

[6] XIE X D, WANG S T, XU M M, et al. A new isogeometric topology optimization using moving morphable [J]. Computer Methods in Applied Mechanics and Engineering, 2018, 339：61-90.

[7] LIU T, WANG S T, LI B, et al. A level-set-based topology and shape optimization method for continuum structure under geometric constraints [J]. Structural and Multidisciplinary Optimization, 2014, 50（2）：253-273.

[8] XU M M, XIA L, WANG S T, et al. An isogeometric approach to topology optimization of spatially graded hierarchical structures [J]. Composite Structures, 2019, 225：111171.

[9] XIE X D, WANG S T, XU M M, et al. A hierarchical spline based isogeometric topology optimization using moving morphable components [J]. Computer Methods in Applied Mechanics and Engineering, 2020, 360：112696.

[10] XIE X D, WANG S T, WANG Y J, et al. Truncated hierarchical B-spline-based topology optimization [J]. Structural and Multidisciplinary Optimization, 2020, 62：83-105.

[11] XIE X D, WANG S T, YE M, et al. Isogeometric topology optimization based on energy penalization for symmetric structure [J]. Frontiers of Mechanical Engineering, 2020, 15（1）：100-122.

[12] WU Z J, XIA L, WANG S T, et al. Topology optimization of hierarchical lattice structures with substructuring [J]. Comput. Methods in Applied Mechanics and Engineering, 2019, 345：602-617.

[13] XU M M, WANG S T, XIE X D. Level set-based isogeometric topology optimization for maximizing fundamental eigenfrequency [J]. Frontiers of Mechanical Engineering, 2019, 14（2）：222-234.

"两弹一星"功勋
科学家：王淦昌